2023 年版

全国一级造价工程师职业资格考试培训教材

建设工程造价案例分析
(土木建筑工程、安装工程)

全国造价工程师职业资格考试培训教材编审委员会　编

中国城市出版社

图书在版编目（CIP）数据

建设工程造价案例分析．土木建筑工程、安装工程：2023年版／全国造价工程师职业资格考试培训教材编审委员会编．—北京：中国城市出版社，2023.5

全国一级造价工程师职业资格考试培训教材

ISBN 978-7-5074-3612-9

Ⅰ.①建… Ⅱ.①全… Ⅲ.①土木工程-建筑造价管理-案例-资格考试-自学参考资料②建筑安装-建筑造价管理-案例-资格考试-自学参考资料 Ⅳ.①TU723.31

中国国家版本馆CIP数据核字（2023）第088313号

责任编辑：张礼庆

责任校对：姜小莲

全国一级造价工程师职业资格考试培训教材

建设工程造价案例分析（土木建筑工程、安装工程）2023年版

全国造价工程师职业资格考试培训教材编审委员会　编

*

中国城市出版社出版、发行（北京海淀三里河路9号）

各地新华书店、建筑书店经销

北京鸿文瀚海文化传媒有限公司制版

天津安泰印刷有限公司印刷

*

开本：787毫米×1092毫米　1/16　印张：20¾　字数：439千字

2023年6月第一版　2023年6月第一次印刷

定价：**75.00**元

ISBN 978-7-5074-3612-9

（904628）

全国造价工程师职业资格考试培训教材编审委员会

（按姓氏笔画排序）

指 导 委 员 会

王　玮　张建军　林乐彬　郭青松

审 定 委 员 会

王中和　王朋基　朱　波　李成栋　李好明
杨丽坤　吴佐民　尚友明　徐惠琴

编 写 委 员 会

刘伊生　齐宝库　荀志远　柯　洪　贾宏俊

编　写　组

主　　编： 齐宝库　沈阳建筑大学

副 主 编： 竹隰生　重庆大学

陈起俊　山东建筑大学

编写人员： 齐宝库　沈阳建筑大学　　合编第五、六章

竹隰生　重庆大学　　合编第一、四章

陈起俊　山东建筑大学　　合编第二、三章

王艳艳　山东建筑大学　　合编第二、三章

李丽红　沈阳建筑大学　　合编第五、六章

吴学伟　重庆大学　　合编第一、四章

审查人员： 吴佐民　赵毅明　赵曙平　周守渠

张有恒　李清立　倪　健　董士波

前　言

为进一步完善造价工程师职业资格制度，提高造价从业人员的职业素养和业务水平，2018 年 7 月 20 日住房和城乡建设部、交通运输部、水利部、人力资源和社会保障部印发关于《造价工程师职业资格制度规定》《造价工程师职业资格考试实施办法》的通知（建人〔2018〕67 号），明确国家设置造价工程师准入类职业资格，工程造价咨询企业应配备造价工程师，工程建设活动中有关工程造价管理岗位应按需要配备造价工程师。

为更好地贯彻国家工程造价管理有关方针政策，帮助工程造价从业人员学习、掌握一级造价工程师职业资格考试的内容，我们组织有关专家成立了全国造价工程师职业资格考试培训教材编审委员会，依据《全国一级造价工程师职业资格考试大纲》编写了一级造价工程师职业资格考试培训教材。

本教材的编写中，充分吸收了最新颁布的有关工程造价管理的法规、规章、政策，力求体现行业最新发展水平和一级造价工程师职业资格考试特点。

教材在编审过程中，得到了编审专家的大力支持与配合，并参考了许多专家、学者的研究成果，在此一并致谢！

因工程造价管理工作涉及面广，专业技术性强，教材在使用中如存在不足之处，还望读者提出宝贵意见和建议。

全国造价工程师职业资格考试培训教材编审委员会

2023年4月18日

目　录

第一章　建设项目投资估算与财务分析

本章基本知识点：

1. 建设项目投资构成与估算方法；
2. 建设项目财务评价中基本报表的编制；
3. 建设项目财务评价指标体系的分类；
4. 建设项目财务评价的主要内容；
5. 建设项目的不确定性分析。

【案例一】

背景：

某集团公司拟建设 A、B 两个工业项目，A 项目为拟建年产 30 万 t 铸钢厂，根据调查统计资料提供的当地已建年产 25 万 t 铸钢厂的主厂房工艺设备投资约 2400 万元。A 项目的生产能力指数为 1。已建类似项目参考资料有：主厂房其他各专业工程投资占工艺设备投资的比例，见表 1-1。项目其他各系统工程及工程建设其他费用占主厂房工程费用的比例，见表 1-2。

表 1-1　　主厂房其他各专业工程投资占工艺设备投资的比例

加热炉	汽化冷却	余热锅炉	自动化仪表	起重设备	供电与传动	建安工程
0. 12	0. 01	0. 04	0. 02	0. 09	0. 18	0. 40

表 1-2　　项目其他各系统工程及工程建设其他费用占主厂房工程费用的比例

动力系统	机修系统	总图运输系统	行政及生活福利设施工程	工程建设其他费
0. 30	0. 12	0. 20	0. 30	0. 20

A 项目建设资金来源为自有资金和贷款，贷款本金为 8000 万元，分年度按投资比例

发放，贷款利率8%（按年计息）。建设期3年，第1年投入30%，第2年投入50%，第3年投入20%。预计建设期物价年平均上涨率3%，投资估算到开工的时间按一年考虑，基本预备费率为10%。

B项目为拟建一条化工原料生产线，厂房的建筑面积为5000m^2，同行业已建类似项目的建筑工程费用为3000元/m^2，设备全部从国外引进，经询价，设备的货价（离岸价）为800万美元。

问题：

1. 对于A项目，已知拟建项目与类似项目的综合调整系数为1.25，试用生产能力指数法估算A项目主厂房的工艺设备投资；用系数估算法估算A项目主厂房工程费用和项目的工程费用与工程建设其他费用。

2. 估算A项目的建设投资。

3. 对于A项目，若单位产量占用流动资金额为33.67元/t，试用扩大指标估算法估算该项目的流动资金。确定A项目的建设总投资。

4. 对于B项目，类似项目建筑工程费用所含的人工费、材料费、机械费和综合税费占建筑工程造价的比例分别为18.26%、57.63%、9.98%、14.13%。因建设时间、地点、标准等不同，相应的综合调整系数分别为1.25、1.32、1.15、1.2。其他内容不变。计算B项目的建筑工程费用。

5. 对于B项目，海洋运输公司的现行海运费率6%，海运保险费率3.5‰，外贸手续费率、银行手续费率、关税税率和增值税率分别按1.5%、5‰、17%、13%计取。国内供销手续费率为0.4%，运输、装卸和包装费率为0.1%，采购保管费率为1%。美元兑换人民币的汇率均按1美元=6.6元人民币计算，设备的安装费率为设备原价的10%。估算进口设备的购置费和安装工程费。

分析要点：

本案例所考核的内容涉及了建设项目投资估算类问题的主要内容和基本知识点。投资估算的方法有：单位生产能力估算法、生产能力指数估算法、比例估算法、系数估算法、指标估算法等。对于A项目，本案例是在可行性研究深度不够，尚未提出工艺设备清单的情况下，先运用生产能力指数估算法估算出拟建项目主厂房的工艺设备投资，再运用系数估算法，估算拟建项目建设投资的一种方法。即：用设备系数估算法估算该项目与工艺设备有关的主厂房工程费用；用主体专业系数估算法估算与主厂房有关的辅助工程、附属工程以及工程建设的其他费用；再估算基本预备费、价差预备费。最后，估算建设期贷款利息，并用流动资金的扩大指标估算法估算出项目的流动资金投资额，得到拟建项目的建设总投资。对于B项目的建设投资的估算，本案例先计算建筑工程造价综合差异系数，再采用指标估算法估算建筑工程费用，并分别估算进口设备购置费和安装费。

问题1：

1. 拟建项目主厂房工艺设备投资 $C_2=C_1\left(\frac{Q_2}{Q_1}\right)^{n}\times f$

式中：C_2——拟建项目主厂房工艺设备投资；

C_1——类似项目主厂房工艺设备投资；

Q_2——拟建项目主厂房生产能力；

Q_1——类似项目主厂房生产能力；

n——生产能力指数，由于$\left(\frac{Q_2}{Q_1}\right)<2$，可取 n＝1；

f——综合调整系数。

2. 拟建项目主厂房工程费用＝工艺设备投资×（$1+\sum K_i$）

式中：K_i——主厂房其他各专业工程投资占工艺设备投资的比例。

拟建项目工程费与工程建设其他费用＝拟建项目主厂房工程费用×（$1+\sum K_j$）

式中：K_j——A项目其他各系统工程及工程建设其他费用占主厂房工程费用的比例。

问题2：

1. 预备费＝基本预备费+价差预备费

式中：基本预备费＝（工程费用+工程建设其他费用）×基本预备费率；

价差预备费 $P=\sum I_t[(1+f)^{m}(1+f)^{0.5}(1+f)^{t-1}-1]$

I_t——建设期第 t 年的投资计划额（工程费用+工程建设其他费用+基本预备费）；

f——建设期年均投资价格上涨率；

m——建设前期年限。

2. 建设投资＝工程费用+工程建设其他费用+基本预备费+价差预备费

问题3：

流动资金用扩大指标估算法估算：

项目的流动资金＝拟建项目年产量×单位产量占用流动资金的数额

建设期贷款利息＝∑（年初累计借款+本年新增借款÷2）×贷款利率

拟建项目总投资＝建设投资+建设期贷款利息+流动资金

问题4：根据费用权重，计算拟建工程的综合调价系数，并对拟建项目的建筑工程费用进行修正。

问题5：

进口设备的购置费＝设备原价+设备运杂费，其中，进口设备的原价是指进口设备的抵岸价。

进口设备抵岸价=货价+国外运费+国外运输保险费+银行财务费+外贸手续费+进口关税+增值税+消费税+海关监管手续费。

这里应注意抵岸价与到岸价的内涵不同，到岸价（CIF）只是抵岸价的主要组成部分，到岸价=货价+国外运费+国外运输保险费。

设备的运杂费=设备原价×设备运杂费率

对于进口设备，这里的设备运杂费率是指由我国到岸港口或边境车站起至工地仓库（或施工组织设计指定的需安装设备的堆放地点）止所发生的运费和装卸费。

设备的安装费=设备原价×安装费率

答案：

问题 1：

解：

1. 用生产能力指数估算法估算 A 项目主厂房工艺设备投资：

A 项目主厂房工艺设备投资 $=2400\times\left(\frac{30}{25}\right)^{1}\times1.25=3600$（万元）

2. 用系数估算法估算 A 项目主厂房工程费用：

A 项目主厂房工程费用=3600×(1+12%+1%+4%+2%+9%+18%+40%)

=3600×(1+0.86)=6696（万元）

其中，建安工程费=3600×0.4=1440（万元）

设备购置费=3600×1.46=5256（万元）

3. A 项目工程费用与工程建设其他费用=6696×（1+30%+12%+20%+30%+20%）

=6696×（1+1.12）

=14195.52（万元）

问题 2：

解：计算 A 项目的建设投资

1. 基本预备费计算：

基本预备费=14195.52×10%=1419.55（万元）

由此得：静态投资=14195.52+1419.55=15615.07（万元）

建设期各年的静态投资额如下：

第 1 年　15615.07×30%=4684.52（万元）

第 2 年　15615.07×50%=7807.54（万元）

第 3 年　15615.07×20%=3123.01（万元）

2. 价差预备费计算：

价差预备费=4684.52×[(1+3%)^{1}(1+3%)$^{0.5}$(1+3%)$^{1-1}$−1]+7807.54×[(1+3%)^{1}(1+3%)$^{0.5}$(1+3%)$^{2-1}$−1]+3123.01×[(1+3%)^{1}(1+3%)$^{0.5}$(1+3%)$^{3-1}$−1]

=212.38+598.81+340.40=1151.59（万元）

由此得：预备费=1419.55+1151.59=2571.14（万元）

A 项目的建设投资=14195.52+2571.14=16766.66（万元）

问题 3：

解：估算 A 项目的总投资

1. 流动资金=30×33.67=1010.10（万元）

2. 建设期贷款利息计算：

第 1 年贷款利息=(0+8000×30%÷2)×8%=96（万元）

第 2 年贷款利息=[(8000×30%+96)+(8000×50%÷2)]×8%

=(2400+96+4000÷2)×8%=359.68（万元）

第 3 年贷款利息=[(2400+96+4000+359.68)+(8000×20%÷2)]×8%

=(6855.68+1600÷2)×8%=612.45（万元）

建设期贷款利息=96+359.68+612.45=1068.13（万元）

3. 拟建项目总投资=建设投资+建设期贷款利息+流动资金

=16766.66+1068.13+1010.10=18844.89（万元）

问题 4：

解：对于 B 项目，建筑工程造价综合差异系数：

18.26%×1.25+57.63%×1.32+9.98%×1.15+14.13%×1.2=1.27

B 项目的建筑工程费用为：

3000×5000×1.27=1905.00（万元）

问题 5：

解：B 项目进口设备的购置费=设备原价+设备国内运杂费，见表 1-3。

表 1-3　进口设备原价计算表　单位：万元

费用名称	计算公式	费用
货价	货价=800.00×6.60=5280.00	5280.00
国外运输费	国外运输费=5280.00×6%=316.80	316.80
国外运输保险费	国外运输保险费=(5280.00+316.80)×3.5‰/(1−3.5‰)=19.66	19.66

续表

费用名称	计算公式	费用
关税	关税=(5280.00+316.80+19.66)×17%=5616.46×17%=954.80	954.80
增值税	增值税=(5280.00+316.80+19.66+954.80)×13%=6571.26×13%=854.26	854.26
银行财务费	银行财务费=5280.00×5‰=26.40	26.40
外贸手续费	外贸手续费=(5280.00+316.80+19.66)×1.5%=84.25	84.25
进口设备原价	合计	7536.17

由表得知，进口设备的原价为：7536.17万元

国内供销、运输、装卸和包装费=进口设备原价×费率

=7536.17×(0.4%+0.1%)=37.68（万元）

设备采保费=(进口设备原价+国内供销、运输、装卸和包装费)×采保费率

=(7536.17+37.68)×1%=75.74（万元）

进口设备国内运杂费=国内供销、运输、装卸和包装费+引进设备采保费

=37.68+75.74=113.42（万元）

进口设备购置费=7536.17+113.42=7649.59（万元）

设备的安装费=设备原价×安装费率

=7536.17×10%=753.62（万元）

【案例二】

背景：

某建设项目的工程费用与工程建设其他费用的估算额为52180万元，预备费为5000万元，建设期3年。各年的投资比例是：第1年20%，第2年55%，第3年25%，第4年投产。

该项目固定资产投资来源为自有资金和贷款。贷款本金为40000万元（其中外汇贷款为2300万美元）；贷款按年度投资比例发放。贷款的人民币部分从中国建设银行获得，年利率为6%（按季计息）。贷款的外汇部分从中国银行获得，年利率为8%（按年计息）；外汇牌价为1美元兑换6.6元人民币。

该项目设计定员为1100人，工资及福利费按照每人每年7.20万元估算；每年其他费用为860万元（其中：其他制造费用为660万元）；年外购原材料、燃料、动力费估算为19200万元；年经营成本为21000万元，年销售收入33000万元，年修理费占年经营成本

10%；年预付账款为800万元；年预收账款为1200万元。各类流动资产与流动负债最低周转天数分别为：应收账款30d，现金40d，应付账款为30d，存货为40d，预付账款为30d，预收账款为30d。

问题：

1. 估算建设期贷款利息。
2. 用分项详细估算法估算拟建项目的流动资金，编制流动资金估算表。
3. 估算拟建项目的总投资。

分析要点：

本案例所考核的内容涉及建设期贷款利息计算中名义利率和实际利率的概念以及流动资金的分项详细估算法。

问题1：由于本案例人民币贷款按季计息，计息期与利率和支付期的时间单位不一致，故所给年利率为名义利率。计算建设期贷款利息前，应先将名义利率换算为实际利率，才能计算。将名义利率换算为实际利率的公式如下：

实际利率 $=(1+\text{名义利率}/\text{年计息次数})^{\text{年计息次数}}-1$

问题2：流动资金的估算采用分项详细估算法估算。

问题3：要求根据建设项目总投资的构成内容，计算建设项目总投资。建设项目经济评价中的总投资包括建设投资、建设期贷款利息和全部流动资金之和。

答案：

问题1：

解：建设期贷款利息计算：

1. 人民币贷款实际利率计算：

人民币实际利率 $=(1+6\%\div4)^4-1=6.14\%$

2. 每年投资的贷款部分本金数额计算：

人民币部分：贷款本金总额为：$40000-2300\times6.6=24820$（万元）

第1年为：$24820\times20\%=4964$（万元）

第2年为：$24820\times55\%=13651$（万元）

第3年为：$24820\times25\%=6205$（万元）

美元部分：贷款本金总额为：2300万美元

第1年为：$2300\times20\%=460$（万美元）

第2年为：$2300\times55\%=1265$（万美元）

第3年为：$2300\times25\%=575$（万美元）

3. 每年应计利息计算：

（1）人民币建设期贷款利息计算：

第1年贷款利息=(0+4964÷2)×6.14%=152.39（万元）

第2年贷款利息=[(4964+152.39)+13651÷2]×6.14%=733.23（万元）

第3年贷款利息=[(4964+152.39+13651+733.23)+6205÷2]×6.14%

=1387.83（万元）

人民币贷款利息合计=152.39+733.23+1387.83=2273.45（万元）

（2）外币建设期贷款利息计算：

第1年外币贷款利息=(0+460÷2)×8%=18.40（万美元）

第2年外币贷款利息=[(460+18.40)+1265÷2]×8%=88.87（万美元）

第3年外币贷款利息=[(460+18.40+1265+88.87)+575÷2]×8%

=169.58（万美元）

外币贷款利息合计=18.40+88.87+169.58=276.85（万美元）

问题2：

解：1. 用分项详细估算法估算流动资金：

流动资金=流动资产−流动负债

式中：流动资产=应收账款+现金+存货+预付账款

流动负债=应付账款+预收账款

（1）应收账款=年经营成本÷年周转次数=21000÷(360÷30)= 1750（万元）

（2）现金=(年工资福利费+年其他费)÷年周转次数

=(1100×7.2+860)÷(360÷40)= 975.56（万元）

（3）存货：

外购原材料、燃料=年外购原材料、燃料动力费÷年周转次数

=19200÷(360÷40)= 2133.33（万元）

在产品=(年工资福利费+年其他制造费+年外购原料燃料费+年修理费)÷年周转次数

=(1100×7.20+660+19200+21000×10%)÷(360÷40)= 3320.00（万元）

产成品=年经营成本÷年周转次数=21000÷(360÷40)= 2333.33（万元）

存货=2133.33+3320+2333.33=7786.66（万元）

（4）预付账款=年预付账款÷年周转次数=800÷(360÷30)= 66.67（万元）

（5）应付账款=年外购原材料、燃料、动力费÷年周转次数=19200÷(360÷30)

=1600.00（万元）

（6）预收账款=年预收账款÷年周转次数=1200÷(360÷30)= 100.00（万元）

由此求得：流动资产＝应收账款+现金+存货+预付账款

＝1750+975.56+7786.66+66.67＝10578.89（万元）

流动负债＝应付账款+预收账款＝1600+100.00＝1700.00（万元）

流动资金＝流动资产−流动负债＝10578.89−1700＝8878.89（万元）

2. 编制流动资金估算表，见表1-4。

表1-4　　**流动资金估算表**

序号	项目	最低周转天数（d）	周转次数	金额（万元）
1	流动资产			10578.89
1.1	应收账款	30	12	1750.00
1.2	存货			7786.66
1.2.1	外购原材料、燃料、动力费	40	9	2133.33
1.2.2	在产品	40	9	3320.00
1.2.3	产成品	40	9	2333.33
1.3	现金	40	9	975.56
1.4	预付账款	30	12	66.67
2	流动负债			1700.00
2.1	应付账款	30	12	1600.00
2.2	预收账款	30	12	100.00
3	流动资金（流动资产−流动负债）			8878.89

问题3：

解：根据建设项目总投资的构成内容，计算拟建项目的总投资：

总投资＝建设投资+建设期贷款利息+流动资金

$=[(52180+5000)+276.85\times6.6+2273.45]+8878.89$

$=(57180+1827.21+2273.45)+8878.89=70159.55$（万元）

【案例三】

背景：

某企业拟建一条生产线。设计使用同规模标准化设计资料。类似工程的工程费用造价指标，见表1-5；类似工程造价指标中主要材料价格（除税）表，见表1-6。拟建工程当地现行市场价格（除税）信息及指数，见表1-7。

表 1-5 类似工程造价指标

序号	工程和费用名称	工程结算价值（万元）					备注
		建筑工程	设备购置	安装工程	其他费用	合 计	
一	厂区内工程	13411.00	19205.00	5225.00		37841.00	
1	原料准备	3690.00	5000.00	990.00		9680.00	
2	熟料烧成及储存	2620.00	5110.00	1720.00		9450.00	
3	粉磨、储存、包装	3096.00	5050.00	666.00		8812.00	
4	全厂辅助及公用设施	2555.00	3585.00	929.00		7069.00	
5	总图运输及综合管网	1450.00	460.00	920.00		2830.00	
二	厂区外工程	6485.00	3005.00	1231.00		10721.00	
1	石灰石矿	4560.00	2100.00	190.00		6850.00	
2	黏土矿	125.00	380.00	12.00		517.00	汽车运输
3	石灰石矿长皮带廊	430.00	460.00	152.00		1042.00	1.5km
4	水源地及输水管线	160.00	20.00	31.00		211.00	
5	厂外铁路、公路	1210.00	45.00	26.00		1281.00	
6	厂外电力及通信线路			820.00		820.00	
工程费合计		19896.00	22210.00	6456.00		48562.00	

表 1-6 类似工程材料价格（除税）表

序号	材料名称	单位	单价（元）	权重（%）	备注
1	水泥	t	397.00	19.74	综合
2	钢筋	t	3571.00	39.27	综合
3	型钢	t	3124.00	20.10	综合
4	木材	m^3	1375.00	3.56	综合
5	砖	千块	273.00	4.45	标准
6	砂	m^3	43.00	3.54	
7	石子	m^3	72.00	9.34	
合 计				100	

表 1-7　　拟建工程市场价格（除税）信息及指数

序号	项目名称	单位	单价（元）	备　注
一	材料			
1	水泥	t	536.00	综合
2	钢筋	t	4250.00	综合
3	型钢	t	3780.00	综合
4	木材	m^3	1788.00	综合
5	砖	千块	410.00	标准
6	砂	m^3	62.00	
7	石子	m^3	79.00	
二	人工费			综合上调 43%
三	机械费			综合上调 17.5%
四	综合税费			综合上调 3.6%

问题：

1. 拟建工程与类似工程在外部建设条件有以下不同之处：

（1）拟建工程生产所需黏土原料按外购考虑，不自建黏土矿山；

（2）拟建工程石灰石矿采用 2.5km 长皮带廊输送，类似工程采用具有同样输送能力的 1.5km 长皮带廊。

根据上述资料及内容分别计算调整类似工程造价指标中的建筑工程费、设备购置费和安装工程费。

2. 类似工程造价指标中建筑工程费用所含的材料费（除税）、人工费、机械费、综合税费占建筑工程费用的比例分别为 58.64%、14.58%、9.46%、17.32%。

根据已有资料和条件，列表计算建筑工程费用中的材料综合调整系数，计算拟建工程建筑工程费用。

3. 行业部门测定的拟建工程设备购置费与类似工程设备购置费相比下降 2.91%，拟建工程安装工程费与类似工程安装工程费相比增加 8.91%。根据已有资料和条件计算拟建工程设备购置费、安装工程费和工程费用。

分析要点：

本案例主要考核以下内容：

1. 按照《建设项目经济评价方法与参数》（第三版）关于建设项目投资构成，并根据已建成的类似工程项目的各项费用，对拟建项目工程费进行估算的另一种方法；

2. 如何根据价格指数和权重的概念，计算拟建工程的综合调价系数，并对拟建项目的工程费进行修正。

答案：

问题 1：

解：类似工程造价指标中建筑工程费、设备购置费和设备安装费的调整：

1. 类似工程建筑工程费的调整：

不建黏土矿应减建筑工程费 125 万元；

运矿长皮带廊加长 1km，应增加建筑工程费：430÷1.5×1.0=286.67（万元）；

∴ 类似工程建筑工程费应调整为：19896.00−125+286.67=20057.67（万元）。

2. 类似工程设备购置费的调整：

不建黏土矿应减设备购置费 380 万元；

运矿长皮带廊加长 1km，应增加设备购置费：460÷1.5×1.0=306.67（万元）；

∴ 类似工程设备购置费应调整为：22210.00−380+306.67=22136.67（万元）。

3. 类似工程设备安装费的调整：

不建黏土矿应减设备安装费 12 万元；

运矿长皮带廊加长 1km，应增加设备安装费：152÷1.5×1=101.33（万元）；

∴ 类似工程设备安装费应调整为：6456−12+101.33=6545.33（万元）。

问题 2：

解：类似工程造价指标中建筑工程费用中所含材料费、人工费、机械费、综合税费占建筑工程费的比例分别为：58.64%、14.58%、9.46%、17.32%。在表 1-8 中计算建筑工程费中材料综合调价系数，并计算拟建工程的建筑工程费。

表 1-8　　材料价（除税）差调整系数计算表　　单位：元

序号	材料名称	单位	指标单价	采购单价	调价系数	权重（%）	综合调价系数（%）
1	水泥	t	397.00	536.00	1.35	19.74	26.65
2	钢筋	t	3571.00	4250.00	1.19	39.27	46.73
3	型钢	t	3124.00	3780.00	1.21	20.10	24.32
4	木材	m^3	1375.00	1788.00	1.3	3.56	4.63
5	砖	千块	273.00	410.00	1.5	4.45	6.68

续表

序号	材料名称	单位	指标单价	采购单价	调价系数	权重（%）	综合调价系数（%）
6	砂	m^3	43.00	62.00	1.44	3.54	5.10
7	石子	m^3	72.00	79.00	1.10	9.34	10.27
合　计							124.38

拟建工程的建筑工程费＝20057.67×(1＋58.64%×24.38%＋14.58%×43%＋9.46%×17.5%+17.32%×3.6%)＝24639.82（万元）

问题3：

解：根据所给条件计算拟建工程设备购置费、安装工程费和工程费

1. 拟建工程设备购置费＝22136.67×(1−2.91%)＝21492.49（万元）

2. 拟建工程设备安装费＝6545.33×(1+8.91)＝7128.52（万元）

3. 拟建工程的工程费＝24639.82+21492.49+7128.52＝53260.83（万元）

【案例四】

背景：

某企业拟投资建设一个生产市场急需产品的工业项目。该项目建设期1年，运营期6年。项目投产第一年可获得当地政府扶持该产品生产的补贴收入100万元。项目建设的其他基本数据如下：

1. 项目建设投资估算1000万元，预计全部形成固定资产（包含可抵扣固定资产进项税额80万元），固定资产使用年限10年，按直线法折旧，期末净残值率4%，固定资产余值在项目运营期末收回；投产当年需要投入运营期流动资金200万元；

2. 正常年份年营业收入为678万元（其中销项税额为78万元），经营成本为350万元（其中进项税额为25万元）；税金附加按应纳增值税的10%计算，所得税税率为25%；行业所得税后基准收益率为10%，基准投资回收期为6年，企业投资者可接受的最低所得税后收益率为15%；

3. 投产第一年仅达到设计生产能力的80%，预计这一年的营业收入及其所含销项税额、经营成本及其所含进项税额均为正常年份的80%；以后各年均达到设计生产能力；

4. 运营第4年，需要花费50万元（无可抵扣进项税额）更新新型自动控制设备配件，维持以后的正常运营，该维持运营投资按当期费用计入年度总成本。

问题：

1. 编制拟建项目投资现金流量表；

2. 计算项目的静态投资回收期、财务净现值和财务内部收益率；

3. 评价项目的财务可行性；

4. 若该项目的初步融资方案为：贷款400万元用于建设投资，贷款年利率为10%（按年计息），还款方式为运营期前3年等额还本、利息照付。剩余建设投资及流动资金来源于项目资本金。试编制拟建项目的资本金现金流量表，并根据该表计算项目的资本金财务内部收益率，评价项目资本金的盈利能力和融资方案下的财务可行性。

分析要点：

建设项目财务分析可分为融资前分析和融资后分析，一般宜先进行融资前分析，在融资前分析结论满足要求的情况下，初步设定融资方案，再进行融资后分析。

融资前分析与融资条件无关，其依赖数据少，报表编制简单，但其分析结论可满足方案比选和初步投资决策的需要。如果分析结果表明项目效益符合要求，再考虑融资方案，继续进行融资后分析；如果分析结果不能满足要求，可以通过修改以完善项目方案，必要时甚至可据此做出放弃项目的建议。在项目建议书阶段，可只进行融资前分析。融资前财务分析应以动态分析为主，静态分析为辅。编制项目投资现金流量表，计算项目财务净现值、投资内部收益率等动态盈利能力分析指标；计算项目静态投资回收期。

融资后分析是指以设定的融资方案为基础进行的财务分析，它以融资前分析和初步的融资方案为基础，考察项目在拟定融资条件下的盈利能力、偿债能力和财务生存能力，判断项目方案在融资条件下的可行性。融资后分析是比选融资方案，进行融资决策和投资者最终决定出资的依据。

本案例较为全面地考核了建设项目融资前财务分析，要求编制项目投资现金流量表，计算项目财务净现值、投资内部收益率和静态投资回收期指标并评价项目的财务可行性。基于对比的需要，进一步考核了融资后财务分析的相关基础知识。融资后财务分析涉及面广，知识点多，本案例只要求编制项目的资本金现金流量表，计算项目的资本金财务内部收益率，更多的知识点参见教材后续案例题。

本案例主要解决以下概念性问题和知识点：

1. 增值税是以商品（含应税劳务）在流转过程中产生的增值额作为计税依据而征收的一种流转税，实行价外税。增值税应纳税额按照如下公式计算：

增值税应纳税额=当期销项税额-当期进项税额

当期销项税额=销售额×税率，其中，销售额中未含增值税。如果销售额中包括增值税，则当期销项税额=销售额×税率/(1+税率)

当期进项税额为纳税人当期购进货物或者接受应税劳务支付或者负担的增值税额。

当期销项税额小于当期进项税额不足抵扣时，其不足部分可以结转下期继续抵扣。

此外，工程项目投资构成中的建筑安装工程费、设备及工器具购置费、工程建设其他费用中所含增值税进项税额，可以根据国家增值税相关规定予以抵扣，该可抵扣固定资产进项税额不得计入固定资产原值。

客观地讲，无论是建设期发生的建筑安装工程费、设备及工器具购置费、工程建设其他费用中所含的可抵扣增值税进项税额，还是生产经营期发生的各项成本开支中的可抵扣增值税进项税额都无法在建设项目的前期经济评价阶段准确估计。就建设期投资估算而言，为了满足筹资的需要，应该足额估算，即按照含增值税进项税额的价格估算建设投资，因此需要将可抵扣固定资产进项税额单独列示，以便财务分析中正确计算固定资产原值和应纳增值税。就运营期而言，增值税由最终消费者负担，没有建设期建设投资进项税额抵扣时，现金流入中的当期销项税额，等于现金流出中的当期进项税额和当期增值税应纳税额之和，因此仅就此而言，可以在现金流入、流出中同时不考虑增值税，并不会影响各年的净现金流量。但是由于增值税应纳税额的大小会影响城市维护建设税、教育费附加等附加税费，进而也会影响项目现金流量，故建设项目经济评价时应对运营期各年的销项税额和进项税额进行科学测算，以使评价更准确、更符合实际。

当然，鉴于在项目投资决策阶段准确测算增值税的困难，且增值税由最终消费者负担，受增值税影响的城市维护建设税、教育费附加等附加税费占投资、收入的比例很小，对经济评价的影响不大，故对拟建项目开展初步评价或者评价精度要求不高时，也可不考虑增值税的影响。

2. 融资前财务分析只进行盈利能力分析，并以项目投资现金流量分析为主要手段。为了体现固定资产进项税抵扣导致企业应纳增值税的降低进而致使净现金流量增加，应在现金流入中增加销项税额，同时在现金流出中增加进项税额（指营运投入的进项税额）以及应纳增值税。

3. 项目投资现金流量表中，固定资产原值应扣除可抵扣固定资产进项税额。另外回收固定资产余值的计算，可能出现两种情况：

营运期等于固定资产使用年限，则固定资产余值=固定资产残值；

营运期小于固定资产使用年限,则固定资产余值=(使用年限-营运期)×年折旧费+残值。

4. 所得税是现金流量表的主要现金流出项目，编制现金流量表，计算净现值、内部收益率等财务评价指标均需要正确计算项目各年的所得税。笼统而言，所得税的计税基础（应纳税所得额）是按规定弥补以前年度亏损后的税前利润，其中税前利润=营业收入-总成本费用。由于总成本费用中包含有因融资产生的利息支出，同一个建设项目不同的融资方案会有不同的利息支出，进而有不同的总成本费用、税前利润和所得税。

融资前分析与融资条件无关，因此对项目投资现金流量表中的“所得税”应进行调整，引入“调整所得税”的概念，调整的目的就是为了不受融资方案的影响。调整所得税以息税前利润（*EBIT*）为基础，按以下公式计算：

调整所得税=息税前利润(*EBIT*)×所得税率

式中，息税前利润=利润总额+利息支出

或　　　　息税前利润=营业收入−总成本费用+利息支出+补贴收入

总成本费用=经营成本+折旧费+摊销费+利息支出

或　　　息税前利润=营业收入−经营成本−折旧费−摊销费+补贴收入

此外，计算息税前利润时，除了剔除总成本费用中的利息支出的影响外，建设期利息对折旧的影响（因为折旧的变化会对利润总额产生影响，进而影响息税前利润）也应被排除，即在融资前分析中，固定资产总额中不应包括建设期利息，而在融资后分析中，建设期贷款利息则需要计入固定资产投资。

当然，如此将会出现两个折旧和两个息税前利润（用于计算融资前所得税的息税前利润和利润与利润分配表中的息税前利润）。为简化起见，根据《建设项目经济评价方法与参数（第三版）》，当建设期利息占总投资比例不是很大时，也可按利润表中的息税前利润计算调整所得税。

5. 财务净现值是指把项目计算期内各年的财务净现金流量，按照基准收益率折算到建设期初的现值之和。各年的财务净现金流量均为当年各种现金流入和流出在年末的差值合计。不管当年各种现金流入和流出发生在期末、期中还是期初，当年的财务净现金流量均按期末发生考虑。

6. 等额还本、利息照付是常用的还款方式之一。等额还本、利息照付是在每年等额还本的同时，支付逐年相应减少的利息。等额还本、利息照付的计算公式如下：

$$A_t=\frac{I_c}{n}+I_c\times\left(1-\frac{t-1}{n}\right)\times i$$

式中：A_t——第 t 年还本付息额；

$\frac{I_c}{n}$——每年偿还本金额；

$I_c\times\left(1-\frac{t-1}{n}\right)\times i$——第 t 年支付利息额。

需要注意的是公式中的 I_c 并不仅仅只是项目建设期的贷款额，还应当包括建设期贷款利息累计，即建设期末的贷款本息累计额。

7. 项目投资财务内部收益率反映了项目占用的尚未回收资金的获利能力，它取决于项目内部，反映项目自身的盈利能力，是考核项目盈利能力的主要动态评价指标。在财务评价中，将求出的项目投资财务内部收益率 *FIRR* 与行业基准收益率 i_c 比较。当*FIRR*≥

i_c 时，可认为项目盈利能力已满足要求，在财务上是可行的。

注意区别利用静态投资回收期与动态投资回收期判断项目是否可行的不同。当静态投资回收期小于等于基准投资回收期时，项目可行；只要动态投资回收期不大于项目寿命期，项目就可行。

项目的资本金财务内部收益率反映了项目资本金的获利水平，其表达式和计算方法同项目投资财务内部收益率，只是所依据的表格和净现金流量的内涵不同，判断的基础参数也可能不同。项目资本金财务内部收益率的基准参数应该体现项目发起人（代表项目所有权益投资者）对投资获利的最低期望值（最低可接受收益率）。当项目资本金财务内部收益率大于或等于该最低可接受收益率时，说明在该融资方案下，项目资本金获利水平超过或者达到了要求，该融资方案是可以接受的。

8. 一些项目在运营期需要投入一定的固定资产投资才能得以维持正常运营，这类投资称为维持运营投资。对维持运营投资，根据实际情况有两种处理方式：一种是予以资本化，即计入固定资产原值；另一种是费用化，列入年度总成本。维持运营投资是否能予以资本化，取决于其是否能够增加企业潜在的经济利益，且该固定资产的成本是否能够可靠地计量。如果该投资投入后延长了固定资产的使用寿命，或者使产品质量实质性提高，或者成本实质性降低等，那么应予以资本化，并计提折旧。否则该投资只能费用化，列入年度总成本。根据题意，本题的维持运营投资按当期费用计入年度总成本。

答案：

问题 1：

解：编制拟建项目投资现金流量表

编制现金流量表之前需要计算以下数据，并将计算结果填入表 1-9 中。

（1）计算固定资产折旧费（融资前，固定资产原值不含建设期利息）

固定资产原值＝形成固定资产的费用－可抵扣固定资产进项税额

固定资产折旧费＝(1000－80)×(1－4%)÷10＝88.32（万元）

（2）计算固定资产余值

固定资产使用年限 10 年，运营期末只用了 6 年还有 4 年未折旧，所以，运营期末固定资产余值为：

固定资产余值＝年固定资产折旧费×4＋残值

＝88.32×4＋(1000－80)×4%＝390.08（万元）

（3）计算调整所得税

增值税应纳税额＝当期销项税额－当期进项税额－可抵扣固定资产进项税额

故：

第2年（投产第1年）的当期销项税额-当期进项税额-可抵扣固定资产进项税额=78×0.8-25×0.8-80=-37.6（万元）<0，故第2年应纳增值税额为0。

第3年的当期销项税额-当期进项税额-可抵扣固定资产进项税额=78-25-37.6=15.4（万元），故第3年应纳增值税额为15.4万元。

第4年、第5年、第6年、第7年的应纳增值税=78-25=53（万元）

调整所得税=[营业收入-当期销项税额-(经营成本-当期进项税额)-折旧费-维持运营投资+补贴收入-增值税附加]×25%

故：

第2年（投产第1年）调整所得税=[(678-78)×80%-(350-25)×80%-88.32-0+100-0]×25%=57.92（万元）

第3年调整所得税=(600-325-88.32-0+0-15.4×10%)×25%=46.29（万元）

第4年调整所得税=(600-325-88.32-0+0-53×10%)×25%=45.35（万元）

第5年调整所得税=(600-325-88.32-50+0-53×10%)×25%=32.85（万元）

第6年、第7年调整所得税=(600-325-88.32-0+0-53×10%)×25%=45.35（万元）

表1-9　　项目投资现金流量表　　单位：万元

序号	项目	建设期	运营期					
		1	2	3	4	5	6	7
1	现金流入	0.00	642.40	678.00	678.00	678.00	678.00	1268.08
1.1	营业收入（不含销项税额）		480.00	600.00	600.00	600.00	600.00	600.00
1.2	销项税额		62.40	78.00	78.00	78.00	78.00	78.00
1.3	补贴收入		100.00					
1.4	回收固定资产余值							390.08
1.5	回收流动资金							200.00
2	现金流出	1000.00	537.92	413.23	453.65	491.15	453.65	453.65
2.1	建设投资	1000.00						
2.2	流动资金投资		200.00					
2.3	经营成本（不含进项税额）		260.00	325.00	325.00	325.00	325.00	325.00
2.4	进项税额		20.00	25.00	25.00	25.00	25.00	25.00
2.5	应纳增值税		0.00	15.40	53.00	53.00	53.00	53.00

续表

序号	项目	建设期	运营期					
		1	2	3	4	5	6	7
2.6	增值税附加			1.54	5.30	5.30	5.30	5.30
2.7	维持运营投资					50.00		
2.8	调整所得税		57.92	46.29	45.35	32.85	45.35	45.35
3	所得税后净现金流量	-1000.00	104.48	264.77	224.35	186.85	224.35	814.43
4	累计税后净现金流量	-1000.00	-895.52	-630.75	-406.40	-219.55	4.80	819.23
5	折现系数（10%）	0.9091	0.8264	0.7513	0.6830	0.6209	0.5645	0.5132
6	折现后净现金流	-909.10	86.34	198.92	153.23	116.02	126.65	417.97
7	累计折现净现金流量	-909.10	-822.76	-623.84	-470.61	-354.59	-227.94	190.03

问题 2：

解：

（1）计算项目的静态投资回收期

静态投资回收期

$$=（累计净现金流量出现正值的年份-1）+\frac{|出现正值年份上年累计净现金流量|}{出现正值年份当年净现金流量}$$

$$=(6-1)+\frac{|-219.55|}{224.35}=5.98\text{ 年}$$

故，项目静态投资回收期为：5.98 年。

（2）计算项目财务净现值

项目财务净现值是把项目计算期内各年的净现金流量，按照基准收益率折算到建设期初的现值之和。也就是计算期末累计折现后净现金流量 190.03 万元，见表 1-9。

（3）计算项目的财务内部收益率

编制项目财务内部收益率试算表 1-10。

首先确定 $i_1=15\%$，以 i_1 作为设定的折现率，计算出各年的折现系数。利用财务内部收益率试算表，计算出各年的折现净现金流量和累计折现净现金流量，从而得到财务净现值 $FNPV_1=7.80$（万元），见表 1-10。

再设定 $i_2=17\%$，以 i_2 作为设定的折现率，计算出各年的折现系数。同样，利用财务内部收益率试算表，计算各年的折现净现金流量和累计折现净现金流量，从而得到财务净现值 $FNPV_2=-49.28$（万元），见表 1-10。

试算结果满足：$FNPV_1>0$，$FNPV_2<0$，且满足精度要求，可采用插值法计算出拟建项目的财务内部收益率 *FIRR*。

表 1-10　　财务内部收益率试算表　　单位：万元

序号	项目	建设期	运营期					
		1	2	3	4	5	6	7
1	现金流入	0.00	642.40	678.00	678.00	678.00	678.00	1268.08
2	现金流出	1000.00	537.92	413.23	453.65	491.15	453.65	453.65
3	净现金流量	-1000.00	104.48	264.77	224.35	186.85	224.35	814.43
4	折现系数（$i=15\%$）	0.8696	0.7561	0.6575	0.5718	0.4972	0.4323	0.3759
5	折现后净现金流量	-869.60	79.00	174.09	128.28	92.90	96.99	306.14
6	累计折现净现金流量	-869.60	-790.60	-616.51	-488.23	-395.33	-298.34	7.80
7	折现系数（$i=17\%$）	0.8547	0.7305	0.6244	0.5337	0.4561	0.3898	0.3332
8	折现后净现金流量	-854.70	76.32	165.32	119.74	85.22	87.45	271.37
9	累计折现净现金流量	-854.70	-778.38	-613.06	-493.32	-408.10	-320.65	-49.28

由表 1-10 可知：

$$i_1=15\%\text{时}，FNPV_1=7.80$$

$$i_2=17\%\text{时}，FNPV_2=-49.28$$

用插值法计算拟建项目的内部收益率 *FIRR*，即：

$$FIRR=i_1+(i_2-i_1)\times\frac{FNPV_1}{|FNPV_1|+|FNPV_2|}=15\%+(17\%-15\%)\times\frac{7.80}{7.80+|-49.28|}$$

$$=15\%+0.27\%=15.27\%$$

问题 3：

答：评价项目的财务可行性

本项目的静态投资回收期为 5.98 年小于基准投资回收期 6 年；累计财务净现值为 190.03 万元>0；财务内部收益率 $FIRR=15.27\%$>行业基准收益率 10%，所以，从财务角度分析该项目可行。

问题 4：

解：

1. 编制拟建项目资本金现金流量表

编制资本金现金流量表之前需要计算以下数据，并将计算结果填入表 1-11 中。

表 1-11　　**项目资本金现金流量表**　　单位：万元

序号	项目	建设期	运营期					
		1	2	3	4	5	6	7
1	现金流入	0.00	642.40	678.00	678.00	678.00	678.00	1276.56
1.1	营业收入（不含销项税额）		480.00	600.00	600.00	600.00	600.00	600.00
1.2	销项税额		62.40	78.00	78.00	78.00	78.00	78.00
1.3	补贴收入		100.00					
1.4	回收固定资产余值							398.56
1.5	回收流动资金							200.00
2	现金流出	600.00	708.94	573.75	603.67	490.67	453.17	453.17
2.1	项目资本金	600.00						
2.2	借款本金偿还		140.00	140.00	140.00			
2.3	借款利息支付		42.00	28.00	14.00			
2.4	流动资金投资		200.00					
2.5	经营成本（不含进项税额）		260.00	325.00	325.00	325.00	325.00	325.00
2.6	进项税额		20.00	25.00	25.00	25.00	25.00	25.00
2.7	应纳增值税		0.00	15.40	53.00	53.00	53.00	53.00
2.8	增值税附加		0.00	1.54	5.30	5.30	5.30	5.30
2.9	维持运营投资					50.00		
2.10	所得税		46.94	38.81	41.37	32.37	44.87	44.87
3	所得税后净现金流量	-600.00	-66.54	104.25	74.33	187.33	224.83	823.39
4	累计税后净现金流量	-600.00	-666.54	-562.29	-487.96	-300.63	-75.8	747.59
5	折现系数（10%）	0.9091	0.8264	0.7513	0.683	0.6209	0.5645	0.5132
6	折现后净现金流量	-545.46	-54.99	78.32	50.77	116.31	126.92	422.56
7	累计折现净现金流量	-545.46	-600.45	-522.13	-471.36	-355.05	-228.13	194.44

（1）项目建设期贷款利息

项目建设期贷款利息为：400×0.5×10%＝20（万元）

（2）固定资产年折旧费与固定资产余值

固定资产年折旧费＝(1000－80＋20)×(1－4%)÷10＝90.24（万元）

固定资产余值=年固定资产折旧费×4+残值=90.24×4+(1000−80+20)×4%=398.56（万元）

（3）各年应偿还的本金和利息

项目第2年期初累计借款为420万元，运营期前3年等额还本，利息照付，则计算期第2至第4年等额偿还的本金=第2年年初累计借款÷还款期=420÷3=140（万元）；计算期第2至第4年应偿还的利息为：

第2年：420×10%=42.00（万元）

第3年：(420−140)×10%=28.00（万元）

第4年：(420−140−140)×10%=14.00（万元）

（4）计算所得税

第2年的所得税=[(678−78)×80%−(350−25)×80%−90.24−42+100]×25%=46.94（万元）

第3年的所得税=(600−325−90.24−28−15.4×10%)×25%=38.81（万元）

第4年的所得税=(600−325−90.24−14−53×10%)×25%=41.37（万元）

第5年的所得税=(600−325−90.24−50−53×10%)×25%=32.37（万元）

第6年、第7年的所得税=(600−325−90.24−53×10%)×25%=44.87（万元）

2. 计算项目的资本金财务内部收益率

编制项目资本金财务内部收益率试算表1-12。

表1-12　　项目资本金财务内部收益率试算表　　单位：万元

序号	项目	建设期	运营期					
		1	2	3	4	5	6	7
1	现金流入	0.00	642.40	678.00	678.00	678.00	678.00	1276.56
2	现金流出	600.00	708.94	573.75	603.67	490.67	453.17	453.17
3	净现金流量	−600.00	−66.54	104.25	74.33	187.33	224.83	823.39
4	折现系数 $i=15\%$	0.8696	0.7561	0.6575	0.5718	0.4972	0.4323	0.3759
5	折现后净现金流量	−521.76	−50.31	68.54	42.50	93.14	97.19	309.51
6	累计折现净现金流量	−521.76	−572.07	−503.53	−461.03	−367.89	−270.70	38.81
7	折现系数 $i=17\%$	0.8547	0.7305	0.6244	0.5337	0.4561	0.3898	0.3332
8	折现后净现金流量	−512.82	−48.61	65.09	39.67	85.44	87.64	274.35
9	累计折现净现金流量	−512.82	−561.43	−496.34	−456.67	−371.23	−283.59	−9.24

由表1-12可知：

$i_1=15\%$时，$FNPV_1=38.81$

$i_2=17\%$时，$FNPV_2=-9.24$

用插值法计算拟建项目的资本金财务内部收益率 $FIRR$，即：

$$FIRR=i_1+(i_2-i_1)\times\frac{FNPV_1}{|FNPV_1|+|FNPV_2|}=15\%+(17\%-15\%)\times\frac{38.81}{38.81+|-9.24|}$$

$$=16.62\%$$

3. 评价项目资本金的盈利能力和融资方案下财务可行性

该项目的资本金财务内部收益率为16.62%，大于企业投资者期望的最低可接受收益率15%，说明项目资本金的获利水平超过了要求，从项目权益投资者整体角度看，在该融资方案下项目的财务效益是可以接受的。

【案例五】

背景：

1. 某拟建项目建设期2年，运营期6年。建设投资总额3540万元，建设投资预计形成无形资产540万元，其余形成固定资产。固定资产使用年限10年，残值率为4%，固定资产余值在项目运营期末收回。无形资产在运营期6年中，均匀摊入成本。

2. 项目的投资、收益、成本等基础测算数据见表1-13。

表1-13　　某建设项目资金投入、收益及成本表　　单位：万元

序号	项　目	年份				
		1	2	3	4	5~8
1	建设投资 其中：资本金 　　　贷款本金	 1200 	 340 2000			
2	流动资金 其中：资本金 　　　贷款本金			 300 100	 400	
3	年产销量（万件）			60	120	120
4	年经营成本 其中：可抵扣进项税			1850 170	3560 330	3560 330

3. 建设投资借款合同规定的还款方式为：运营期的前4年等额还本，利息照付。借款利率为6%（按年计息）；流动资金借款利率、短期临时借款利率均为4%（按年计息）。

4. 流动资金为800万元，在项目的运营期末全部收回。

5. 设计生产能力为年产量120万件某产品，产品不含税售价为36元/件，增值税税率为13%，增值税附加综合税率为12%，所得税率为25%，行业基准收益率为8%。

6. 行业平均总投资收益率为10%，资本金净利润率为15%。

7. 应付投资者各方股利按股东会事先约定计取：运营期头两年按可供投资者分配利润10%计取，以后各年均按30%计取，亏损年份不计取。各年剩余利润转为下年期初未分配利润。

8. 本项目不考虑计提任意盈余公积金。

9. 假定建设投资中无可抵扣固定资产进项税额，不考虑增值税对固定资产投资、建设期利息计算、建设期现金流量的可能影响。

问题：

1. 编制借款还本付息计划表、总成本费用估算表和利润与利润分配表。

2. 计算项目总投资收益率和资本金净利润率。

3. 编制项目资本金现金流量表。计算项目的动态投资回收期和财务净现值。

4. 从财务角度评价项目的可行性。

分析要点：

本案例全面考核了建设项目融资后的财务分析。主要考核了借款还本付息计划表、总成本费用估算表、利润与利润分配表、项目资本金现金流量表的编制方法和总投资收益率、资本金净利润率等静态盈利能力指标的计算。试题考核了等额还本利息照付的建设期贷款偿还方式，重点考核了流动资金借款、临时短期借款的利息计算、资金偿还方式；考核了经营期第一年亏损状态下的所得税计算、亏损弥补、利润分配等问题；考核了未分配利润、法定盈余公积金和应付投资者各方股利之间的分配关系；考核了经营期增值税及其附加税费的计算等。

本案例主要解决以下概念性问题和知识点：

1. 经营成本是总成本费用的组成部分，即：

总成本费用=经营成本+折旧费+摊销费+利息支出

2. 增值税应纳税额=当期销项税额-当期进项税额

当期销项税额=销售额×税率

当期进项税额为纳税人当期购进货物或者接受应税劳务支付或者负担的增值税额。

当期销项税额小于当期进项税额不足抵扣时，其不足部分可以结转下期继续抵扣。

3. 净利润=该年利润总额-应纳税所得额×所得税率

式中：应纳税所得额=该年利润总额-弥补以前年度亏损

4. 可供分配利润＝净利润+期初未分配利润

式中：期初未分配利润＝上年度期末的剩余利润（*LR*）

5. 可供投资者分配利润＝可供分配利润－法定盈余公积金

6. 法定盈余公积金＝净利润×10%

法定盈余公积金累计额为资本金的50%以上的，可不再提。

7. 应付各投资方的股利＝可供投资者分配利润×约定的分配比例（亏损年份不计取）。

8. 未分配利润一部分用于偿还本金，另一部分作为企业的积累。

未分配利润＝可供投资者分配利润－应付各投资方的股利

式中：未分配利润按借款合同规定的还款方式，编制等额还本利息照付的利润与利润分配表时，可能会出现以下两种情况：

（1）（未分配利润+折旧费+摊销费）<该年应还本金，则该年的未分配利润全部用于还款，不足部分为该年的资金亏损，并需用临时借款来弥补偿还本金的不足部分；

（2）（未分配利润+折旧费+摊销费）>该年应还本金。则该年为资金盈余年份，用于还款的未分配利润按以下公式计算：

该年用于还款的未分配利润＝该年应还本金－折旧费－摊销费

9. 项目总投资收益率：是指项目正常年份息税前利润或营运期内年平均息税前利润（*EBIT*）与项目总投资（*TI*）的比率。只有在正常年份中各年的息税前利润差异较大时，才采用营运期内年平均息税前利润计算。按以下公式计算：

总投资收益率＝正常生产年份息税前利润或营运期内年平均息税前利润÷总投资×100%

10. 项目资本金净利润率：是指正常生产年份的年净利润或营运期内年平均净利润与项目资本金的比率。按以下公式计算：

资本金净利润率＝正常生产年份年净利润或营运期内年平均净利润÷资本金×100%

11. 流动资金借款投入当年按照年初投入，全年计息，在生产经营期内只计算每年所支付的利息，本金在运营期末一次性偿还。流动资金借款利息应纳入总成本费用和其后的计算。

12. 建设项目各年累计盈余资金不出现负值是财务上可持续的必要条件。在整个运营期间允许个别年份的净现金流量出现负值，但是不能容许任一年份的累计盈余资金出现负值。一旦出现负值时应适时进行短期融资。短期融资利息的计算与流动资金借款利率相同，短期融资本金的偿还按照随借随还的原则处理，即一般按照当年年末借款，尽可能于下年偿还。同样，短期融资利息也应纳入总成本费用和其后的计算。关于建设项目各年累计盈余和资金来源与运用的相关知识请参照本章案例八的项目财务计划现金流量表的相关知识。

答案：

问题 1：

解：

1. 项目建设期第二年贷款 2000 万元，则建设期利息为 2000×0.5×6%＝60（万元），第 3 年初累计借款（建设投资借款及建设期利息）为 2000+60＝2060（万元），运营期前四年等额还本，利息照付；则各年等额偿还本金＝第 3 年初累计借款÷还款期＝2060÷4＝515（万元）。

其余计算结果，见表 1-14。

表 1-14　　某项目借款还本付息计划表　　单位：万元

序号	项　目	计算期							
		1	2	3	4	5	6	7	8
1	借款 1（建设投资借款）								
1.1	期初借款余额			2060.00	1545.00	1030.00	515.00		
1.2	当期还本付息			638.60	607.70	576.80	545.90		
	其中：还本			515.00	515.00	515.00	515.00		
	付息（6%）			123.60	92.70	61.80	30.90		
1.3	期末借款余额		2060.00	1545.00	1030.00	515.00			
2	借款 2（流动资金借款）								
2.1	期初借款余额			100.00	500.00	500.00	500.00	500.00	500.00
2.2	当期还本付息			4.00	20.00	20.00	20.00	20.00	520.00
	其中：还本								500.00
	付息（4%）			4.00	20.00	20.00	20.00	20.00	20.00
2.3	期末借款余额			100.00	500.00	500.00	500.00	500.00	
3	借款 3（临时借款）								
3.1	期初借款余额				175.90				
3.2	当期还本付息				182.94				
	其中：还本				175.90				
	付息（4%）				7.04				
3.3	期末借款余额			175.90					
4	借款合计								

续表

序号	项　目	计算期							
		1	2	3	4	5	6	7	8
4.1	期初借款余额			2160.00	2220.90	1530.00	1015.00	500.00	500.00
4.2	当期还本付息			642.60	810.64	596.80	565.90	20.00	520.00
	其中：还本			515.00	690.90	515.00	515.00	0.00	500.00
	付息			127.60	119.74	81.80	50.90	20.00	20.00
4.3	期末借款余额		2060.00	1820.90	1530.00	1015.00	500.00	500.00	0.00

2. 根据总成本费用的构成列出总成本费用估算表的费用名称，见表 1-15。计算固定资产折旧费和无形资产摊销费，并将折旧费、摊销费、年经营成本和借款还本付息表中的第 3 年贷款利息与该年流动资金贷款利息等数据，一并填入总成本费用估算表 1-15 中，计算出该年的总成本费用。

（1）计算固定资产折旧费和无形资产摊销费

折旧费＝[（建设投资＋建设期利息－无形资产）×（1－残值率）]÷使用年限

＝[（3540＋60－540）×（1－4%）]÷10＝293.76（万元）

摊销费＝无形资产÷摊销年限＝540÷6＝90（万元）

（2）计算各年的营业收入、增值税、增值税附加，并将各年的总成本逐一填入利润与利润分配表 1-16 中。

第 3 年　　营业收入＝60×36×1.13＝2440.80（万元）

第 4~8 年　营业收入＝120×36×1.13＝4881.60（万元）

第 3 年　　增值税＝60×36×13%－170＝110.80（万元）

第 4~8 年　增值税＝120×36×13%－330＝231.60（万元）

第 3 年　　增值税附加＝110.80×12%＝13.30（万元）

第 4~8 年　增值税附加＝231.60×12%＝27.79（万元）

表 1-15　　某项目总成本费用估算表　　单位：万元

序号	项目	计算期					
		3	4	5	6	7	8
1	经营成本	1850.00	3560.00	3560.00	3560.00	3560.00	3560.00
2	折旧费	293.76	293.76	293.76	293.76	293.76	293.76
3	摊销费	90.00	90.00	90.00	90.00	90.00	90.00

续表

序号	项目	计算期					
		3	4	5	6	7	8
4	建设投资借款利息	123.60	92.70	61.80	30.90		
5	流动资金借款利息	4.00	20.00	20.00	20.00	20.00	20.00
6	短期借款利息		7.04				
7	总成本费用	2361.36	4063.50	4025.56	3994.66	3963.76	3963.76
	其中可抵扣进项税	170.00	330.00	330.00	330.00	330.00	330.00

3. 将第3年总成本计入该年的利润与利润分配表中，并计算该年的其他费用：利润总额、应纳税所得额、所得税、净利润、可供分配利润、法定盈余公积金、可供投资者分配利润、应付各投资方股利、还款未分配利润以及下年期初未分配利润等，均按利润与利润分配表中的公式逐一计算求得，见表1-16。

表1-16 某项目利润与利润分配表 单位：万元

序号	项目	计算期					
		3	4	5	6	7	8
1	营业收入	2440.80	4881.60	4881.60	4881.60	4881.60	4881.60
2	总成本费用	2361.36	4063.50	4025.56	3994.66	3963.76	3963.76
3	增值税	110.80	231.60	231.60	231.60	231.60	231.60
3.1	销项税	280.80	561.60	561.60	561.60	561.60	561.60
3.2	进项税	170.00	330.00	330.00	330.00	330.00	330.00
4	增值税附加	13.30	27.79	27.79	27.79	27.79	27.79
5	补贴收入						
6	利润总额（1-2-3-4+5）	-44.66	558.71	596.65	627.55	658.45	658.45
7	弥补以前年度亏损		44.66				
8	应纳税所得额（6-7）	0.00	514.05	596.65	627.55	658.45	658.45
9	所得税（8×25%）	0.00	128.51	149.16	156.89	164.61	164.61
10	净利润（6-9）	-44.66	430.20	447.49	470.66	493.84	493.84
11	期初未分配利润		0.00	41.32	179.60	290.99	514.81

续表

序号	项目	计算期					
		3	4	5	6	7	8
12	可供分配利润（10+11）	0.00	430.20	488.81	650.26	784.83	1008.65
13	法定盈余公积金（10×10%）	0.00	43.02	44.75	47.07	49.38	49.38
14	可供投资者分配利润（12-13）	0.00	387.18	444.06	603.19	735.45	959.27
15	应付投资者各方股利	0.00	38.72	133.22	180.96	220.64	287.78
16	未分配利润（14-15）	0.00	348.46	310.84	422.23	514.81	671.49
16.1	用于还款未分配利润		307.14	131.24	131.24		
16.2	剩余利润（转下年度期初未分配利润）	0.00	41.32	179.60	290.99	514.81	671.49
17	息税前利润（6+当年利息支出）	82.94	678.45	678.45	678.45	678.45	678.45

第3年利润为负值，是亏损年份。该年不计所得税、不提取盈余公积金和可供投资者分配的股利，并需要临时借款。

借款额=(515-293.76-90)+44.66=175.90（万元）。见借款还本付息表1-14。

4. 第4年期初累计借款额=2060-515+500+175.9=2220.90（万元），将应计利息计入总成本分析表1-15，汇总得该年总成本。将总成本计入利润与利润分配表1-16中，计算第4年利润总额、应纳税所得额、所得税和净利润。该年净利润430.20万元，大于还款未分配利润与上年临时借款之和。故为盈余年份。可提法定取盈余公积金和可供投资者分配的利润等。

第4年应还本金=515+175.90=690.90（万元）

第4年还款未分配利润=690.90-293.76-90=307.14（万元）

第4年法定盈余公积金=净利润×10%=430.20×10%=43.02（万元）

第4年可供分配利润=净利润+期初未分配利润

=430.20+0=430.20（万元）

第4年可供投资者分配利润=可供分配利润-盈余公积金

=430.20-43.02=387.18（万元）

第4年应付各投资方的股利=可供投资者分配股利×10%

=387.18×10%=38.72（万元）

第4年剩余的未分配利润=387.18-38.72-307.14=41.32（万元）（为下年度的期初未分配利润），见表1-16。

5. 第5年年初累计欠款额=1545+500+175.90-690.90=1530（万元），见表1-14，

用以上方法计算出第5年的利润总额、应纳税所得额、所得税、净利润、可供分配利润和法定盈余公积金。该年期初无亏损，期初未分配利润为41.32万元。

第5年可供分配利润=净利润+期初未分配利润

=447.49+41.32=488.81（万元）

第5年法定盈余公积金=447.49×10%=44.75（万元）

第5年可供投资者分配利润=可供分配利润-法定盈余公积金

=488.81-44.75=444.06（万元）

第5年应付各投资方的股利=可供投资者分配股利×30%

=444.06×30%=133.22（万元）

第5年还款未分配利润=515-293.76-90=131.24（万元）

第5年剩余未分配利润=444.06-133.22-131.24=179.60（万元）（为第6年度的期初未分配利润）

6. 第6年各项费用计算同第5年。

以后各年不再有建设投资贷款本息偿还和还款未分配利润，只有下年度积累的期初未分配利润。

问题2：

解：项目的总投资收益率、资本金净利润率等静态盈利能力指标，按以下计算：

1. 计算总投资收益率=正常年份的息税前利润÷总投资

总投资收益率=[678.45÷(3540+60+800)]×100%=15.42%

2. 计算资本金净利润率

由于正常年份净利润差异较大，故用运营期的年平均净利润计算：

年平均净利润=(-44.66+430.20+447.49+470.66+493.84+493.84)÷6

=2291.37÷6=381.90（万元）

资本金利润率=[381.90÷(1540+300)]×100%=20.76%

问题3：

解：

1. 根据背景资料、借款还本付息表中的利息、利润与利润分配表中的增值税、所得税等数据编制拟建项目资本金现金流量表1-17。

2. 计算回收固定资产余值，填入项目资本金现金流量表1-17内。

固定资产余值=293.76×4+3060×4%=1297.44（万元）

3. 计算回收全部流动资金，填入资本金现金流量表1-17内。

全部流动资金=300+100+400=800（万元）

4. 根据项目资本金现金流量表 1-17。计算项目的动态投资回收期。

表 1-17　　某项目资本金现金流量表　　单位：万元

序号	项目	年份							
		1	2	3	4	5	6	7	8
1	现金流入			2440. 80	4881. 60	4881. 60	4881. 60	4881. 60	6979. 04
1. 1	营业收入			2440. 80	4881. 60	4881. 60	4881. 60	4881. 60	4881. 60
1. 2	回收固定资产余值								1297. 44
1. 3	回收流动资金								800. 00
2	现金流出	1200. 00	340. 00	2916. 70	4758. 54	4565. 35	4542. 18	4004. 00	4504. 00
2. 1	项目资本金	1200. 00	340. 00	300. 00					
2. 2	借款本金偿还			515. 00	690. 90	515. 00	515. 00	0. 00	500. 00
2. 3	借款利息支付			127. 60	119. 74	81. 80	50. 90	20. 00	20. 00
2. 4	经营成本			1850. 00	3560. 00	3560. 00	3560. 00	3560. 00	3560. 00
2. 5	增值税及附加			124. 10	259. 39	259. 39	259. 39	259. 39	259. 39
2. 6	所得税			0. 00	128. 51	149. 16	156. 89	164. 61	164. 61
3	净现金流量	-1200. 00	-340. 00	-475. 90	123. 06	316. 25	339. 42	877. 60	2475. 04
4	累计净现金流量	-1200. 00	-1540. 00	-2015. 90	-1892. 84	-1576. 59	-1237. 17	-359. 57	2115. 47
5	折现系数 $i_c=8\%$	0. 9259	0. 8573	0. 7938	0. 7350	0. 6806	0. 6302	0. 5835	0. 5403
6	折现净现金流量	-1111. 08	-291. 48	-377. 77	90. 45	215. 24	213. 90	512. 08	1337. 26
7	累计折现净现金流量	-1111. 08	-1402. 56	-1780. 33	-1689. 88	-1474. 64	-1260. 74	-748. 66	588. 60

动态投资回收期=(累计净现金流量现值出现正值的年份-1)+(出现正值年份上年累计净现金流量现值绝对值÷出现正值年份当年净现金流量现值)

$=(8-1)+|-748.66|\div1337.26=7.56$（年）

项目的财务净现值就是计算期累计折现净现金流量值，即 $FNPV=588.60$（万元）。

问题 4：

答：从财务评价角度评价该项目的可行性

因为：项目投资收益率为 15. 42%>行业平均值 10%，项目资本金净利润率为 20. 76%>行业平均值 15%，项目的自有资金财务净现值 $FNPV=588.60$ 万元>0，动态投资回收期 7. 56 年，不大于项目寿命期 8 年。所以，表明项目的盈利能力大于行业平均水平。该项目可行。

【案例六】

背景：

某企业投资新建一项目，生产一种市场需求较大的产品。项目的基础数据如下：

1. 项目建设投资估算为 1600 万元（含固定资产可抵扣进项税 112 万元），建设期 1 年，运营期 8 年。建设投资（不含固定资产可抵扣进项税）全部形成固定资产，固定资产使用年限 8 年，残值率 4%，按直线法折旧。

2. 项目流动资金估算为 200 万元，运营期第 1 年年初投入，在项目的运营期末全部回收。

3. 项目资金来源为自有资金和贷款，建设投资贷款利率为 8%（按年计息），流动资金贷款利率为 5%（按年计息）。贷款合同约定运营期第 1 年按照项目的最大偿还能力还款，运营期第 2~4 年将未偿还款项等额本息偿还。建设投资自有资金和贷款在建设期内均衡投入。

4. 项目正常年份的设计产能为 10 万件，运营期第 1 年的产能为正常年份产能的 80%。根据目前市场同类产品价格估算的产品不含税销售价格为 65 元/件。

5. 项目资金投入、收益及成本等基础测算数据见表 1-18。

6. 该项目产品适用的增值税税率为 13%，增值税附加综合税率为 10%，所得税税率为 25%。

7. 在建设期贷款利息偿还完成之前，不计提盈余公积金，不分配投资者股利。

表 1-18　　项目资金投入、收益及成本表　　单位：万元

序号	项目	年份					
		1	2	3	4	5	6~9
1	建设投资 其中：自有资金 贷款本金	1600 600 1000					
2	流动资金 其中：自有资金 贷款本金		200 100 100				
3	年产销量（万件）		8	10	10	10	10
4	年经营成本 其中：可抵扣进项税		240 16	300 20	300 20	300 20	330 25

问题：

1. 列式计算项目的建设期贷款利息及年固定资产折旧额。

2. 列式计算项目运营期第 1 年的增值税、税后利润，项目运营期第 1 年偿还的建设投资贷款本金和利息。

3. 列式计算项目运营期第 2 年应偿还的建设投资贷款本息额，并通过计算说明项目能否满足还款要求。

4. 项目运营后期（建设期贷款偿还完成后），考虑到市场成熟和竞争，预估产品单价在 65 元的基础上下调 10%，列式计算运营后期正常年份的资本金净利润率。

5. 项目资本金现金流量表运营期第 1 年、第 2 年和最后 1 年的净现金流量分别是多少？

分析要点：

本案例考核了建设期贷款利息计算、固定资产折旧计算、增值税抵扣与计算、运营期总成本费用的构成与计算、建设项目还款资金的来源与应用、建设期贷款的等额本息偿还方法、流动资金借款利息计算、建设项目利润的计算与分配、所得税计算、建设项目现金流量的分析与计算等知识点。

在贷款偿还方式上，试题设定了运营期第 1 年按照项目的最大偿还能力还款，运营期第 2~4 年将未偿还款项等额本息偿还的还款方式，因此判定运营期第 1 年具有多大的贷款偿还能力是解题的关键。就项目自身收益而言，可用于偿还建设期贷款本金（包含已经本金化的建设期贷款利息）的资金来源包括回收的折旧、摊销和未分配利润。按照项目最大偿还能力还款，也就是将项目回收的所有折旧和摊销资金，以及税后利润均优先用于还款。

根据试题条件，从运营期第 2 年，项目需要在 3 年内用等额还本付息法偿还运营期第 2 年年初（运营期第 1 年年末）的借款余额。等额还本付息，或称为等额本息偿还，是在规定的还款年份每年偿还相同本息额的还款方式，是另外一种常用的建设投资贷款还款方式。在规定的还款年份每年等额还本付息金额按以下公式计算：

$$A=P\times\frac{(1+i)^{n}\times i}{(1+i)^{n}-1}=P\times(A/P,i,n)$$

上式中，P 指的是等额本息偿还开始年份年初的借款余额，就本题而言，是指运营期第 1 年年末或者第 2 年年初的借款余额。

根据上式计算得到每年等额还本付息金额后，可计算每年需要偿还的利息和本金各是多少，其中，每年偿还利息等于该年期初借款余额乘以贷款利率，剩余为该年需要偿还的本金额（包含已经本金化的建设期贷款利息）。

由于运营期第 2~4 年，每年均需偿还固定的本息额，这就引出一个财务评价中需要关注的问题，即项目还款年份的还款能力是否满足还款要求。需要注意的是，由于运营期各年产生的贷款利息（包括流动资金贷款利息）已经计入相应年份的总成本费用，也就是说通过计入总成本费用，偿还运营期各年贷款利息所需资金已经得到了落实，因此，回收的折旧、摊销和未分配利润只需要考虑对本金（包含已经本金化的建设期贷款利息）的偿还。

判断项目还款年份的还款能力是否满足要求，有两种本质上相同的方法：一是计算具体年份的可用于还款的资金与应偿还的资金的差额，即若项目运营期某年回收的折旧、摊销和可用于还款的未分配利润之和大于等于当年应偿还的建设期贷款本金（含建设期贷款利息）金额，则该年度项目可满足还款要求，否则项目不能满足还款要求；二是计算运营期相应年度的偿债备付率，若偿债备付率大于等于1，则表明该年度项目可满足还款要求，否则项目不能满足还款要求，偿债备付率的具体计算公式如下：

$$偿债备付率=\frac{可用于还本付息的资金}{当期应还本付息的金额}$$

$$=\frac{息税前利润加折旧和摊销（EBITDA）-企业所得税}{当期应还本付息的金额}$$

$$=\frac{折旧和摊销+可用于还款的未分配利润+总成本费用中列支的利息费用}{当期归还贷款本金（含建设期贷款利息）金额+总成本费用中列支的利息费用}$$

能够确定正确的现金流量是财务评价的基础。本题有目的的未像前述案例一样要求编制完整的项目投资现金流量表或者项目资本金现金流量表，也就未给出一个完整的空白现金流量表，但是掌握现金流量表以及其他主要财务报表的栏目内容和各栏目数据的来源或计算方法是造价工程师应该掌握的主要知识点，造价工程师应具备编制主要财务报表的能力，也应具备在没有财务报表的情况下能够列式计算特定年份现金流量的能力。

对于资本金现金流量表而言，现金流入通常包括营业收入、回收固定资产余值、回收流动资金，其中回收固定资产余值和回收流动资金通常只发生在运营期最后一年；现金流出通常包括项目资本金、借款本金偿还、借款利息支付、经营成本、增值税及增值税附加税、所得税。净现金流量则等于现金流入减去现金流出。

在计算本题运营期第 1 年的净现金流量时，若不存在建设期进项税抵扣的问题，由于运营期第 1 年按照最大偿还能力还款，因此第 1 年的净现金流量一定是流出的流动资金，从资本金现金流量表的角度，也就是以资本金投入的流动资金。其他流入和流出的现金流量可以相互抵消。但是由于有建设期可抵扣进项税的存在，运营期第 1 年的净现金流量要受到当年增值税销项税大于当年的进项税与增值税之和的影响。在计算运营期最后 1 年的净现金流量时，需要注意的是不要遗漏回收的固定资产余值和流动资金。

答案：

问题 1：

解：

建设期贷款利息为：$1000\times\frac{1}{2}\times8\%=40$（万元）

年固定资产折旧额为：$\frac{(1600-112+40)\times(1-4\%)}{8}=\frac{1528\times96\%}{8}=183.36$（万元）

问题2：

解：

运营期第 1 年的销项税为：8×65×13%=67.6（万元）

运营期第 1 年经营成本中的进项税为 16 万元。

67.6−16−112=−60.4（万元）<0，所以运营期第 1 年的增值税为 0。

运营期第 1 年的建设投资贷款利息为：(1000+40)×8%=83.2（万元）

运营期第 1 年流动资金贷款利息为：100×5%=5（万元）

运营期第 1 年的总成本费用（不含可抵扣进项税）为：240−16+183.36+83.2+5=495.56（万元）

运营期第 1 年的税前利润为：65×80000/10000−495.56−0=24.44（万元）

运营期第 1 年的税后利润为：24.44×(1−25%)= 18.33（万元）

运营期第 1 年年末可偿还建设投资贷款本金为：183.36+18.33=201.69（万元）

运营期第 1 年年末偿还建设投资贷款利息为：83.2 万元

问题3：

解：

运营期第 2 年初建设投资贷款余额为：1000+40−201.69=838.31（万元）

运营期第 2~4 年每年偿还建设投资贷款本息为：

$$838.31\times\frac{8\%\times(1+8\%)^3}{(1+8\%)^3-1}=325.29\text{（万元）}$$

运营期第 2 年偿还建设投资贷款利息：838.31×8%=67.06（万元）

运营期第 2 年偿还建设投资贷款本金：325.29−67.06=258.23（万元）

运营期第 2 年的总成本费用（不含可抵扣进项税）：300−20+183.36+67.06+5=535.42（万元）

运营期第 2 年的销项税为：65×10×13%=84.5（万元）

运营期第 2 年经营成本中的进项税为 20 万元，84.5−20−60.4=4.1（万元）>0，

所以运营期第 2 年的增值税为 4.1 万元。

增值税附加为 4.1×10%=0.41（万元）

运营期第 2 年的税前利润：65×10−0.41−535.42=114.17（万元）

运营期第 2 年的所得税：114.17×25%=28.54（万元）

运营期第 2 年的税后利润：114.17×(1−25%)= 85.63（万元）

运营期第 2 年可供还款资金为：

$$183.36+85.63=268.99\text{（万元）}>258.23\text{（万元）}$$

可满足还款要求。

亦可在求得运营期第2年的所得税后，再计算运营期第2年的偿债备付率，根据偿债备付率是否大于1判断可否满足还款要求。即：

运营期第2年的息税前利润加折旧和摊销=营业收入-增值税附加-经营成本=65×10-0.41-280=369.59（万元）

$$\text{运营期第2年的偿债备付率}=\frac{\text{息税前利润加折旧和摊销}-\text{所得税}}{\text{应还本付息金额}}=\frac{369.59-28.54}{325.29+5}$$

$$=1.03>1.0$$

可满足还款要求。

问题4：

解：

项目的资本金净利润率

$$=\frac{(\text{年销售收入}-\text{年总成本费用}-\text{增值税附加})\times(1-\text{所得税税率})}{\text{项目资本金}}$$

$$=\frac{[10\times65\times0.9-(330-25+183.36+5)-(10\times65\times0.9\times13\%-25)\times0.1]\times75\%}{600+100}$$

$$=\frac{(585-493.36-51.05\times0.1)\times75\%}{700}=9.27\%$$

问题5：

解：

项目资本金现金流量表运营期第1年的现金流入为：含销项税营业收入65×8×1.13=587.60（万元）。

项目资本金现金流量表运营期第1年的现金流出为：流动资金资本金投入100万元，借款本金偿还201.69万元，借款利息支付83.20+5=88.20（万元），含进项税经营成本240万元，企业所得税6.11万元。

故，第1年的净现金流量为：587.6-100-201.69-88.2-240-6.11=-48.4（万元）。

或者，第1年的净现金流量为：-100+（8×65×13%-16）=-48.4（万元）。

项目资本金现金流量表运营期第2年末的现金流入为：营业收入65×10×1.13=734.50（万元）；

项目资本金现金流量表运营期第2年末的现金流出为：借款本金偿还258.23万元、借款利息支付67.06+5=72.06万元、增值税4.1万元，增值税附加税0.41万元、经营成本（含进项税）300万元、所得税28.54万元；

项目资本金现金流量表运营期第 2 年末的净现金流量为：734. 50－258. 23－72. 06－4. 1－0. 41－300－28. 54＝71. 16（万元）。

项目资本金现金流量表运营期最后一年末的现金流入为：

营业收入 65×0. 9×10×1. 13＝661. 05（万元）、回收固定资产余值（1600－112＋40）×4%＝61. 12（万元）、回收流动资金 200 万元；

项目资本金现金流量表运营期最后一年末的现金流出为：流动资金借款本金偿还 100 万元、流动资金利息支付 5 万元、增值税 65×0. 9×10×0. 13－25＝51. 05（万元）、增值税附加税 5. 11 万元，经营成本 330 万元、所得税（661. 05－51. 05－5. 11－330－183. 36－5）×25%＝21. 63（万元）；

项目资本金现金流量表运营期最后一年末的净现金流量为：661. 05＋61. 12＋200－100－5－51. 05－5. 11－330－21. 63＝409. 38（万元）。

【案例七】

背景：

某城市拟建设一条免费通行的道路工程，与项目相关的信息如下：

1. 根据项目的设计方案及投资估算，该项目建设投资为 100000 万元，建设期 2 年，建设投资全部形成固定资产。

2. 该项目拟采用 PPP（政府与社会资本合作）模式投资建设，政府与社会资本出资人合作成立了项目公司。项目资本金为项目建设投资的 30%，其中，社会资本出资人出资 90%，占项目公司股权 90%；政府出资 10%，占项目公司股权 10%。政府不承担项目公司亏损，不参与项目公司利润分配。

3. 除项目资本金外的项目建设投资由项目公司贷款，贷款年利率为 6%（按年计息），贷款合同约定的还款方式为项目投入使用后 10 年内等额还本付息。项目资本金和贷款均在建设期内均衡投入。

4. 该项目投入使用（通车）后，前 10 年年均支出费用 2500 万元，后 10 年年均支出费用 4000 万元，用于项目公司经营、项目维护和修理。道路两侧的广告收益权归项目公司所有，预计广告业务收益每年为 800 万元。

5. 固定资产采用直线法折旧；项目公司适用的企业所得税税率为 25%；为简化计算不考虑销售环节相关税费。

6. PPP 项目合同约定，项目投入使用（通车）后连续 20 年内，在达到项目运营绩效的前提下，政府每年给项目公司等额支付一定的金额作为项目公司的投资回报，项目通车 20 年后，项目公司需将该道路无偿移交给政府。

问题：

1. 列式计算项目建设期贷款利息和固定资产投资额。

2. 列式计算项目投入使用第 1 年项目公司应偿还银行的本金和利息。

3. 列式计算项目投入使用第 1 年的总成本费用。

4. 项目投入使用第 1 年，政府给予项目公司的款项至少达到多少万元时，项目公司才能除广告收益外不依赖其他资金来源，仍满足项目运营和还款要求？

5. 若社会资本出资人对社会资本的资本金净利润率的要求为：以通车后第 1 年的数据计算不低于 5%，且以贷款偿还完成后的正常年份的数据计算不低于 12%，则社会资本出资人能接受的政府各年应支付给项目公司的资金额最少应为多少万元？

（计算结果保留两位小数）

分析要点：

本案例结合模拟 PPP 项目考核建设项目财务评价基础知识。PPP 项目较传统的造价咨询工作而言更加重视、聚焦建设前期，通过本案例可使考生了解 PPP 项目物有所值评估、财政承受能力论证、实施方案的设计等工作都离不开基础的建设项目财务评价知识，造价工程师应当掌握这些知识，具备开展 PPP 项目财务与经济评价的能力。

根据项目建设方案、贷款方案、组织模式等，科学估算拟建 PPP 项目的固定资产投资额、建设运营期各年贷款偿还本息额、投入使用后的收益和成本，是政府与社会资本出资人确定项目运营周期、各自投资额和合理回报的基础。

就本案例而言，需要首先根据项目组织模式，判定项目公司的贷款金额，在计算建设期贷款利息后与建设投资汇总得到固定资产投资额。有了固定资产投资额，就可计算项目年折旧额，此时需要注意的是，因为项目通车 20 年后，项目公司需将该道路无偿移交给政府，因此站在项目公司的视角，该项目固定资产使用年限 20 年，残值为零。

项目投入使用第 1 年的总成本费用等于项目投入使用第 1 年经营成本、折旧额和利息支出之和。项目贷款偿还完成后的正常年份的总成本费用等于经营成本加折旧额。

项目投入使用第 1 年的总收入包括广告收益和政府付款，项目投入使用第 1 年的总收入减去总成本费用等于项目投入使用第 1 年的税前利润，税前利润减去应缴纳的所得税等于税后利润。就本案例问题 4 而言，只要项目投入使用第 1 年的税后利润大于等于项目投入使用第 1 年应偿还本金（不含利息）减去第一年回收折旧额，即可满足项目运营和还款要求。

本案例问题 5，设置了社会资本出资人对社会资本的资本金净利润率的两个要求：①以通车后第 1 年的数据计算不低于 5%；②以贷款偿还完成后的正常年份的数据计算不低于12%。通过案例的测算，希望造价工程师理解，并非通车后第1年的资本金净利润率期望（5%）小于贷款偿还完成后的年资本金净利润率期望（12%），通车后第1年社会资本出资人所需要的政府补贴就小于贷款偿还完成后的所需要的年补贴金额，谈判时需要科学测算后才可做出准确的判定。

答案：

问题1：

解：

第1年贷款利息为：100000×70%×50%×6%×1/2=35000×6%×1/2=1050（万元）

第2年贷款利息为：(35000+1050+35000×1/2)×6%=3213（万元）

建设期贷款利息为：1050+3213=4263（万元）

项目固定资产投资为：100000+4263=104263（万元）

问题2：

解：运营期第1年应偿还的本息为：

$A=(100000\times70\%+4263)\times(A/P, 6\%, 10)$

$=(100000\times70\%+4263)\times6\%\times(1+6\%)^{10}/[(1+6\%)^{10}-1]=10089.96$（万元）

其中利息为：74263×6%=4455.78（万元）

本金为：10089.96-4455.78=5634.18（万元）

问题3：

解：就项目公司而言，该道路固定资产使用年限为20年，残值为0，

故年折旧为：(100000+4263)/20=5213.15（万元）

运营期第1年的总成本费用为2500+5213.15+4455.78=12168.93（万元）

问题4：

解：第1年需偿还本金的资金来源为折旧回收额和税后利润。

折旧回收金额-应偿还本金=5213.15-5634.18=-421.03（万元）

故项目第1年税后利润至少需达到421.03万元，

税前利润需达到421.03/(1-25%)=561.37（万元）

第1年政府应支付的款项至少应为：

12168.93+561.37-800=11930.30（万元）

或：运营期第1年项目资本金现金流出=本金偿还+应付利息+经营成本+所得税

=10089.96+2500+561.37×25%

=12730.30（万元）

项目资本金现金流入=广告费收入+政府付费收入，应能够满足现金流出的需要

故第 1 年政府应支付的款项 = 现金流出 - 广告费收入

= 12730.30 - 800 = 11930.30（万元）

问题 5：

解：设政府支付给项目公司款项为 x，

以通车第 1 年数据计算资本金净利润率，则：

$$\frac{(x+800-2500-5213.15-4455.78)\times(1-25\%)}{100000\times0.3\times0.9}=5\%$$

得：$x=13168.93$（万元）

以贷款偿还完成后正常年份数据计算资本金净利润率，则：

$$\frac{(x+800-4000-5213.15)\times0.75}{100000\times0.3\times0.9}=12\%$$

得：$x=12733.15$（万元）

因 13168.93>12733.15，故社会资本投资人能接受的政府各年支付给项目公司最少资金额为 13168.93 万元。

【案例八】

背景：

某企业投资建设的一个工业项目，生产运营期 10 年，于 5 年前投产。该项目固定资产投资总额 5000 万元（不含可抵扣进项税），全部形成固定资产，固定资产使用年限 10 年，残值率 5%，直线法折旧。目前，项目处于正常生产年份。正常生产年份的不含税销售收入为 2100 万元，不含可抵扣进项税的经营成本为 1200 万元，可抵扣进项税为 72 万元。

为了调整产品结构，提升产品市场竞争力，该企业拟对项目进行改建，方案如下：

1. 改建工程建设投资 1100 万元（含可抵扣进项税 100 万元），由企业自有资金投入，全部形成新增固定资产。新增固定资产使用年限同原固定资产剩余使用年限，残值率、折旧方式和原固定资产相同。

2. 改建工程在项目运营期第 6 年年初开工，用时两个月改建完成，投入使用。

3. 改建后，项目产品正常年份的产量规模不变，但原产量中 50%的产品升级为新型号，产品单价较原单价提高 50%（原产量中另外 50%的产品的型号和单价不变）。

4. 改建后，正常生产年份的不含可抵扣进项税的年经营成本比改建前提高 10%，年可抵扣进项税达到 110 万元。项目生产所需流动资金保持不变。

5. 改建当年项目原产品、新产品的产量均为改建后正常年份产量的 80%，相应的年经营成本及其可抵扣进项税亦为正常年份的 80%。

6. 项目产品适用的增值税税率为 13%，增值税附加税率为 12%，企业所得税税率为 25%。

问题：

1. 列式计算改建工程实施后项目的年折旧额。

2. 列式计算改建工程实施当年应缴纳的增值税。

3. 列式计算改建当年和改建后正常年份的年总成本费用、税前利润、所得税。

4. 完成项目改建前后经济数据表（表 1-20）的填写。

5. 遵循“有无对比”原则，列式计算改建工程的净现值（折现至改建工程开工时点，财务基准收益率为 12%），判断改建项目的可行性。

（改建工程建设投资按改建当年年初一次性投入考虑。改建当年固定资产折旧按整年考虑。相关资金时间价值系数见表 1-19，计算结果保留两位小数。）

表 1-19　　资金时间价值系数表

系数	n									
	1	2	3	4	5	6	7	8	9	10
(P/F，12%，n)	0.8929	0.7972	0.7118	0.6355	0.5674	0.5066	0.4523	0.4039	0.3606	0.3220
(P/A，12%，n)	0.8929	1.6901	2.4018	3.0373	3.6048	4.1114	4.5638	4.9676	5.3282	5.6502

分析要点：

本案例以改扩建项目为背景，考核改扩建项目的财务评价知识。主要考核了财务评价的“有无对比”原则，考核了增值税、固定资产折旧、经营成本、总成本费用、税前利润、所得税、净现值指标等的概念和计算方法。

1. “有无对比”是工程项目经济评价应遵循的基本原则。“有无对比”是指“有项目”相对于“无项目”的对比分析，通过比较有无项目两种情况下项目的投入物和产出物可获量的差异，识别项目的增量费用和效益。

就本案例而言，“无项目”状态是指不实施改建工程，在计算期内，与项目有关的资产、费用与收益的预计发展情况；“有项目”状态是指实施改建工程后，在计算期内，资产、费用与收益的预计情况。“有无对比”求出项目的增量效益，排除了改建项目实施前各种条件的影响，突出了改建项目活动的效果。

由于既有企业不实施改扩建项目的“无项目”数据是固有的且是非零的，在进行既有企业改扩建项目的盈利能力分析时，要将“有项目”的现金流量减去“无项目”的现金流量，得出“增量”现金流量，依据“增量”现金流量判别项目的盈利能力。“增量”现金流量包括“增量投资”“增量营业收入”“增量经营成本”“增量所得税”“增量增值税及附加”等。既有企业改扩建项目的盈利能力分析是“增量分析”的最好体现。

2. 需要注意的是，“有项目”与“无项目”两种情况下，效益和费用的计算范围应口径一致，计算期应保持一致，具有可比性。就本案例而言，试题中特别强调“新增固定资产使用年限同原固定资产剩余使用年限”，就是为了保证计算期具有可比性。改建后项目的年折旧额等于改建前固定资产投资的剩余年份年折旧额与根据改建新增固定资产投资额计算的增量年折旧额之和。

3. 项目改建后的获益方式有很多，常见的包括新增产品或服务、产量增加、产品功能提升及售价提升、生产成本降低等一项或多项。这需要根据试题背景材料确定，并据以计算出改建后项目的营业收入、经营成本及相关税费，在此基础上与改建前的收入、成本数据开展“有无对比”。

4. 改建工程建设投资投入方式、建设工期长短、改建年固定资产形成时点等对改建项目的财务评价均会产生影响，需要根据背景材料按照建设项目财务评价方法据实分析计算。本案例为了简化计算，给出了改建工程建设投资按改建当年年初一次性投入考虑，改建当年固定资产折旧按整年考虑的假定。

答案：

问题 1：

解：

改建后项目年折旧额：

$$\frac{5000\times(1-5\%)}{10}+\frac{(1100-100)\times(1-5\%)}{5}=475+190=665.00\text{（万元）}$$

问题 2：

解：

改建当年不含税销售收入：$(0.5+0.5\times1.5)\times2100\times80\%=2625\times80\%=2100$（万元）

改建当年增值税：$2100\times0.13-110\times80\%-100=85$（万元）

问题 3：

解：

（1）改建当年总成本费用：$1200\times1.1\times80\%+665=1721$（万元）

改建当年税前利润：$2100-1721-85\times0.12=368.80$（万元）

改建当年所得税：$368.80\times25\%=92.20$（万元）

（2）改建后正常年份总成本费用：$1200\times1.1+665=1985$（万元）

改建后正常年份税前利润：2625－1985－(2625×0.13－110)×0.12＝612.25（万元）

改建后正常年份所得税：612.25×25%＝153.06（万元）

问题 4：

解：

表 1-20　　项目改建前后经济数据表　　单位：万元

<table>
<tr><th rowspan="2">经济指标</th><th colspan="3">不实施改建</th><th colspan="3">改建后</th><th rowspan="2">“有无”差额</th></tr>
<tr><th>年份</th><th>金额</th><th>计算依据或公式</th><th>年份</th><th>金额</th><th>计算依据或公式</th></tr>
<tr><td rowspan="2">年销售收入</td><td rowspan="2">正常年份</td><td rowspan="2">2100</td><td rowspan="2">已知</td><td>改建当年</td><td>2100</td><td>（0.5+0.5×1.5）×2100×0.8</td><td>0</td></tr>
<tr><td>改建后正常年份</td><td>2625</td><td>（0.5+0.5×1.5）×2100</td><td>525</td></tr>
<tr><td rowspan="2">年经营成本</td><td rowspan="2">正常年份</td><td rowspan="2">1200</td><td rowspan="2">已知</td><td>改建当年</td><td>1056</td><td>1200×1.1×0.8</td><td>-144</td></tr>
<tr><td>改建后正常年份</td><td>1320</td><td>1200×1.1</td><td>120</td></tr>
<tr><td rowspan="2">年折旧额</td><td rowspan="2">正常年份</td><td rowspan="2">475</td><td rowspan="2">5000×0.95/10</td><td>改建当年</td><td>665</td><td rowspan="2">5000×0.95/10+1000×0.95/5</td><td rowspan="2">190</td></tr>
<tr><td>改建后正常年份</td><td>665</td></tr>
<tr><td rowspan="2">年增值税</td><td rowspan="2">正常年份</td><td rowspan="2">201</td><td rowspan="2">2100×0.13-72</td><td>改建当年</td><td>85</td><td>2100×0.13-110×0.8-100</td><td>-116</td></tr>
<tr><td>改建后正常年份</td><td>231.25</td><td>2625×0.13-110</td><td>30.25</td></tr>
<tr><td rowspan="2">年增值税附加</td><td rowspan="2">正常年份</td><td rowspan="2">24.12</td><td rowspan="2">201×0.12</td><td>改建当年</td><td>10.2</td><td>85×0.12</td><td>-13.92</td></tr>
<tr><td>改建后正常年份</td><td>27.75</td><td>231.25×0.12</td><td>3.63</td></tr>
<tr><td rowspan="2">年所得税</td><td rowspan="2">正常年份</td><td rowspan="2">100.22</td><td rowspan="2">(2100-24.12-1200-475)×0.25</td><td>改建当年</td><td>92.2</td><td>(2100-10.2-1056-665)×0.25</td><td>-8.02</td></tr>
<tr><td>改建后正常年份</td><td>153.06</td><td>(2625-27.75-1320-665)×0.25</td><td>52.84</td></tr>
<tr><td>改建建设投资</td><td colspan="3">—</td><td>改建当年年初</td><td>1100</td><td>已知</td><td>1100</td></tr>
<tr><td>回收固定资产余值</td><td>运营期最后一年</td><td>250</td><td>5000×0.05</td><td>运营期最后一年</td><td>300</td><td>5000×0.05+1000×0.05</td><td>50</td></tr>
</table>

问题5：

遵循“有无对比”原则：

（1）改建项目运营第1年的净现金流量（不含建设投资）为：

(2100−2100)−[(1056−1200)+(85−201)+(10.2−24.12)+(92.2−100.22)]
=281.94（万元）

改建项目运营第2年、第3年、第4年各年的净现金流量为：

(2625−2100)−[(1320−1200)+(231.25−201)+(27.75−24.12)+(153.06−100.22)]=318.28（万元）

改建项目运营第5年的净现金流量为：

(2625−2100+50)−[(1320−1200)+(231.25−201)+(27.75−24.12)+(153.06−100.22)]=368.28（万元）

（2）NPV=−1100+281.94×0.8929+318.28×0.7972+318.28×0.7118+318.28×0.6355+368.28×0.5674=43.26（万元）

因为NPV>0，改建项目可行。

【案例九】

背景：

某拟建工业项目的基础数据如下：

1. 固定资产投资估算总额为5263.90万元（其中包括无形资产600万元）。建设期2年，运营期8年。

2. 本项目固定资产投资来源为自有资金和贷款。自有资金在建设期内均衡投入；贷款总额为2000万元，在建设期内每年贷入1000万元。贷款年利率10%（按年计息）。贷款合同规定的还款方式为：运营期的前4年等额还本付息。无形资产在运营期8年中均匀摊入成本。固定资产残值300万元，按直线法折旧，折旧年限12年。

3. 企业适用的增值税税率为13%，增值税附加税税率为12%，企业所得税税率为25%。

4. 项目流动资金全部为自有资金。

5. 股东会约定正常年份按可供投资者分配利润50%比例，提取应付投资者各方的股利。营运期的头两年，按正常年份的70%和90%比例计算。

6. 项目的资金投入、收益、成本费用，见表1-21。

7. 假定建设投资中无可抵扣固定资产进项税额。

表 1-21　　建设项目资金投入、收益、成本费用表　　单位：万元

序号	项目	计算期							
		1	2	3	4	5	6	7	8～10
1	建设投资 其中：资本金 贷款本金	 1529.45 1000.00	 1529.45 1000.00						
2	营业收入（不含销项税）			3300	4250	4700	4700	4700	4700
3	经营成本（不含进项税）			2490.84	3202.51	3558.34	3558.34	3558.34	3558.34
4	经营成本中的进项税			230	290	320	320	320	320
5	流动资产（现金+应收账款+预付账款+存货）			532.00	684.00	760.00	760.00	760.00	760.00
6	流动负债（应付账款+预收账款）			89.83	115.50	128.33	128.33	128.33	128.33
7	流动资金（5-6）			442.17	568.50	631.67	631.67	631.67	631.67

问题：

1. 计算建设期贷款利息和运营期年固定资产折旧费、年无形资产摊销费；
2. 编制项目的借款还本付息计划表、总成本费用估算表和利润与利润分配表；
3. 编制项目的财务计划现金流量表；
4. 编制项目的资产负债表；
5. 从清偿能力角度，分析项目的可行性。

分析要点：

本案例重点考核融资后投资项目财务分析中，还款方式为等额还本付息情况下，借款还本付息表、总成本费用估算表和利润与利润分配表的编制方法。为了考察拟建项目计算期内各年的财务状况和清偿能力，还必须掌握项目财务计划现金流量表以及资产负债表的编制方法。

1. 根据背景材料所给数据，按以下公式计算利润与利润分配表的各项费用：

增值税应纳税额＝当期销项税额－当期进项税额＝营业收入×增值税率－当期进项税额

增值税附加税＝增值税应纳税额×增值税附加税税率

利润总额＝营业收入－总成本费用－增值税附加税额

所得税＝(利润总额－弥补以前年度亏损)×所得税率

在未分配利润+折旧费+摊销费>该年应还本金的条件下：

用于还款的未分配利润=应还本金-折旧费-摊销费

2. 编制财务计划现金流量表应掌握净现金流量的计算方法：

该表的净现金流量等于经营活动、投资活动和筹资活动三个方面的净现金流量之和。

（1）经营活动的净现金流量=经营活动的现金流入-经营活动的现金流出

式中：经营活动的现金流入包括营业收入、增值税销项税额、补贴收入以及与经营活动有关的其他流入。

经营活动的现金流出包括经营成本、增值税进项税额、增值税及附加、所得税以及与经营活动有关的其他流出。

（2）投资活动的净现金流量=投资活动的现金流入-投资活动的现金流出

式中：对于新设法人项目，投资活动的现金流入为0。

投资活动的现金流出：包括建设投资、维持运营投资、流动资金以及与投资活动有关的其他流出。

（3）筹资活动的净现金流量=筹资活动的现金流入-筹资活动的现金流出

式中：筹资活动的现金流入包括项目资本金投入、建设投资借款、流动资金借款、债券、短期借款以及与筹资活动有关的其他流入。

筹资活动的现金流出包括各种利息支出、偿还债务本金、应付利润（股利分配）以及与筹资活动有关的其他流出。

3. 累计盈余资金=$\sum$净现金流量（即各年净现金流量之和）

4. 编制资产负债表应掌握以下各项费用的计算方法：

资产：指流动资产总额（货币资金、应收账款、预付账款、存货、其他之和）、在建工程、固定资产净值、无形及其他资产净值；其中货币资金包括现金和累计盈余资金。

负债：指流动负债、建设投资借款和流动资金借款。

所有者权益：指资本金、资本公积金、累计盈余公积金和累计未分配利润。以上费用大多可直接从利润与利润分配表和财务计划现金流量表中取得。

5. 清偿能力分析：包括资产负债率和财务比率。

（1）资产负债率$=\dfrac{\text{负债总额}}{\text{资产总额}}\times 100\%$

（2）流动比率$=\dfrac{\text{流动资产总额}}{\text{流动负债总额}}\times 100\%$

答案：

问题1：

解：

1. 建设期贷款利息计算：

第1年贷款利息 = (0+1000÷2)×10% = 50（万元）

第2年贷款利息 = [(1000+50)+1000÷2]×10% = 155（万元）

建设期贷款利息总计 = 50+155 = 205（万元）

2. 年固定资产折旧费 = (5263.9−600−300)÷12 = 363.66（万元）

3. 年无形资产摊销费 = 600÷8 = 75（万元）

问题2：

解：

1. 根据贷款利息公式列出借款还本付息表中的各项费用，并填入建设期两年的贷款利息，见表1-22。第3年年初累计借款额为2205万元，则运营期的前4年应偿还的等额本息：

$$A = P\times\left[\frac{(1+i)^{n}\times i}{(1+i)^{n}-1}\right] = 2205\times\left[\frac{(1+10\%)^{4}\times 10\%}{(1+10\%)^{4}-1}\right] = 2205\times 0.31547 = 695.61\ (\text{万元})$$

表1-22　　借款还本付息计划表　　单位：万元

项　目	计　算　期					
	1	2	3	4	5	6
借款（建设投资借款）						
期初借款余额		1050.00	2205.00	1729.89	1207.27	632.39
当期还本付息			695.61	695.61	695.61	695.63
其中：还本			475.11	522.62	574.88	632.39
付息			220.50	172.99	120.73	63.24
期末借款余额	1050.00	2205.00	1729.89	1207.27	632.39	

2. 根据总成本费用的组成，列出总成本费用中的各项费用。将借款还本付息表中第3年应计利息 = 2205×10% = 220.50万元和年经营成本、年折旧费、摊销费一并填入总成本费用表中，汇总得出第3年的总成本费用为3150万元，见表1-23。

表 1-23　　总成本费用估算表　　单位：万元

序号	费用名称	计算期							
		3	4	5	6	7	8	9	10
1	经营成本（不含进项税）	2490.84	3202.51	3558.34	3558.34	3558.34	3558.34	3558.34	3558.34
2	折旧费	363.66	363.66	363.66	363.66	363.66	363.66	363.66	363.66
3	摊销费	75.00	75.00	75.00	75.00	75.00	75.00	75.00	75.00
4	利息支出	220.50	172.99	120.73	63.24				
5	总成本费用（不含进项税）	3150.00	3814.16	4117.73	4060.24	3997.00	3997.00	3997.00	3997.00
6	经营成本中的进项税	230	290	320	320	320	320	320	320
7	总成本费用（含进项税）	3380	4104.16	4437.73	4380.24	4317	4317	4317	4317

3. 计算各年的增值税附加税。

增值税应纳税额等于当期销项税额减去当期进项税额，当期销项税额等于不含销项税额的营业收入乘以增值税率，故：

项目第 3 年的增值税应纳税额＝3300×13%－230＝199（万元）

项目第 3 年的增值税附加税＝199×12%＝23.88（万元）

项目其他各年的增值税应纳税额、增值税附加税计算结果见表 1-24。

表 1-24　　增值税及其附加税计算表　　单位：万元

序号	项目	计算期					
		3	4	5	6	7	8~10
1	营业收入（不含销项税）	3300	4250	4700	4700	4700	4700
2	销项税额（1×13%）	429	552.5	611	611	611	611
3	进项税额	230	290	320	320	320	320
4	增值税应纳税额（2－3）	199	262.5	291	291	291	291
5	增值税附加税（4×12%）	23.88	31.5	34.92	34.92	34.92	34.92

4. 将各年的营业收入、增值税附加税和第 3 年的总成本费用 3150 万元一并填入利润与利润分配表 1-25 的该年份内，并按以下公式计算出该年利润总额、所得税及净利润。

（1）第 3 年利润总额＝3300－3150－23.88＝126.12（万元）

第 3 年应交纳所得税＝126.12×25%＝31.53（万元）

第 3 年净利润＝126.12－31.53＝94.59（万元），

期初未分配利润和弥补以前年度亏损为 0，本年净利润＝可供分配利润，

第 3 年提取法定盈余公积金=94.59×10%=9.46（万元）

第 3 年可供投资者分配利润=94.59-9.46=85.13（万元）

第 3 年应付投资者各方股利=85.13×50%×70%=29.80（万元）

第 3 年未分配利润=85.13-29.80=55.33（万元）

第 3 年用于还款的未分配利润=475.11-363.66-75=36.45（万元）

第 3 年剩余未分配利润=55.33-36.45=18.88（万元）（为下年度期初未分配利润）

（2）第 4 年初尚欠贷款本金=2205-475.11=1729.89（万元），应计利息 172.99 万元，填入总成本费用估算表 1-23 中，汇总得出第 4 年的总成本费用为 3814.16 万元。

将总成本带入利润与利润分配表 1-25 中，计算出净利润 303.25 万元。

第 4 年可供分配利润=303.25+18.88=322.13（万元）

第 4 年提取法定盈余公积金=303.25×10%=30.33（万元）

第 4 年可供投资者分配利润=322.13-30.33=291.80（万元）

第 4 年应付投资者各方股利=291.80×50%×90%=131.31（万元）

第 4 年未分配利润=291.80-131.31=160.49（万元）

第 4 年用于还款的未分配利润=522.62-363.66-75=83.96（万元）

第 4 年剩余未分配利润=160.49-83.96=76.53（万元）（为下年度期初未分配利润）

（3）第 5 年初尚欠贷款本金=1729.89-522.62=1207.27（万元），应计利息 120.73 万元，填入总成本费用估算表 1-23 中，汇总得出第 5 年的总成本费用为 4117.73 万元。将总成本带入利润与利润分配表 1-25 中，计算出净利润为 410.51 万元。

第 5 年可供分配利润=410.51+76.53=487.04（万元）

第 5 年提取法定盈余公积金=410.51×10%=41.05（万元）

第 5 年可供投资者分配利润=487.04-41.05=445.99（万元）

第 5 年应付投资者各方股利=445.99×50%=223.00（万元）

第 5 年未分配利润=445.99-223.00=222.99（万元）

第 5 年用于还款的未分配利润=574.88-363.66-75=136.22（万元）

第 5 年剩余未分配利润=222.99-136.22=86.77（万元）（为下年度期初未分配利润）

（4）第 6 年初尚欠贷款本金=1207.27-574.88=632.39（万元），应计利息 63.24 万元，填入总成本费用估算表 1-23 中，汇总得出第 6 年的总成本费用为 4060.24 万元。将总成本带入利润与利润分配表 1-25 中，计算出净利润为 453.63 万元。

本年的可供分配利润、提取法定盈余公积金、可供投资者分配利润、用于还款的未分配利润、剩余未分配利润的计算方法均与第 5 年相同。

（5）第 7、8、9 年和第 10 年已还清贷款。所以，总成本费用表中，不再有固定资产贷款利息，总成本均为3997万元；利润与利润分配表中用于还款的未分配利润也均为0；净利润只用于提取盈余公积金10%和应付投资者各方股利50%，剩余的未分配利润转下年期初未分配利润。

表1-25　　利润与利润分配表　　单位：万元

序号	费用名称	计算期							
		3	4	5	6	7	8	9	10
1	营业收入（含销项税）	3729.00	4802.50	5311.00	5311.00	5311.00	5311.00	5311.00	5311.00
2	增值税	199.00	262.50	291.00	291.00	291.00	291.00	291.00	291.00
3	增值税附加税	23.88	31.50	34.92	34.92	34.92	34.92	34.92	34.92
4	总成本费用（含进项税）	3380.00	4104.16	4437.73	4380.24	4317.00	4317.00	4317.00	4317.00
5	补贴收入								
6	利润总额（1-2-3-4+5）	126.12	404.34	547.35	604.84	668.08	668.08	668.08	668.08
7	弥补以前年度亏损								
8	应纳税所得额（6-7）	126.12	404.34	547.35	604.84	668.08	668.08	668.08	668.08
9	所得税（8×25%）	31.53	101.09	136.84	151.21	167.02	167.02	167.02	167.02
10	净利润（6-9）	94.59	303.25	410.51	453.63	501.06	501.06	501.06	501.06
11	期初未分配利润		18.88	76.53	86.77	53.79	252.37	351.66	401.30
12	可供分配利润（10+11）	94.59	322.13	487.04	540.40	554.85	753.43	852.72	902.36
13	提取法定盈余公积金（10×10%）	9.46	30.33	41.05	45.36	50.11	50.11	50.11	50.11
14	可供投资者分配的利润（12-13）	85.13	291.80	445.99	495.04	504.74	703.32	802.61	852.25
15	应付投资者各方股利	29.80	131.31	223.00	247.52	252.37	351.66	401.31	426.13
16	未分配利润（14-15）	55.33	160.49	222.99	247.52	252.37	351.66	401.30	426.12
16.1	用于还款利润	36.45	83.96	136.22	193.73				
16.2	剩余利润转下年期初未分配利润	18.88	76.53	86.77	53.79	252.37	351.66	401.30	426.12
17	息税前利润（6+利息支出）	346.62	577.33	668.08	668.08	668.08	668.08	668.08	668.08

问题3：

解：编制项目的财务计划现金流量表，见表1-26。表中各项数据均取自于借款还本付息表、总成本费用估算表、利润与利润分配表。

表1-26　　财务计划现金流量表　　单位：万元

序号	项　目	计算期									
		1	2	3	4	5	6	7	8	9	10
1	经营活动净现金流量			753.75	914.90	969.90	955.53	939.72	939.72	939.72	939.72
1.1	现金流入			3729.00	4802.50	5311.00	5311.00	5311.00	5311.00	5311.00	5311.00
1.1.1	营业收入			3300.00	4250.00	4700.00	4700.00	4700.00	4700.00	4700.00	4700.00
1.1.2	增值税销项税额			429.00	552.50	611.00	611.00	611.00	611.00	611.00	611.00
1.2	现金流出			2975.25	3887.60	4341.10	4355.47	4371.28	4371.28	4371.28	4371.28
1.2.1	经营成本			2490.84	3202.51	3558.34	3558.34	3558.34	3558.34	3558.34	3558.34
1.2.2	增值税进项税额			230.00	290.00	320.00	320.00	320.00	320.00	320.00	320.00
1.2.3	增值税			199.00	262.50	291.00	291.00	291.00	291.00	291.00	291.00
1.2.4	增值税附加税			23.88	31.50	34.92	34.92	34.92	34.92	34.92	34.92
1.2.5	所得税			31.53	101.09	136.84	151.21	167.02	167.02	167.02	167.02
2	投资活动净现金流量	-2529.45	-2529.45	-442.17	-126.33	-63.17					
2.1	现金流入										
2.2	现金流出	2529.45	2529.45	442.17	126.33	63.17					
2.2.1	建设投资	2529.45	2529.45								
2.2.2	流动资金			442.17	126.33	63.17					
3	筹资活动净现金流量	2529.45	2529.45	-283.24	-700.59	-855.44	-943.15	-252.37	-351.66	-401.31	-426.13
3.1	现金流入	2529.45	2529.45	442.17	126.33	63.17					
3.1.1	项目资本金投入	1529.45	1529.45	442.17	126.33	63.17					

续表

序号	项 目	计算期									
		1	2	3	4	5	6	7	8	9	10
3. 1. 2	建设投资借款	1000. 00	1000. 00								
3. 1. 3	流动资金借款										
3. 2	现金流出			725. 41	826. 92	918. 61	943. 15	252. 37	351. 66	401. 31	426. 13
3. 2. 1	各种利息支出			220. 50	172. 99	120. 73	63. 24				
3. 2. 2	偿还债务本金			475. 11	522. 62	574. 88	632. 39				
3. 2. 3	应付利润			29. 80	131. 31	223. 00	247. 52	252. 37	351. 66	401. 31	426. 13
4	净现金流量（1+2+3）	0. 00	0. 00	28. 34	87. 98	51. 29	12. 38	687. 35	588. 06	538. 41	513. 59
5	累计盈余资金	0. 00	0. 00	28. 34	116. 32	167. 61	179. 99	867. 34	1455. 40	1993. 81	2507. 40

问题 4：

解：编制项目的资产负债表，见表 1-27。表中各项数据均取自背景资料、财务计划现金流量表、借款还本付息计划表、利润与利润分配表。

表 1-27　　　　资产负债表　　　　单位：万元

序号	费用名称	计算期									
		1	2	3	4	5	6	7	8	9	10
1	资产	2579. 45	5263. 90	5385. 58	5186. 90	4875. 53	4449. 25	4697. 94	4847. 34	4947. 09	5022. 02
1. 1	流动资产总额			560. 34	800. 32	927. 61	939. 99	1627. 34	2215. 40	2753. 81	3267. 40
1. 1. 1	流动资产			532. 00	684. 00	760. 00	760. 00	760. 00	760. 00	760. 00	760. 00
1. 1. 2	累计盈余资金	0. 00	0. 00	28. 34	116. 32	167. 61	179. 99	867. 34	1455. 40	1993. 81	2507. 40
1. 2	在建工程	2579. 45	5263. 90	0. 00	0. 00						
1. 3	固定资产净值			4300. 24	3936. 58	3572. 92	3209. 26	2845. 60	2481. 94	2118. 28	1754. 62
1. 4	无形资产净值			525. 00	450. 00	375. 00	300. 00	225. 00	150. 00	75. 00	0. 00

续表

序号	费用名称	计算期									
		1	2	3	4	5	6	7	8	9	10
2	负债及所有者权益	2579.45	5263.90	5385.58	5186.90	4875.53	4449.25	4697.94	4847.34	4947.09	5022.02
2.1	负债	1050.00	2205.00	1819.72	1322.77	760.72	128.33	128.33	128.33	128.33	128.33
2.1.1	流动负债			89.83	115.5	128.33	128.33	128.33	128.33	128.33	128.33
2.1.2	贷款负债	1050.00	2205.00	1729.89	1207.27	632.39					
2.2	所有者权益	1529.45	3058.90	3565.86	3864.13	4114.81	4320.92	4569.61	4719.01	4818.76	4893.69
2.2.1	资本金	1529.45	3058.90	3501.07	3627.40	3690.57	3690.57	3690.57	3690.57	3690.57	3690.57
2.2.2	累计盈余公积金	0.00	0.00	9.46	39.79	80.84	126.20	176.31	226.42	276.53	326.64
2.2.3	累计未分配利润	0.00	0.00	55.33	196.94	343.40	504.15	702.73	802.02	851.66	876.48
计算指标	资产负债率（%）	40.71	41.89	33.79	25.50	15.60	2.88	2.73	2.65	2.59	2.56
	流动比率（%）			623.78	692.92	722.84	732.48	1268.10	1726.34	2145.89	2546.10

问题5：

解：资产负债表中：

1. 资产

（1）流动资产总额：指流动资产和累计盈余资金额之和。流动资产取自背景材料中表1-21；累计盈余资金取自财务计划现金流量表1-26。

（2）在建工程：指建设期各年的累计固定资产投资额。取自背景材料中表1-21。

（3）固定资产净值：指投产期逐年从固定资产投资中扣除折旧费后的固定资产余值。

（4）无形资产净值：指投产期逐年从无形资产中扣除摊销费后的无形资产余值。

2. 负债

（1）流动负债：取自背景材料表1-21中的应付账款+预收账款。

（2）贷款负债：取自借款还本付息计划表1-22。

3. 所有者权益

（1）资本金：取自背景材料中表1-21。

（2）累计盈余公积金：根据利润与利润分配表1-25中盈余公积金的累计计算。

（3）累计未分配利润：根据利润与利润分配表1-25中未分配利润的累计计算。

表中，各年的资产与各年的负债和所有者权益之间应满足以下条件：

资产=负债+所有者权益

评价：根据利润与利润分配表计算出该项目的借款能按合同规定在运营期前 4 年内等额还本付息还清贷款，并自投产年份开始就为盈余年份。还清贷款后，每年的资产负债率，均在 3%以内，流动比率大，说明偿债能力强。该项目可行。

【案例十】

背景：

某新建项目正常年份的设计生产能力为 100 万件某产品，年固定成本为 580 万元（不含可抵扣进项税），单位产品不含税销售价预计为 56 元，单位产品不含税可变成本估算额为 40 元。企业适用的增值税税率为 13%，增值税附加税税率为 12%，单位产品平均可抵扣进项税预计为 5 元。

问题：

1. 对项目进行盈亏平衡分析，计算项目的产量盈亏平衡点。

2. 在市场销售良好情况下，正常生产年份的最大可能盈利额多少？

3. 在市场销售不良情况下，企业欲保证年利润 120 万元的年产量应为多少？

4. 在市场销售不良情况下，企业将产品的市场价格由 56 元降低 10%销售，则欲保证年利润 60 万元的年产量应为多少？

5. 从盈亏平衡分析角度，判断该项目的可行性。

分析要点：

在建设项目的经济评价中，所研究的问题都是发生于未来，所引用的数据也都来源于预测和估计，从而使经济评价不可避免地带有不确定性。因此，对于工程建设项目除进行财务评价外，一般还需进行不确定性分析。盈亏平衡分析是项目不确定性分析中常用的一种方法。

盈亏平衡分析是研究建设项目特别是工业项目产品生产成本、产销量与盈利的平衡关系的方法。对于一个建设项目而言，随着产销量的变化，盈利与亏损之间一般至少有一个转折点，我们称这个转折点为盈亏平衡点（BEP），在这点上，销售收入与成本费用相等，既不亏损也不盈利。盈亏平衡分析就是要找出项目方案的盈亏平衡点。一般来说，对项目的生产能力而言，盈亏平衡点越低，项目的盈利可能性就越大，对不确定性因素变化带来的风险的承受能力就越强。

鉴于增值税实行价外税，由最终消费者负担，增值税对企业利润的影响表现在增值税会影响城市维护建设税、教育费附加、地方教育费附加的大小，故若题目中已知了增值税的相关信息，盈亏平衡分析需要考虑增值税附加税对成本的影响。当然由于在项目财务评价阶段，企业的可抵扣进项税并不易获得，进而增值税、增值税附加税亦无法准确确定，这种情况下，从简化计算的角度，亦可不考虑增值税的影响，采用不含税价格，或者直接按照不含税营业收入的特定比例估算增值税附加税。

盈亏平衡分析的基本公式及其推导过程如下：

盈亏平衡状态时，“收入=成本”，并假定“产量=销量”，则有：

(不含税产品单价+单位产品销项税额)×产量=年固定成本+(不含税单位产品可变成本+单位产品进项税额)×产量+单位产品增值税×(1+增值税附加税率)×产量

(不含税产品单价+单位产品销项税额)×产量=年固定成本+(不含税单位产品可变成本+单位产品进项税额)×产量+(单位产品销项税额-单位产品进项税额)×(1+增值税附加税率)×产量

不含税产品单价×产量=年固定成本+不含税单位产品可变成本×产量+单位产品增值税×增值税附加税率×产量

故，可得：

产量盈亏平衡点=

$$\frac{\text{年固定成本}}{\text{不含税产品单价}-\text{不含税单位产品可变成本}-\text{单位产品增值税}\times\text{增值税附加税率}}$$

同理，产品单价盈亏平衡点、可变成本的盈亏平衡点等，可根据上述等式推导，此处就不再一一介绍。

答案：

问题 1：

解：项目产量盈亏平衡点计算如下：

$$\text{产量盈亏平衡点}=\frac{580}{56-40-(56\times13\%-5)\times12\%}=36.88\ (\text{万件})$$

问题 2：

解：在市场销售良好情况下，正常年份最大可能盈利额为：

$$\text{最大可能盈利额 } R=\text{正常年份总收益额}-\text{正常年份总成本}$$

$$\begin{aligned} R &= \text{设计生产能力}\times\text{单价}-\text{年固定成本}-\text{设计生产能力}\\ &\quad\times(\text{单位产品可变成本}+\text{单位产品增值税}\times\text{增值税附加税率})\\ &=100\times56-580-100\times[40+(56\times13\%-5)\times12\%]\\ &=992.64\ (\text{万元}) \end{aligned}$$

问题 3：

解：在市场销售不良情况下，每年欲获 120 万元利润的最低年产量为：

$$产量盈亏平衡点=\frac{120+580}{56-40-(56\times13\%-5)\times12\%}=44.51（万件）$$

问题 4：

解：在市场销售不良情况下，为了促销，产品的市场价格由 56 元降低 10%时，还要维持每年 60 万元利润额的年产量应为：

$$产量盈亏平衡点=\frac{60+580}{50.4-40-(50.4\times13\%-5)\times12\%}=62.66（万件）$$

问题 5：

解：根据上述计算结果分析如下：

1. 本项目产量盈亏平衡点 36.88 万件，而项目的设计生产能力为 100 万件，远大于盈亏平衡产量，可见，项目盈亏平衡产量为设计生产能力 36.88%，所以，该项目盈利能力和抗风险能力强；

2. 在市场销售良好情况下，按照设计正常年份生产的最大可能盈利额为 992.64 万元；在市场销售不良情况下，只要年产量和年销售量达到设计能力的 44.51%，每年仍能盈利 120 万元；

3. 在不利的情况下，单位产品价格即使压低 10%，只要年产量和年销售量达到设计能力的 62.66%，每年仍能盈利 60 万元。所以，该项目获利的机会大。

综上所述，从盈亏平衡分析角度判断该项目可行。

【案例十一】

背景：

某投资项目的设计生产能力为年产 10 万台某种设备，主要经济参数的估算值为：初始投资额为 1200 万元，预计产品价格为 40 元/台，年经营成本 170 万元，运营年限 10 年，运营期末残值为 100 万元，基准收益率 12%，现值系数见表 1-28。

不考虑增值税及其相关影响。

表 1-28　　现值系数表

系数	n			
	1	3	7	10
(P/A, 12%, n)	0.8929	2.4018	4.5638	5.6502
(P/F, 12%, n)	0.8929	0.7118	0.4523	0.3220

问题：

1. 以财务净现值为分析对象，就项目的投资额、产品价格和年经营成本等因素进行敏感性分析；

2. 绘制财务净现值随投资、产品价格和年经营成本等因素的敏感性曲线图；

3. 保证项目可行的前提下，计算该产品价格下浮临界百分比。

分析要点：

本案例属于不确定性分析的又一种方法——敏感性分析的案例。它较为全面地考核了有关项目的投资额、单位产品价格和年经营成本发生变化时，项目投资效果变化情况分析的内容。本案例主要解决以下两个问题：

1. 掌握各因素变化对财务评价指标影响的计算方法，并找出其中最敏感的因素；

2. 利用平面直角坐标系描述投资额、单位产品价格和年经营成本等影响因素对财务评价指标影响的敏感程度。

答案：

问题 1：

解：

1. 计算初始条件下项目的净现值：

$NPV_0=-1200+(40\times10-170)(P/A,\ 12\%,\ 10)+100(P/F,\ 12\%,\ 10)$

$=-1200+230\times5.6502+100\times0.3220$

$=-1200+1299.55+32.20=131.75$（万元）

2. 分别对投资额、单位产品价格和年经营成本，在初始值的基础上按照±10%、±20%的幅度变动，逐一计算出相应的净现值。

（1）投资额在±10%、±20%范围内变动

$NPV_{10\%}=-1200\ (1+10\%)\ +\ (40\times10-170)\ (P/A,\ 12\%,\ 10)\ +100\times\ (P/F,\ 12\%,\ 10)$

$=-1320+230\times5.6502+100\times0.3220=11.75$（万元）

$NPV_{20\%}=-1200(1+20\%)+230\times5.6502+100\times0.3220=-108.25$（万元）

$NPV_{-10\%}=-1200(1-10\%)+230\times5.6502+100\times0.3220=251.75$（万元）

$NPV_{-20\%}=-1200(1-20\%)+230\times5.6502+100\times0.3220=371.75$（万元）

（2）单位产品价格±10%、±20%变动

$NPV_{10\%}=-1200+[40(1+10\%)\times10-170](P/A,\ 12\%,\ 10)+100\times(P/F,\ 12\%,\ 10)$

$=-1200+270\times5.6502+100\times0.3220=357.75$（万元）

$NPV_{20\%}=-1200+[40(1+20\%)\times10-170](P/A,\ 12\%,\ 10)+100\times(P/F,\ 12\%,\ 10)$

$=-1200+310\times5.6502+100\times0.3220=583.76$（万元）

$NPV_{-10\%}=-1200+[40(1-10\%)\times10-170](P/A,\ 12\%,\ 10)+100\times(P/F,\ 12\%,\ 10)$

$=-1200+190\times5.6502+100\times0.3220=-94.26$（万元）

$NPV_{-20\%}=-1200+[40(1-20\%)\times10-170](P/A, 12\%, 10)+100\times(P/F, 12\%, 10)$

$=-1200+150\times5.6502+100\times0.3220=-320.27$（万元）

（3）年经营成本±10%、±20%变动

$NPV_{10\%}=-1200+[40\times10-170(1+10\%)](P/A, 12\%, 10)+100\times(P/F, 12\%, 10)$

$=-1200+213\times5.6502+100\times0.3220=35.69$（万元）

$NPV_{20\%}=-1200+[40\times10-170(1+20\%)](P/A, 12\%, 10)+100\times(P/F, 12\%, 10)$

$=-1200+196\times5.6502+100\times0.3220=-60.36$（万元）

$NPV_{-10\%}=-1200+[40\times10-170(1-10\%)](P/A, 12\%, 10)+100\times(P/F, 12\%, 10)$

$=-1200+247\times5.6502+100\times0.3220=227.80$（万元）

$NPV_{-20\%}=-1200+[40\times10-170(1-20\%)](P/A, 12\%, 10)+100\times(P/F, 12\%, 10)$

$=-1200+264\times5.6502+100\times0.3220=323.85$（万元）

将计算结果列于表1-29中。

表1-29 单因素敏感性分析表

因素	变化幅度						
	-20%	-10%	0	+10%	+20%	平均+1%	平均-1%
投资额	371.75	251.75	131.75	11.75	-108.25	-9.11%	+9.11%
单位产品价格	-320.27	-94.26	131.75	357.75	583.76	+17.15%	-17.15%
年经营成本	323.85	227.80	131.75	35.69	-60.36	-7.29%	+7.29%

由表1-29可以看出，在变化率相同的情况下，单位产品价格的变动对净现值的影响为最大。当其他因素均不发生变化时，单位产品价格每下降1%，净现值下降17.15%；对净现值影响第二大的因素是投资额。当其他因素均不发生变化时，投资额每上升1%，净现值将下降9.11%；对净现值影响最小的因素是年经营成本。当其他因素均不发生变化时，年经营成本每增加1%，净现值将下降7.29%。由此可见，净现值对各个因素敏感程度的排序是：单位产品价格、投资额、年经营成本，最敏感的因素是产品价格。因此，从方案决策角度来讲，应对产品价格进行更准确的测算。使未来产品价格发生变化的可能性尽可能地减少，以降低投资项目的风险。

问题2：

解：财务净现值对各因素的敏感曲线，如图1-1所示。

由图1-1可知财务净现值对单位产品价格最敏感，其次是投资和年经营成本。

问题3：计算产品价格的临界百分比

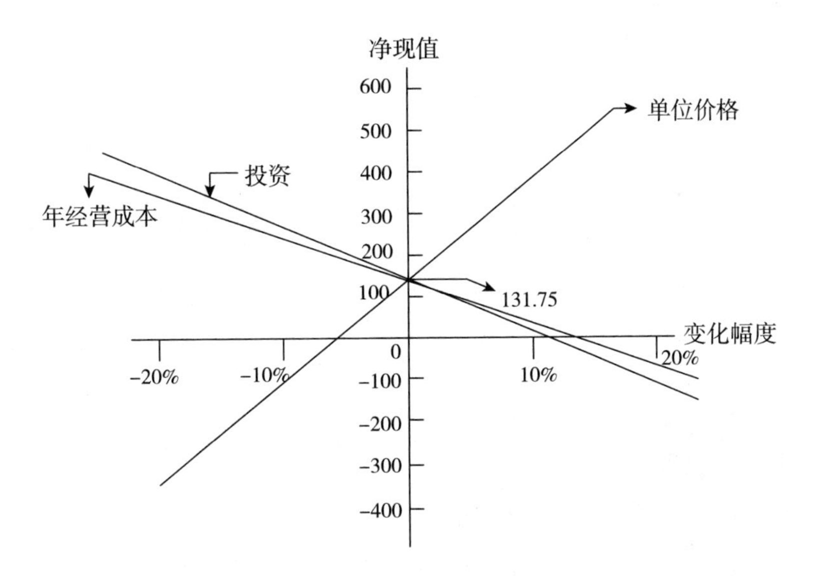

图 1-1　净现值对各因素的敏感曲线

解 1：由图 1-1 所示可知，用几何方法求解

357. 75 : 131. 75 = (X+10%) : X

131. 75X+131. 75×10% = 357. 75X

$$X=\frac{131.75\times 10\%}{(357.75-131.75)}=0.0583=5.83\%$$

∴ 该项目产品价格的临界值为：-5. 83%，即：最多下浮 5. 83%。

解 2：用代数方法求解

设财务净现值=0 时，产品价格的下浮率为 X，则 X 便是产品价格下浮临界百分比。

$-1200+[40(1+X)\times 10-170](P/A,\ 12\%,\ 10)+100\times(P/F,\ 12\%,\ 10)=0$

$-1200+(400+400X-170)\times 5.6502+100\times 0.322=0$

$-1200+2260.08X+1299.55+32.20=0$

$2260.08X=1200-1299.55-32.20=-131.75$

$X=-131.75\div 2260.08=-0.0583=-5.83\%$

∴ 该项目产品价格下浮临界百分比为：-5. 83%，即：最多下浮 5. 83%。

第二章　工程设计、施工方案技术经济分析

本章基本知识点：

1. 设计方案评价指标与评价方法；
2. 施工方案评价指标与评价方法；
3. 综合评价法在设计、施工方案评价中的应用；
4. 价值工程在设计、施工方案评价中的应用；
5. 寿命周期费用理论在方案评价中的应用；
6. 决策树法的基本概念及其在投资方案决策中的运用；
7. 工程网络进度计划时间参数的计算，进度计划的调整与优化。

【案例一】

背景：

某市拟建设集科研和办公于一体的建筑节能综合楼，其主体工程结构和外墙外保温设计方案及其相应造价对比如下：

A方案：结构方案为大柱网框架剪力墙轻墙体系，采用预应力大跨度叠合楼板，外墙体采用多孔砖，外墙保温材料为聚氨酯发泡板，窗户采用中空玻璃断桥铝合金窗，面积利用系数为93%，造价为1520元/m^2；

B方案：结构方案同A方案，墙体采用内浇外砌，外墙保温材料为膨胀聚苯板，窗户采用双玻塑钢窗，面积利用系数为87%，造价为1216元/m^2；

C方案：结构方案采用框架结构，采用全现浇楼板，墙体材料采用标准黏土砖，外墙保温采用无机活性墙体保温砂浆，窗户采用双玻铝合金窗，面积利用系数为79%，造价为1260元/m^2。

方案各功能的权重及各方案的功能得分，见表2-1。

表 2-1　　各方案功能的权重及得分表

功能项目	功能权重	各方案功能得分		
		A	B	C
结构体系	0. 25	10	10	8
楼板类型	0. 05	10	10	9
墙体材料	0. 25	8	9	7
面积系数	0. 35	9	8	7
窗户类型	0. 10	9	7	8

问题：

1. 试应用价值工程方法选择最优设计方案。

2. 为控制工程造价和进一步降低费用，拟针对所选的最优设计方案的土建工程部分，以分部分项工程费用为对象开展价值工程分析。将土建工程划分为四个功能项目，各功能项目得分值及其目前成本，见表 2-2。按限额和优化设计要求，目标成本额应控制在 12170 万元。

表 2-2　　功能项目得分及目前成本表

功能项目	功能得分	目前成本（万元）
A. 桩基围护工程	10	1535
B. 地下室工程	11	1482
C. 主体结构工程	35	4705
D. 装饰工程	38	5105
合　计	94	12827

试分析各功能项目的目标成本及其可能降低的额度，并确定功能改进顺序。

3. 若某承包商以表 2-2 中的总成本加 3. 98%的利润报价（不含税）中标并与业主签订了固定总价合同，而在施工过程中该承包商的实际成本为 12170 万元，则该承包商在该工程的实际利润率为多少？

4. 若要使实际利润率达到 10%，成本降低额应为多少？

分析要点：

问题 1 考核运用价值工程进行设计方案评价的方法、过程和原理。

问题2考核运用价值工程进行设计方案优化和工程造价控制的方法。

价值工程要求方案满足必要功能，清除不必要功能。在运用价值工程对方案的功能进行分析时，各功能的价值指数有以下三种情况：

（1）$VI=1$，说明该功能的重要性与其成本的比重大体相当，是合理的，无须再进行价值工程分析；

（2）$VI<1$，说明该功能不太重要，而目前成本比重偏高，可能存在过剩功能，应作为重点分析对象，寻找降低成本的途径；

（3）$VI>1$，出现这种结果的原因较多，其中较常见的是：该功能较重要，而目前成本偏低，可能未能充分实现该重要功能，应适当增加成本，以提高该功能的实现程度。

各功能目标成本的数值为总目标成本与该功能的功能指数的乘积。

问题3考核预期利润率与实际利润率之间的关系。由本题的计算结果可以看出，若承包商能有效地降低成本，就可以大幅度提高利润率。在本题计算中需注意的是，成本降低额亦即利润的增加额，实际利润为预期利润与利润增加额之和。

答案：

问题1：

解：分别计算各方案的功能指数、成本指数和价值指数，并根据价值指数选择最优方案。

1. 计算各方案的功能指数，见表2-3。

表2-3　　功能指数计算表

方案功能	功能权重	方案功能加权得分		
		A	B	C
结构体系	0.25	10×0.25=2.50	10×0.25=2.50	8×0.25=2.00
楼板类型	0.05	10×0.05=0.50	10×0.05=0.50	9×0.05=0.45
墙体材料	0.25	8×0.25=2.00	9×0.25=2.25	7×0.25=1.75
面积系数	0.35	9×0.35=3.15	8×0.35=2.80	7×0.35=2.45
窗户类型	0.10	9×0.10=0.90	7×0.10=0.70	8×0.10=0.80
合计		9.05	8.75	7.45
功能指数		9.05/25.25=0.3584	8.75/25.25=0.3465	7.45/25.25=0.2950

注：表2-3中各方案功能加权得分之和为：9.05+8.75+7.45=25.25。

2. 计算各方案的成本指数，见表2-4。

表2-4　　成本指数计算表

指标	方案			
	A	B	C	合计
单方造价（元/m^2）	1520	1216	1260	3996
成本指数	0.3804	0.3043	0.3153	1.0000

3. 计算各方案的价值指数，见表2-5。

表2-5　　价值指数计算表

指标	方案		
	A	B	C
功能指数	0.3584	0.3465	0.2950
成本指数	0.3804	0.3043	0.3153
价值指数	0.9422	1.1387	0.9356

由表2-5的计算结果可知，B方案的价值指数最高，为最优方案。

问题2：

解：根据表2-2所列数据，分别计算桩基围护工程、地下室工程、主体结构工程和装饰工程的功能指数、成本指数和价值指数；再根据给定的总目标成本额，计算各工程内容的目标成本额，从而确定其成本降低额度。具体计算结果汇总，见表2-6。

表2-6　　功能指数、成本指数、价值指数和目标成本降低额计算表

功能项目	功能评分	功能指数	目前成本（万元）	成本指数	价值指数	目标成本（万元）	成本降低额（万元）
桩基围护工程	10	0.1064	1535	0.1197	0.8889	1294.89	240.11
地下室工程	11	0.1170	1482	0.1155	1.0130	1423.89	58.11
主体结构工程	35	0.3723	4705	0.3668	1.0150	4530.89	174.11
装饰工程	38	0.4043	5105	0.3980	1.0158	4920.33	184.67
合计	94	1.0000	12827	1.0000		12170	657

由表2-6的计算结果可知，桩基围护工程、地下室工程、主体结构工程和装饰工程均应通过适当方式降低成本。根据成本降低额的大小，功能改进顺序依次为：桩基围护

工程、装饰工程、主体结构工程、地下室工程。

问题3：

解1：该承包商在该工程上的实际利润率=实际利润额÷实际成本额

=(12827×3.98%+12827−12170)÷12170=9.59%

解2：该承包商在该工程上的实际利润率=[12827×(1+3.98%)−12170]÷12170=9.59%

问题4：

解：设成本降低额为X万元，则：

$$(12827\times3.98\%+X)\div(12827-X)=10\%$$

解得：X=701.987（万元）

因此，若要使实际利润率达到10%，成本降低额应为701.987万元。

【案例二】

背景：

某市城市投资有限公司参与所在地城市基础设施建设，为改善该市越江交通状况，拟定了以下两个投资方案。

方案1：在原桥基础上加固、扩建。该方案预计投资40000万元，建成后可通行20年。这期间每年需维护费用1000万元。每10年需进行一次大修，每次大修费用为3000万元，运营20年后报废时没有残值。

方案2：拆除原桥，在原址建一座新桥。该方案预计投资120000万元，建成后可通行60年。这期间每年需维护费用1500万元。每20年需进行一次大修，每次大修费用为5000万元，运营60年后报废时可回收残值5000万元。

不考虑两方案建设期的差异，基准收益率为6%。

该城市投资有限公司聘请专家对越江大桥应具备的功能进行了深入分析，认为从F_1、F_2、F_3、F_4、F_5共5个方面对功能进行评价。F_1和F_2同样重要，F_4和F_5同样重要，F_1相对于F_4很重要，F_1相对于F_3较重要。专家对两个方案的5个功能的评分结果见表2-7；资金时间价值系数表见表2-8。

表2-7 **各方案功能评分表**

功能项目	方案1	方案2
F_1	6	10
F_2	7	9

续表

功能项目	方案 1	方案 2
F_3	6	7
F_4	9	8
F_5	9	9

表 2-8　　资金时间价值系数表

系数	n					
	10	20	30	40	50	60
$(P/F, 6\%, n)$	0.5584	0.3118	0.1741	0.0972	0.0543	0.0303
$(A/P, 6\%, n)$	0.1359	0.0872	0.0726	0.0665	0.0634	0.0619

问题：

1. 计算各功能的权重。(权重计算结果保留 3 位小数)

2. 分别列式计算两方案的年费用。若不考虑两方案建设期的差异，基准收益率为 6%。(计算结果保留 2 位小数)

3. 若采用价值工程方法对两方案进行评价，分别列式计算两方案的成本指数（以年费用为基础）、功能指数和价值指数，并根据计算结果确定最终应入选的方案。(计算结果保留 3 位小数)

4. 若未来将通过收取车辆通行费的方式收回该桥梁投资和维持运营，预计机动车年通行量不会少于 1500 万辆，分别列式计算两方案每辆机动车的平均最低收费额。(计算结果保留 2 位小数)

分析要点：

本案例主要考核 0~4 评分法的运用及寿命周期成本的计算。

本案例给出各功能因素重要性之间的关系，各功能因素的权重需要根据 0~4 评分法的计分办法自行计算。按 0~4 评分法的规定，两个功能因素比较时，其相对重要程度有以下三种基本情况：

(1) 很重要的功能因素得 4 分，另一很不重要的功能因素得 0 分；

(2) 较重要的功能因素得 3 分，另一较不重要的功能因素得 1 分；

(3) 同样重要或基本同样重要时，则两个功能因素各得 2 分。

计算过程中需要注意，本案例寿命周期成本由初始投资、大修费和年维护费三部分组成，计算时需要将每次大修费折算成现值与初始投资汇总后再分摊到整个寿命期，最后与年维护费汇总。

答案：

问题1：

解：根据背景资料所给出的条件，各功能指标权重的计算结果见表2-9。

表2-9 各功能权重计算表

功能项目	F_1	F_2	F_3	F_4	F_5	得分	权重
F_1	×	2	3	4	4	13	0.325
F_2	2	×	3	4	4	13	0.325
F_3	1	1	×	3	3	8	0.200
F_4	0	0	1	×	2	3	0.075
F_5	0	0	1	2	×	3	0.075
合计						40	1.000

问题2：

解：计算各方案的年费用。

1. 方案1的年费用：

1000+40000×(A/P，6%，20)+3000×(P/F，6%，10)×(A/P，6%，20)

=1000+40000×0.0872+3000×0.5584×0.0872=4634.08（万元）

2. 方案2的年费用：

1500+120000×(A/P，6%，60)+5000×(P/F，6%，20)×(A/P，6%，60)+5000×(P/F，6%，40)×(A/P，6%，60)-5000×(P/F，6%，60)×(A/P，6%，60)

=1500+120000×0.0619+5000×0.3118×0.0619+5000×0.0972×0.0619-5000×0.0303×0.0619

=9045.21（万元）

问题3：

解：计算各方案的成本指数、功能指数和价值指数，并根据价值指数选择最佳方案。

1. 计算各方案成本指数：

方案1：C_1=4634.08÷(4634.08+9045.21)=0.339

方案2：C_2=9045.21÷(4634.08+9045.21)=0.661

2. 计算各方案的功能指数：

（1）各方案的综合得分

方案 1：$6\times0.325+7\times0.325+6\times0.200+9\times0.075+9\times0.075=6.775$

方案 2：$10\times0.325+9\times0.325+7\times0.200+8\times0.075+9\times0.075=8.850$

（2）各方案的功能指数

方案 1：$F_1=6.775\div(6.775+8.850)=0.434$

方案 2：$F_2=8.850\div(6.775+8.850)=0.566$

3. 计算各方案价值指数：

方案 1：$V_1=F_1/C_1=0.434\div0.339=1.280$

方案 2：$V_2=F_2/C_2=0.566\div0.661=0.856$

由于方案 1 的价值指数大于方案 2 的价值指数，故应选择方案 1。

问题 4：

解：

方案 1 的最低收费：4634.08÷1500=3.09（元/辆）

方案 2 的最低收费：9045.21÷1500=6.03（元/辆）

【案例三】

背景：

某大型综合楼建设项目，现有 A、B、C 三个设计方案，经造价工程师估算的基础资料见表 2-10。

表 2-10　　各设计方案的基础资料

指标	方案		
	A	B	C
初始投资（万元）	4000	3000	3500
维护费用（万元/年）	30	80	50
使用年限（年）	70	50	60

经专家组确定的评价指标体系为①初始投资；②年维护费用；③使用年限；④结构体系；⑤墙体材料；⑥面积系数；⑦窗户类型。各指标的重要程度系数依次为 5、3、2、4、3、6、1，各专家对指标打分的算术平均值见表 2-11。

表 2-11 各设计方案的评价指标得分

指标	方案		
	A	B	C
初始投资	8	10	9
年维护费用	10	8	9
使用年限	10	8	9
结构体系	10	6	8
墙体材料	6	7	7
面积系数	10	5	6
窗户类型	8	7	8

问题：

1. 如果不考虑其他评审要素，使用最小年费用法选择最佳设计方案（折现率按 10%考虑）。

2. 如果按上述 7 个指标组成的指标体系对 A、B、C 三个设计方案进行综合评审，确定各指标的权重，并采用综合评分法选择最佳设计方案。

3. 如果上述 7 个评价指标的后 4 个指标定义为功能项目，寿命期年费用作为成本，试用价值工程方法优选最佳设计方案。

（除问题 1 保留 2 位小数外，其余计算结果均保留 3 位小数）

分析要点：

对设计方案的优选可以从不同的角度（或指标）进行分析与评价。如果侧重于经济角度考虑，可采用最小费用法或最大效益法；如果侧重于技术角度考虑，可采用综合评分法或加权打分法；如果从技术与经济相结合的角度进行分析与评价，则可采用价值工程法和费用效率法等。

答案：

问题 1：

解：计算各方案的寿命期年费用

A 方案：$4000\times(A/P,\ 10\%,\ 70)+30=4000\times0.1\times1.1^{70}\div(1.1^{70}-1)+30=430.51$ 万元

B 方案：$3000\times(A/P,\ 10\%,\ 50)+80=3000\times0.1\times1.1^{50}\div(1.1^{50}-1)+80=382.58$ 万元

C 方案：$3500\times(A/P,\ 10\%,\ 60)+50=3500\times0.1\times1.1^{60}\div(1.1^{60}-1)+50=401.15$ 万元

由于 B 方案的寿命期年费用最小，故选择 B 方案为最佳设计方案。

问题 2：

解：

1. 计算各指标的权重

各指标重要程度的系数之和：5+3+2+4+3+6+1=24

初始投资的权重：5÷24=0.208

年维护费用的权重：3÷24=0.125

使用年限的权重：2÷24=0.083

结构体系的权重：4÷24=0.167

墙体材料的权重：3÷24=0.125

面积系数的权重：6÷24=0.250

窗户类型的权重：1÷24=0.042

2. 计算各方案的综合得分

A 方案：8×0.208+10×0.125+10×0.083+10×0.167+6×0.125+10×0.250+8×0.042=9.000

B 方案：10×0.208+8×0.125+8×0.083+6×0.167+7×0.125+5×0.250+7×0.042=7.165

C 方案：9×0.208+9×0.125+9×0.083+8×0.167+7×0.125+6×0.250+8×0.042=7.791

由于 A 方案的综合得分最高，故选择 A 方案为最佳设计方案。

问题 3：

解：

1. 确定各方案的功能指数

（1）计算各功能项目的权重

功能项目重要程度系数为 4：3：6：1，系数之和为 4+3+6+1=14

结构体系的权重：4÷14=0.286

墙体材料的权重：3÷14=0.214

面积系数的权重：6÷14=0.429

窗户类型的权重：1÷14=0.071

（2）计算各方案的功能综合得分

A 方案：10×0.286+6×0.214+10×0.429+8×0.071=9.002

B 方案：6×0.286+7×0.214+5×0.429+7×0.071=5.856

C 方案：8×0.286+7×0.214+6×0.429+8×0.071=6.928

（3）计算各方案的功能指数

功能合计得分：9.002+5.856+6.928=21.786

F_A=9.002÷21.786=0.413

$F_B=5.856\div21.786=0.269$

$F_C=6.928\div21.786=0.318$

2. 确定各方案的成本指数

各方案的寿命期年费用之和：430.51+382.58+401.15=1214.24（万元）

$C_A=430.51\div1214.24=0.355$

$C_B=382.58\div1214.24=0.315$

$C_C=401.15\div1214.24=0.330$

3. 确定各方案的价值指数

$V_A=F_A/C_A=0.413\div0.355=1.163$

$V_B=F_B/C_B=0.269\div0.315=0.854$

$V_C=F_C/C_C=0.318\div0.330=0.964$

由于 A 方案的价值指数最大，故选择 A 方案为最佳设计方案。

【案例四】

背景：

承包商 B 在某高层住宅楼的现浇楼板施工中，拟采用钢木组合模板体系或小钢模体系施工。经有关专家讨论，决定从模板总摊销费用（F_1）、楼板浇筑质量（F_2）、模板人工费（F_3）、模板周转时间（F_4）、模板装拆便利性（F_5）等五个技术经济指标对这两个方案进行评价，并采用 0~1 评分法对各技术经济指标的重要程度进行评分，其部分结果见表 2-12，两方案各技术经济指标的得分见表 2-13。

经造价工程师估算，钢木组合模板在该工程的总摊销费用为 40 万元，每平方米楼板的模板人工费为 8.5 元；小钢模在该工程的总摊销费用为 50 万元，每平方米楼板的模板人工费为 6.8 元。该住宅楼的楼板工程量为 2.5 万 m^2。

表 2-12　　　　指标重要程度评分表

指标	F_1	F_2	F_3	F_4	F_5
F_1	×	0	1	1	1
F_2		×	1	1	1
F_3			×	0	1
F_4				×	1
F_5					×

表 2-13　两方案技术经济指标得分表

指标	方案	
	钢木组合模板	小钢模
总摊销费用	10	8
楼板浇筑质量	8	10
模板人工费	8	10
模板周转时间	10	7
模板装拆便利性	10	9

问题：

1. 试确定各技术经济指标的权重。(计算结果保留 3 位小数)

2. 若以楼板工程的单方模板费用作为成本比较对象，试用价值指数法选择较经济的模板体系。(功能指数、成本指数、价值指数的计算结果均保留 3 位小数)

3. 若该承包商准备参加另一幢高层办公楼的投标，为提高竞争能力，公司决定模板总摊销费用仍按本住宅楼考虑，其他有关条件均不变。该办公楼的现浇楼板工程量至少要达到多少平方米才应采用小钢模体系？(计算结果保留 2 位小数)

分析要点：

本案例主要考核 0~1 评分法的运用和成本指数的确定。

问题 1 需要根据 0~1 评分法的计分办法将表 2-12 中的空缺部分补齐后再计算各技术经济指标的得分，进而确定其权重。0~1 评分法的特点是：两指标（或功能）相比较时，不论两者的重要程度相差多大，较重要的得 1 分，较不重要的得 0 分。在运用 0~1 评分法时还需注意，采用 0~1 评分法确定指标重要程度得分时，会出现合计得分为零的指标(或功能)，需要将各指标合计得分分别加 1 进行修正后再计算其权重。

问题 2 需要根据背景资料所给出的数据计算两方案楼板工程量的单方模板费用，再计算其成本指数。

问题 3 应从建立单方模板费用函数入手，再令两模板体系的单方模板费用之比与其功能指数之比相等，然后求解该方程。

答案：

问题 1：

解：根据 0~1 评分法的计分办法，两指标（或功能）相比较时，较重要的指标得 1 分，另一较不重要的指标得 0 分。例如，在表 2-12 中，F_1 相对于 F_2 较不重要，故得 0

分（已给出），而 F_2 相对于 F_1 较重要，故应得1分（未给出）。各技术经济指标得分和权重的计算结果见表2-14。

表2-14　　各技术经济指标权重计算表

指标	F_1	F_2	F_3	F_4	F_5	得分	修正得分	权重
F_1	×	0	1	1	1	3	4	4÷15=0.267
F_2	1	×	1	1	1	4	5	5÷15=0.333
F_3	0	0	×	0	1	1	2	2÷15=0.133
F_4	0	0	1	×	1	2	3	3÷15=0.200
F_5	0	0	0	0	×	0	1	1÷15=0.067
合　计						10	15	1.000

问题2：

解：

1. 计算两方案的功能指数，结果见表2-15。

表2-15　　功能指数计算表

技术经济指标	权重	钢木组合模板	小钢模
总摊销费用	0.267	10×0.267=2.67	8×0.267=2.14
楼板浇筑质量	0.333	8×0.333=2.66	10×0.333=3.33
模板人工费	0.133	8×0.133=1.06	10×0.133=1.33
模板周转时间	0.200	10×0.200=2.00	7×0.200=1.40
模板装拆便利性	0.067	10×0.067=0.67	9×0.067=0.60
合计	1.000	9.06	8.80
功能指数		9.06÷（9.06+8.80）=0.507	8.80÷（9.06+8.80）=0.493

2. 计算两方案的成本指数。

钢木组合模板的单方模板费用为：40÷2.5+8.5=24.5（元/m^2）

小钢模的单方模板费用为：50÷2.5+6.8=26.8（元/m^2）

则

钢木组合模板的成本指数为：24.5÷(24.5+26.8)=0.478

小钢模的成本指数为：26.8÷(24.5+26.8)=0.522

3. 计算两方案的价值指数。

钢木组合模板的价值指数为：0.507÷0.478=1.061

小钢模的价值指数为：0.493÷0.522=0.944

因为钢木组合模板的价值指数高于小钢模的价值指数，故应选用钢木组合模板体系。

问题3：

解：单方模板费用函数为：$C=C_1÷Q+C_2$

式中：C——单方模板费用（元/m^2）；

C_1——模板总摊销费用（万元）；

C_2——每平方米楼板的模板人工费（元/m^2）；

Q——现浇楼板工程量（万 m^2）。

则：

钢木组合模板的单方模板费用为：$C_Z=40÷Q+8.5$

小钢模的单方模板费用为：$C_X=50÷Q+6.8$

令 $V_{小钢}=V_{钢木}$，即

$F_{小钢}÷C_{小钢}=F_{钢}÷C_{钢木}$，则

$0.493÷(50÷Q+6.8)=0.507÷(40÷Q+8.5)$

故该两模板体系的单方模板费用之比(即成本指数之比)等于其功能指数之比，

$(40÷Q+8.5)÷(50÷Q+6.8)=0.507÷0.493$

即：

$0.507×(50+6.8Q)-0.493×(40+8.5Q)=0$

所以，$Q=7.58$（万 m^2）

因此，该办公楼的现浇楼板工程量至少达到7.58万 m^2 才应采用小钢模体系。

【案例五】

背景：

某分包商承包了某专业分项工程，分包合同中规定：工程量为2400m^3；合同工期为30d，6月11日开工，7月10日完工；逾期违约金为1000元/d。

该分包商根据企业定额规定：正常施工情况下（按计划完成每天安排的工作量），采用计日工资的日工资标准为60元/工日（折算成小时工资为7.5元/h）；延时加班，每小时按小时工资标准的120%计；夜间加班，每班按日工资标准的130%计。

该分包商原计划每天安排20人（按8h计算）施工，由于施工机械调配出现问题，致使该专业分项工程推迟到6月18日才开工。为了保证按合同工期完工，分包商可采取延时加班（每天延长工作时间，不超过4h）或夜间加班（每班按8h计算）两种方式赶工。延时加班和夜间加班的人数与正常作业的人数相同。

经造价工程师分析，在采取每天延长工作时间方式赶工的情况下，延时加班时间内平均降效10%；在采取夜间加班方式赶工的情况下，加班期内白天施工平均降效5%，夜间施工平均降效15%。

问题：

1. 若该分包商不采取赶工措施，试分析该分项工程的工期延误对该工程总工期的影响。

2. 若该分项工程的工期延误7d，而采取每天延长工作时间方式赶工，每天需增加多少工作时间（按小时计算，计算结果保留2位小数）？每天需额外增加多少费用？若延时加班时间按四舍五入取整计算并支付费用，应如何安排延时加班？增加的总费用为多少元？

3. 若该分项工程的工期延误7d，而采取夜间加班方式赶工，需加班多少天？（计算结果四舍五入取整）

4. 若工期延误7d期间，夜间施工每天增加其他费用100元，由此增加的总费用为多少元？

5. 从经济角度考虑，该分包商是否应该采取赶工措施？说明理由。假设分包商需赶工，应采取哪一种赶工方式？

分析要点：

本案例考核分项工程工期延误对工程总工期的影响和以加班方式组织施工的经济问题。

问题1其实很简单，若给出具体数据，通过定量计算容易得出正确的结果，但本题是定性分析，却未必能回答完整。

以加班方式组织施工，既降低工效又增加成本，与正常施工相比，肯定是不经济的。但是，在由于承包商自己原因工期已经延误的情况下，若不能按合同工期完工，承包商将承担逾期违约金。因此，是否采取赶工措施以及采取什么赶工措施，应当通过定量分析才能得出结论。

问题2至问题5就是通过对延时加班和夜间加班效率降低及所增加的成本与逾期违约金的比较得出相应的结论。其中，问题2需要注意的是，在实际工作中，延时加班并不是纯粹的数学问题，不可能精确到分或秒来安排和支付费用，而通常是按整数计算加班时间并支付费用。因此，如果充分利用每天的延时加班时间（如本题中用足3h），并不需要在剩余的23d中每天都安排延时加班。

答案：

问题1：

解：若该分包商不采取赶工措施，该分项工程的工期延误对该工程总工期的影响有以下三种情况：

（1）若该分项工程在总进度计划的关键线路上，则该工程的总工期需要相应延长7d；

（2）若该分项工程在总进度计划的非关键线路上且其总时差大于或等于7d，则该工程的总工期不受影响；

（3）若该分项工程在总进度计划的非关键线路上，但其总时差小于7d，则该工程的总工期会延长；延长的天数为7d与该分项工程总时差天数之差。

问题2：

解：

1. 若该分项工程的工期延误7d，则每天需增加的工作时间为：

解1：计划工效为：$2400\div30=80(m^3/d)=80\div8=10$（$m^3/h$）

设每天延时加班需增加的工作时间为Xh，则：

$(30-7)\times[80+10X(1-10\%)]=2400$

解得$X=2.71$，则每天需延时加班2.71h。

解2：$7\times8\div(1-10\%)\div23=2.71$（h/d）

2. 每天需额外增加的费用为：

$20\times2.71\times7.5\times20\%=81.3$（元）

3. 若每天延时加班取整，则实际安排延时加班的天数为：

$23\times2.71\div3=20.78\approx21$（d）

故实际安排21d延时加班，每天加班3h。

4. 增加实际延时加班费用为：

$20\times3\times7.5\times120\%\times21-20\times60\times(30-23)=2940$（元）

问题3：

解：若工期延误7d，需要夜间加班赶工的天数为：

解1：设需夜间加班Y天，则：

$80\times(23-Y)+80Y\times(1-5\%)+80Y\times(1-15\%)=2400$

解得$Y=8.75\approx9$（d），需夜间加班9d。

解2：$(30-23)\div(1-5\%-15\%)=8.75\approx9$（d）

解3：$1\times(1-5\%)+1\times(1-15\%)-1=0.8$（工日）

7÷0. 8＝8. 75≈9（d）

问题 4：

解：因夜间加班赶工，而增加的总费用为：

(20×60×130%+100)×9－20×60×(30－23)＝6540（元）

问题 5：

答：

（1）采取每天延长工作时间 3h 的方式赶工，需额外增加费用共 2940 元；

（2）采取夜间加班 9d 的方式赶工，需额外增加总费用 6540 元；

（3）因为两种赶工方式所需增加的费用均小于逾期违约金 1000×7＝7000（元），所以该分包商应采取赶工措施。因采取延长工作时间方式费用最低，所以应采取每天延长工作时间的方式赶工。

【案例六】

背景：

某市城市投资公司拟投资建设大数据中心综合楼的智能安保系统（包括地下车库管理），为此委托甲工程项目咨询公司拟订了两个备选方案，对两个方案的相关费用和收入进行了测算，有关数据见表 2-16。若不考虑期末残值，购置费、安装费及其他收支费用均发生在年末，年复利率为 10%，现值系数见表 2-17。

表 2-16　两个备选方案基础数据表

方案	购置、安装费（万元）	使用年限（年）	大修理周期（年）	每次大修理费（万元）	年运行收入（万元）	年运行维护费（万元）
方案一	1600	45	15	140	260	60
方案二	1800	40	10	100	280	75

表 2-17　现值系数表

系数	*n*								
	1	10	15	20	30	40	41	45	46
(*P*/*A*, 10%, *n*)	0. 9091	6. 1446	7. 6061	8. 5136	9. 4269	9. 7791	9. 7991	9. 8628	9. 8753
(*P*/*F*, 10%, *n*)	0. 9091	0. 3855	0. 2394	0. 1486	0. 0573	0. 0221	0. 0201	0. 0137	0. 0125

乙设备安装承包商通过公开招标方式中标，承包综合楼智能安保系统的施工，建设

期为 1 年，合同价格为 3000 万元（不含税），其中利润为 270 万元。

问题：

1. 若采用净年值法计算分析，城市投资公司应选择哪个智能安保系统方案？

2. 若承包商在当期市场价格水平下制定了将目标成本额控制在 2600 万元的成本管理方案，且能保障得以实施。预测施工过程中占工程成本 55%的材料费可能上涨，上涨 10%的概率为 0.6，上涨 5%的概率为 0.3，计算该承包商的期望成本利润率应为多少？

（计算过程和结果均保留 3 位小数）

分析要点：

本案例问题 1 考核不同计算周期方案之间的比选，采用净年值法计算分析进行方案的选取。

问题 2 考核期望成本利润率的计算。根据承包商设定的目标成本计算分析，确定其期望成本以及期望利润，计算期望成本利润率。

答案：

问题 1：

选择智能安保系统方案

（1）方案一

1）年效益

$260\times(P/A,10\%,45)\times(P/F,10\%,1)\times(A/P,10\%,46)$

$=260\times9.8628\times0.9091\div9.8753=236.067$（万元）

2）年费用

$[1600+140\times(P/F,10\%,15)+140\times(P/F,10\%,30)+60\times(P/A,10\%,45)]\times(P/F,10\%,1)\times(A/P,10\%,46)$

$=(1600+140\times0.2394+140\times0.0573+60\times9.8628)\times0.9091\div9.8753=205.594$（万元）

3）净年值

$236.067-205.594=30.473$（万元）

（2）方案二

1）年效益

$280\times(P/A,10\%,40)\times(P/F,10\%,1)\times(A/P,10\%,41)$

$=280\times9.7791\times0.9091\div9.7991=254.028$（万元）

2）年费用

$\{1800+100\times[(P/F,10\%,10)+(P/F,10\%,20)+(P/F,10\%,30)]+75\times(P/A,10\%,$

40)}×(P/F,10%,1)×(A/P,10%,41)

=[1800+100×(0.3855+0.1486+0.0573)+75×9.7791]×0.9091÷9.7991=240.523（万元）

3）净年值

254.028−240.523=13.505（万元）

可见，方案一净年值较大，故城市投资公司应选择方案一。

问题 2：

（1）期望成本

2600+（2600×55%×10%）×0.6+（2600×55%×5%）×0.3+（2600×55%×0）×0.1

=2600+2600×55%×（10%×0.6+×5%×0.3）

=2600+107.25=2707.250（万元）

（2）期望利润

3000−2707.250=292.750（万元）

故，承包商期望成本利润率：

292.750÷2707.250=0.108136≈10.814%

【案例七】

背景：

某智能大厦的一套设备系统有 A、B、C 三个采购方案，其有关数据见表 2-18；现值系数见表 2-19。

表 2-18　　设备系统各采购方案数据

指标	方案		
	A	B	C
购置费和安装费（万元）	520	600	700
年度使用费（万元/年）	65	60	55
使用年限（年）	16	18	20
大修周期（年）	8	10	10
大修费（万元/次）	100	100	110
残值（万元）	17	20	25

表 2-19　现值系数表

系数	n				
	8	10	16	18	20
(P/A, 8%, n)	5.747	6.710	8.851	9.372	9.818
(P/F, 8%, n)	0.540	0.463	0.292	0.250	0.215

问题：

1. 拟采用加权评分法选择采购方案，对购置费和安装费、年度使用费、使用年限三个指标进行打分评价，打分规则为：购置费和安装费最低的方案得 10 分，每增加 10 万元扣 0.1 分；年度使用费最低的方案得 10 分，每增加 1 万元扣 0.1 分；使用年限最长的方案得 10 分，每减少 1 年扣 0.5 分；以上三个指标的权重依次为 0.5、0.4 和 0.1。应选择哪种采购方案较合理？（计算过程和结果直接填入表 2-20 中）

表 2-20　综合得分计算表

指标名称	权重	A	B	C
购置费和安装费	0.5			
年度使用费	0.4			
使用年限	0.1			
综合得分				

2. 若各方案年费用仅考虑年度使用费、购置费和安装费，且已知 A 方案和 C 方案相应的年费用分别为 123.75 万元和 126.30 万元，列式计算 B 方案的年费用，并按照年费用法做出采购方案比选。

3. 若各方案年费用需进一步考虑大修费和残值，且已知 A 方案和 C 方案相应的年费用分别为 130.41 万元和 132.03 万元，列式计算 B 方案的年费用，并按照年费用法做出采购方案比选。

（计算结果均保留 2 位小数）

分析要点：

本案例主要考核运用综合评分法和最小年费用法对方案进行评价分析。

问题 1 考核综合评分法方案得分的计算，需要注意的是，问题当中并没有明确说明运用哪种方法对方案进行评价分析，但背景已知各功能指标的权重和评分准则，根据已知条件，我们可以计算出各方案综合得分，所以可以推定出考核的是综合评分法。

问题 2 和问题 3 考核寿命周期年费用的计算，考核的费用项目不同，最后得出的结论可能不同。计算过程中要注意，残值在寿命周期年费用中要折现后减掉。

答案：

问题 1：

解：根据背景已知条件计算各方案各指标得分，然后乘以权重得出各方案各指标综合得分，汇总后得到方案的综合得分（表 2-21）。

表 2-21 综合得分计算表

指标名称	权重	A	B	C
购置费和安装费	0.5	10.00	10-(600-520)÷10×0.1=9.20	10-(700-520)÷10×0.1=8.20
年度使用费	0.4	10-(65-55)×0.1=9.00	10-(60-55)×0.1=9.50	10.00
使用年限	0.1	10-(20-16)×0.5=8.00	10-(20-18)×0.5=9.00	10.00
综合得分		10×0.5+9×0.4+8×0.1=9.40	9.2×0.5+9.5×0.4+9×0.1=9.30	8.2×0.5+10×0.4+10×0.1=9.10

根据表 2-21 可以得出结论，方案 A 综合得分最高，故选择采购方案 A 较合理。

问题 2：

解：考虑年度使用费、购置费和安装费根据资金时间价值理论计算 B 方案的寿命周期年费用，并比较三方案年费用选择年费用最小的采购方案。

B 方案的年费用：$60+600\times(A/P,8\%,18)=60+600\div9.372=124.02$（万元）

在 A、B、C 三个方案中，方案 A 的年费用最低，故应选择方案 A。

问题 3：

解：进一步考虑大修费和残值，根据资金时间价值理论计算 B 方案的寿命周期年费用，并比较三方案年费用，选择年费用最小的采购方案。

B 方案的年费用：$60+[600+100\times(P/F,8\%,10)-20\times(P/F,8\%,18)]\times(A/P,8\%,18)$

$=60+(600+100\times0.463-20\times0.250)\div9.372=128.43$（万元）

若考虑大修费和残值，方案 B 的年费用最低，故应选择方案 B。

【案例八】

背景：

某机械化施工公司承包了某大厦工程项目的土方施工任务，坑深为-4.0m，土方工程量为 9800m^3，平均运土距离为 8km，合同工期为 10d。该公司现有 WY50、WY75、WY100 液压挖掘机各 4 台、2 台、1 台及 5t、8t、15t 自卸汽车 10 台、20 台、10 台，其主要参数见表 2-22 和表 2-23。

表 2-22　　挖掘机主要参数

指标	型号		
	WY50	WY75	WY100
斗容量（m^3）	0.50	0.75	1.00
台班产量（m^3）	401	549	692
台班单价（元/台班）	880	1060	1420

表 2-23　　自卸汽车主要参数

指标	载重能力		
	5t	8t	15t
运距 8km 时台班产量（m^3）	28	45	68
台班单价（元/台班）	318	458	726

问题：

1. 若挖掘机和自卸汽车按表中型号只能各取一种，且数量没有限制，如何组合最经济？相应的每立方米土方的挖运直接费为多少？

2. 若该工程只允许白天一班施工，且每天安排的挖掘机和自卸汽车的型号、数量不变，需安排几台何种型号的挖掘机和几台何种型号的自卸汽车？（不考虑土方回填和人工清底）

3. 按上述安排的挖掘机和自卸汽车的型号和数量，每立方米土方的挖运直接费为多少？

分析要点：

本案例考核施工机械的经济组合。通常每种型号的施工机械都有其适用的范围，需要根据工程的具体情况通过技术经济比较来选择。另外，企业的机械设备数量总是有限的，因而理论计算的最经济组合不一定能实现，只能在现有资源条件下选择相对最经济的组合。

本案例中挖掘机的选择比较简单，只有一种可能性，而由于企业资源条件的限制，自卸汽车的选择则较为复杂，在充分利用最经济的 8t 自卸汽车之后，还要选择次经济的 15t 自卸汽车（必要时，还可能选择最不经济的 5t 自卸汽车）。

在解题过程中需注意以下几点：

第一，挖掘机与自卸汽车的配比若有小数，不能取整，应按实际计算数值继续进行其他相关计算。

第二，计算出的机械台数若有小数，不能采用四舍五入的方式取整，而应取其整数部分的数值加1。

第三，不能按总的土方工程量分别独立地计算挖掘机和自卸汽车的需要量。例如，仅就运土而言，每天安排20台8t自卸汽车和3台5t自卸汽车亦可满足背景资料所给定的条件，且按有关参数计算比本案例的答案稍经济。但是，这样安排机械组合使得挖掘机的挖土能力与自卸汽车的运土能力不匹配，由此可能产生以下两种情况：一是挖掘机充分发挥其挖土能力，9d完成后退场。由于自卸汽车需10d才能运完所有土方，这意味着每天现场都有多余土方不能运出，从而必将影响运土效率，导致10d运不完所有土方。二是挖掘机按运土进度适当放慢挖掘进度，10d挖完所有土方，则2台WY75挖掘机均要增加1个台班，挖土方费用增加，亦不经济。如果考虑到提前一天挖完土方可能带来的收益，显然10d挖完土方更不经济。

答案：

问题1：

解：

1. 计算三种型号挖掘机每立方米土方的挖土直接费

WY50挖掘机的挖土直接费为：880÷401＝2.19（元/m^3）

WY75挖掘机的挖土直接费为：1060÷549＝1.93（元/m^3）

WY100挖掘机的挖土直接费为：1420÷692＝2.05（元/m^3）

故，取单价为1.93元/m^{3}的WY75挖掘机。

2. 计算三种型号自卸汽车每立方米土方的运土直接费

5t自卸汽车的运土直接费为：318÷28＝11.36（元/m^3）

8t自卸汽车的运土直接费为：458÷45＝10.18（元/m^3）

15t自卸汽车的运土直接费为：726÷68＝10.68（元/m^3）

故，取单价为10.18元/m^{3}的8t自卸汽车。

3. 相应的每立方米土方的挖运直接费为：1.93+10.18＝12.11（元/m^3）

问题2：

解：

1. 确定每天需WY75挖掘机的数量为：

9800÷(549×10)＝1.79（台）

故，取每天安排 WY75 挖掘机 2 台。

2. 确定每天需配备自卸汽车的数量为：

（1）按问题 1 的组合，每天需要的挖掘机和自卸汽车的台数比例为：$549\div45=12.2$

则每天应安排 8t 自卸汽车 $2\times12.2=24.4$（台）。

故，取每天安排 8t 自卸汽车 25 台。

由于该公司目前仅有 20 台 8t 自卸汽车，故超出部分（24.4−20）台只能另选其他型号自卸汽车。

（2）由于已选定每天安排 2 台 WY75 挖掘机，则挖完该工程土方的天数为：

$9800\div(549\times2)=8.93$（d）$\approx9$（d）

因此，20 台 8t 自卸汽车每天不能运完的土方量为：

$9800\div9-45\times20=189$（m^3）

（3）为每天运完以上土方量，可选择以下 A、B、C、D 四种 15t 和 5t 自卸汽车的组合：

A. 3 台 15t 自卸汽车：

运土量为：$68\times3=204m^3>189m^3$，

相应的费用为：$726\times3=2178$（元）；

B. 2 台 15t 自卸汽车和 2 台 5t 自卸汽车：

运土量为：$(68+28)\times2=192m^3>189m^3$，

相应的费用为：$(726+318)\times2=2088$（元）；

C. 1 台 15t 自卸汽车和 5 台 5t 自卸汽车：

运土量为：$68+28\times5=208m^3>189m^3$，

相应的费用为：$726+318\times5=2316$（元）；

D. 7 台 5t 自卸汽车：

运土量为：$28\times7=196m^3>189m^3$，

相应的费用为：$318\times7=2226$（元）。

在上述四种组合中，B 组合费用最低，故应另外再安排 2 台 15t 自卸汽车和 2 台 5t 自卸汽车。

综上所述，为完成该工程的土方施工任务，每天需安排 WY75 挖掘机 2 台，8t 自卸汽车 20 台，15t 自卸汽车和 5t 自卸汽车各 2 台。

问题 3：

解：按上述安排的挖掘机和自卸汽车的数量，每立方米土方相应的挖运直接费为：

$(1060\times2+458\times20+726\times2+318\times2)\times9\div9800=12.28$（元/$m^3$）

【案例九】

背景：

为加快城市更新，改善市区主干道的交通状况，某市规划局提出建设交通设施项目，拟定有地铁、轻轨和高架道路三个方案。该三个方案的使用寿命均按50年计算，分别需每15年、10年、20年大修一次。单位时间价值为10元/h，基准折现率为8%，其他有关数据见表2-24、表2-25。

不考虑建设工期的差异，即建设投资均按期初一次性投资考虑，不考虑动拆迁工作和建设期间对交通的影响，三个方案均不计残值，每年按360d计算。

寿命周期成本和系统效率计算结果取整数，系统费用效率计算结果保留两位小数。

表2-24　　各方案基础数据表

指　标	方　案		
	地　铁	轻　轨	高架道路
建设投资（万元）	1000000	500000	300000
年维修和运行费（万元/年）	10000	8000	3000
每次大修费（万元/次）	40000	30000	20000
日均客流量（万人/d）	50	30	25
人均节约时间（h/人）	0.7	0.6	0.4
运行收入（元/人）	3	3	0
土地升值（万元/年）	50000	40000	30000

表2-25　　现值系数表

系数	n						
	10	15	20	30	40	45	50
$(P/A, 8\%, n)$	6.710	8.559	9.818	11.258	11.925	12.108	12.233
$(P/F, 8\%, n)$	0.463	0.315	0.215	0.099	0.046	0.031	0.021

问题：

1. 三个方案的年度寿命周期成本各为多少？

2. 若采用寿命周期成本的费用效率（CE）法，应选择哪个方案？

3. 若轻轨每年造成的噪声影响损失为7000万元，将此作为环境成本，则在地铁和轻轨两个方案中，哪个方案较好？

分析要点：

本案例考核寿命周期成本分析的有关问题。

工程寿命周期成本包括资金成本、环境成本和社会成本。由于环境成本和社会成本较难定量分析，一般只考虑资金成本，但本案例问题3以简化的方式考虑了环境成本，旨在强化环境保护的理念。

工程寿命周期资金成本包括建设成本（设置费）和使用成本（维持费），其中，建设成本内容明确，估算的结果也较为可靠；而使用成本内容繁杂，且不确定因素很多，估算的结果不甚可靠，本案例主要考虑了大修费与年维修和运行费。为简化计算，本题未考虑各方案的残值，且假设三方案的使用寿命相同。

在寿命周期成本评价方法中，费用效率法是较为常用的一种。运用这种方法的关键在于将系统效率定量化，尤其是应将系统的非直接收益定量化，在本案例中主要考虑了土地升值和节约时间的价值。

需要注意的是，环境成本应作为寿命周期费用增加的内容，而不能作为收益的减少，否则，可能导致截然相反的结论。

答案：

问题1：

解：

1. 计算地铁的年度寿命周期成本 LCC_D

（1）年度建设成本（设置费）

$IC_D=1000000\times(A/P,8\%,50)=1000000\div12.233=81746$（万元）

（2）年度使用成本（维持费）

$SC_D=10000+40000\times[(P/F,8\%,15)+(P/F,8\%,30)+(P/F,8\%,45)]\times(A/P,8\%,50)$

$=10000+40000\times(0.315+0.099+0.031)\div12.233=11455$（万元）

（3）年度寿命周期成本

$LCC_D=IC_D+SC_D=81746+11455=93201$（万元）

2. 计算轻轨的年度寿命周期成本 LCC_Q

（1）年度建设成本（设置费）

$IC_Q=500000\times(A/P,8\%,50)=500000\div12.233=40873$（万元）

（2）年度使用成本（维持费）

$SC_Q=8000+30000\times[(P/F,8\%,10)+(P/F,8\%,20)+(P/F,8\%,30)\times(P/F,8\%,40)]\times(A/P,8\%,50)$

$=8000+30000\times(0.463+0.215+0.099+0.046)\div12.233=10018$（万元）

（3）年度寿命周期成本

$LCC_Q=IC_Q+SC_Q=40873+10018=50891$（万元）

3. 计算高架道路的年度寿命周期成本 LCC_G

（1）年度建设成本（设置费）

$IC_G=300000\times(A/P,8\%,50)=300000\div12.233=24524$（万元）

（2）使用成本（维持费）

$SC_G=3000+20000\times[(P/F,8\%,20)+(P/F,8\%,40)]\times(A/P,8\%,50)$

$=3000+20000\times(0.215+0.046)\div12.233=3427$（万元）

（3）年度寿命周期成本

$LCC_G=IC_G+SC_G=24524+3427=27951$（万元）

问题 2：

解：

1. 计算地铁的年度费用效率 CE_D

（1）年度系统效率 SE_D

$SE_D=50\times(0.7\times10+3)\times360+50000=230000$（万元）

（2）$CE_D=SE_D/LCC_D=230000/93201=2.47$

2. 计算轻轨的年度费用效率 CE_Q

（1）年度系统效率 SE_Q

$SE_Q=30\times(0.6\times10+3)\times360+40000=137200$（万元）

（2）$CE_Q=SE_Q/LCC_Q=137200\div50891=2.70$

3. 计算高架道路的年度费用效率 CE_G

（1）年度系统效率 SE_G

$SE_G=25\times0.4\times10\times360+30000=66000$（万元）

（2）$CE_G=SE_G/LCC_G=66000\div27951=2.36$

由此可见，轻轨的费用效率最高，故应选择建设轻轨方案。

问题 3：

解：

若将 7000 万元的环境成本加到轻轨的寿命周期成本上，则轻轨的年度费用效率为：

$CE_Q=SE_Q/LCC_Q=137200\div(50891+7000)=2.37$

由问题 2 可知，$CE_D=2.47>CE_Q=2.37$，因此，若考虑将噪声影响损失作为环境成本，则地铁方案优于轻轨方案。

【案例十】

背景：

某建设项目有 A、B、C 三个投资方案。其中，A 方案投资额为 2000 万元的概率为 0.6，投资额为 2500 万元的概率为 0.4；在这两种投资额情况下，年净收益额为 400 万元的概率为 0.7，年净收益额为 500 万元的概率为 0.3。

通过对 B 方案和 C 方案的投资额及发生概率、年净收益额及发生概率的分析，得到该两方案的投资效果、发生概率及相应的净现值数据，见表 2-26。

表 2-26　　B 方案和 C 方案评价基础数据表

方　案	效　果	概　率	净现值（万元）
B 方案	好	0.24	900
	较好	0.06	700
	较差	0.56	500
	很差	0.14	-100
C 方案	好	0.24	1000
	较好	0.16	600
	较差	0.36	200
	很差	0.24	-300

假定 A、B、C 三个投资方案的建设投资均发生在期初，年净收益额均发生在当年年末，寿命期均为 10 年，基准折现率为 10%。

在计算净现值时取年金现值系数（P/A，10%，10）= 6.145。

问题：

1. 简述决策树的概念。
2. A 方案投资额与年净收益额四种组合情况的概率分别为多少？
3. A 方案净现值的期望值为多少？
4. 试运用决策树法进行投资方案决策。

分析要点：

本案例考核决策树法的运用，主要考核决策树的概念及其绘制和计算，要求熟悉决策树法的适用条件，能根据给定条件正确画出决策树，并能正确计算各机会点的数值，进而作出决策。

决策树的绘制是自左向右（决策点和机会点的编号左小右大，上小下大），而计算则是自右向左。各机会点的期望值计算结果应标在该机会点上方，最后将决策方案以外的方案枝用两短线排除。

需要说明的是，在题目限定用决策树法进行方案决策时，要计算各方案投资额与年净收益四种组合情况的概率及相应的净现值，进而计算各方案净现值的期望值。但是，如果题目仅仅要求计算各方案净现值的期望值，则可以直接用年净收益额的期望值减去投资额的期望值求得净现值的期望值。为此，问题3给出了两种解法。

答案：

问题1：

答：决策树是以方框和圆圈为节点，并由直线连接而成的一种像树枝形状的结构，其中，方框表示决策点，圆圈表示机会点；从决策点画出的每条直线代表一个方案，叫作方案枝，从机会点画出的每条直线代表一种自然状态，叫作概率枝。

问题2：

解：

投资额为2000万元与年净收益为400万元组合的概率为：$0.6\times0.7=0.42$

投资额为2000万元与年净收益为500万元组合的概率为：$0.6\times0.3=0.18$

投资额为2500万元与年净收益为400万元组合的概率为：$0.4\times0.7=0.28$

投资额为2500万元与年净收益为500万元组合的概率为：$0.4\times0.3=0.12$

问题3：

解1：

投资额为2000万元与年净收益为400万元组合的净现值为：

$NPV_1=-2000+400\times6.145=458$（万元）

投资额为2000万元与年净收益为500万元组合的净现值为：

$NPV_2=-2000+500\times6.145=1072.5$（万元）

投资额为2500万元与年净收益为400万元组合的净现值为：

$NPV_3=-2500+400\times6.145=-42$（万元）

投资额为2500万元与年净收益为500万元组合的净现值为：

$NPV_4=-2500+500\times6.145=572.5$（万元）

因此，A方案净现值的期望值为：

$E(NPV_A)=458\times0.42+1072.5\times0.18-42\times0.28+572.5\times0.12=442.35$（万元）

解2：

$E(NPV_A)=-(2000\times0.6+2500\times0.4)+(400\times0.7+500\times0.3)\times6.145$

$=442.35$（万元）

问题 4：

解：

1. 画出决策树，标明各方案的概率和相应的净现值，如图 2-1 所示。

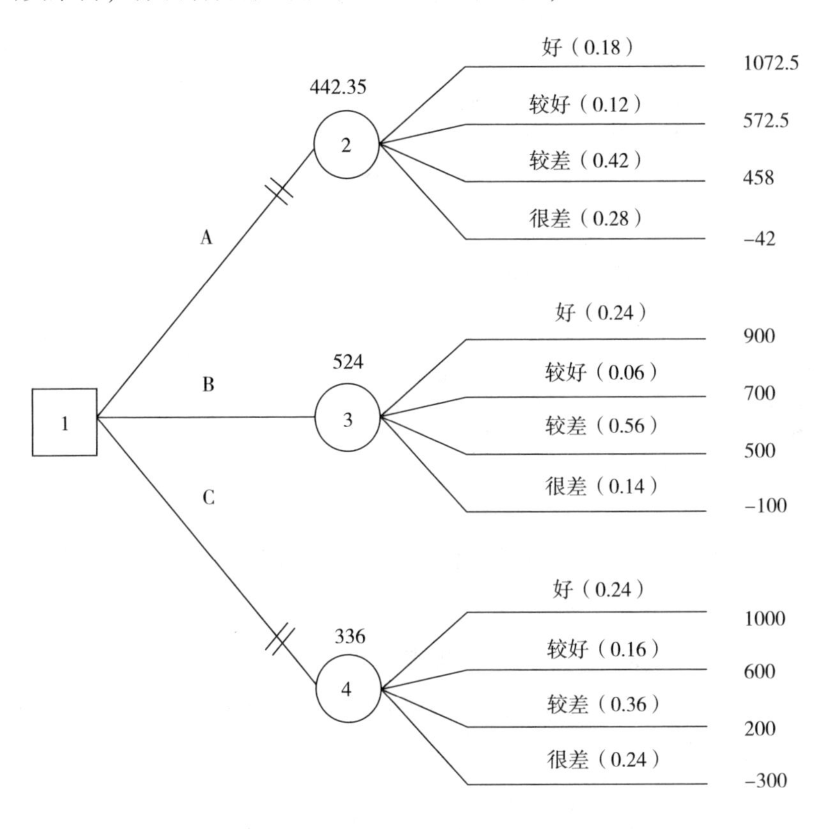

图 2-1　决策树

2. 计算图 2-1 中，各机会点净现值的期望值（将计算结果标在各机会点上方）。

机会点②：$E(NPV_A)=442.35$（万元）（直接用问题 3 的计算结果）

机会点③：$E(NPV_B)=900\times0.24+700\times0.06+500\times0.56-100\times0.14=524$（万元）

机会点④：$E(NPV_C)=1000\times0.24+600\times0.16+200\times0.36-300\times0.24=336$（万元）

3. 选择最优方案。

因为机会点③净现值的期望值最大，故应选择 B 方案。

【案例十一】

背景：

某工程拟加固改造为商业仓库或生产车间后出租，由业主方负责改建支出和运营维护，或不改造直接出租，此 A、B、C 三个方案的基础数据见表 2-27。折现率为 10%，现值系数见表 2-28，不考虑残值和改建所需工期。

表 2-27　　备选方案基础数据表

备选方案	改建支出（万元）	使用年限（年）	运营维护支出（万元/年）	租金收入（万元/年）
A. 商业仓库	1000	20	30	270
B. 生产车间	1500	20	50	360
C. 不改造	0	20	10	100

表 2-28　　现值系数表

系数	n			
	1	5	15	20
$(P/A, 10\%, n)$	0. 909	3. 7908	7. 6061	8. 5136
$(P/F, 10\%, n)$	0. 909	0. 6209	0. 2394	0. 1486

问题：

1. 若比较 A、B、C 三个方案的净年值，应选择哪个方案？A、B 方案的静态投资回收期哪个更短？

2. 若考虑改建为 B 方案生产车间带来噪声等污染的环境成本折合为 20 万元/年，带动高新技术发展应用的潜在社会收益折合为 10 万元/年，A 方案的环境成本折合为 1 万元/年，无社会收益。采用费用效率法比较 A、B 两个方案，哪个方案更好一些？

3. 已知各方案的租金收入及其发生的概率，见表 2-29。若考虑未来租金收入的不确定性因素，其他条件不变，不考虑环境、社会因素的成本及收益，比较三个方案的净年值，应选择哪个方案？

表 2-29　　三个方案租金收入及其概率表

方案	租金收入（万元）	发生概率（%）
A 方案	300	20
	270	70
	240	10
B 方案	390	15
	360	60
	300	25
C 方案	120	25
	100	65
	80	10

4. 若A、B方案不变，不考虑环境成本、社会收益。C方案改为：前5年不改造，每年收取固定租金100万元，5年后，出租市场可能不稳定，再考虑改建为商业仓库或生产车间或不改造。5年后商业仓库、生产车间和不改建方案的租金收入与概率和问题3中设定的一致。画出决策树，比较三个方案的净现值，决定采用A、B、C哪个方案更合适。

分析要点：

问题1考核互斥方案选择的基本比较方法。

问题2考核费用效率法，需综合考虑社会、环境因素的成本及效益。

问题3和问题4已知三个方案的净现金流量和概率，可采用决策树法进行分析决策。由于C方案需分为前5年和后15年两个阶段考虑，是一个两级决策问题，相应地，在决策树中有两个决策点，这是在画决策树时需注意的。

本案例的难点在于C方案期望值的计算。需二次折现，即后15年的净现金流量按年金现值计算后，还要按一次支付现值系数折现到前5年初。

答案：

问题1：

解：

1. 计算各方案的净年值并进行比选：

A方案的净年值 $=270-1000\times(A/P,10\%,20)-30=122.54$（万元）

B方案的净年值 $=360-1500\times(A/P,10\%,20)-50=133.81$（万元）

C方案的净年值 $=100-10=90.00$（万元）

由于B方案的净年值最大，故应选择B方案。

2. 计算各方案的静态投资回收期并进行比选：

A方案的静态投资回收期 $=1000\div(270-30)=4.17$（年）

B方案的静态投资回收期 $=1500\div(360-50)=4.84$（年）

可见，A方案的静态投资回收期更短。

问题2：

解：

1. A方案：

年度寿命周期成本 $=1000\times(A/P,10\%,20)+30+1=148.46$（万元）

年度费用效率 $=270\div148.46=1.82$

2. B方案：

年度寿命周期成本 $=1500\times(A/P,10\%,20)+50+20=246.19$（万元）

年度费用效率=(360+10)÷246.19=1.50

3. 方案选择：

由于1.82>1.50，故考虑社会、环境因素后，A方案更好一些。

问题3：

解：

1. 确定各方案净年值的期望值为：

（1）A方案：(300×0.2+270×0.7+240×0.1)−1000×(A/P,10%,20)−30

=125.54（万元）

（2）B方案：(390×0.15+360×0.6+300×0.25)−1500×(A/P,10%,20)−50

=123.31（万元）

（3）C方案：(120×0.25+100×0.65+80×0.1)−10=93.00（万元）

2. 确定选择方案：由于A方案净年值的期望值最大，故应选择A方案。

问题4：

解：

1. 根据背景资料所给出的条件画出决策树，标明各方案的概率和租金收入，如图2-2所示。

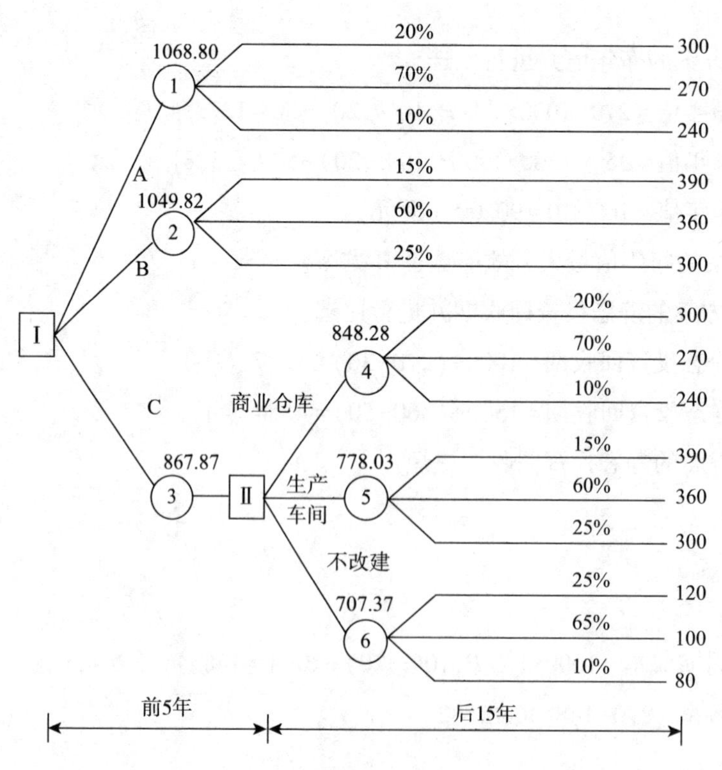

图2-2 决策树

2. 计算二级决策点各备选方案的期望值并做出决策：

（1）机会点④的期望值：$(300\times0.2+270\times0.7+240\times0.1-30)\times(P/A,10\%,15)-1000$

$=243\times7.6061-1000=848.28$（万元）

（2）机会点⑤的期望值：$(390\times0.15+360\times0.6+300\times0.25-50)\times(P/A,10\%,15)-1500$

$=299.50\times7.6061-1500=778.03$（万元）

（3）机会点⑥的期望值：$93.00\times(P/A,10\%,15)$

$=93.00\times7.6061=707.37$（万元）

（4）确定采用5年后的决策方案：由于机会点④的期望值大于机会点⑤、⑥的期望值，因此应采用5年后可考虑改建为商业仓库出租。

3. 计算一级决策点各备选方案的期望值并做出决策：

（1）机会点①的期望值：$(300\times0.2+270\times0.7+240\times0.1-30)\times(P/A,10\%,20)-1000.00$

$=243\times8.5136-1000=1068.80$（万元）

（2）机会点②的期望值：$(390\times0.15+360\times0.6+300\times0.25-50)\times(P/A,10\%,20)-1500.00$

$=299.50\times8.5136-1500.00=1049.82$（万元）

（3）机会点③的期望值：$(100-10)\times(P/A,10\%,5)+848.28\times(P/F,10\%,5)$

$=90\times3.7908+848.28\times0.6209=867.87$（万元）

（4）确定最优决策方案

由于机会点①的期望值最大，故应采用改建加固为A方案商业仓库。

【案例十二】

背景：

某工程双代号施工网络进度计划如图2-3所示，该进度计划已经监理工程师审核批准，合同工期为23个月。

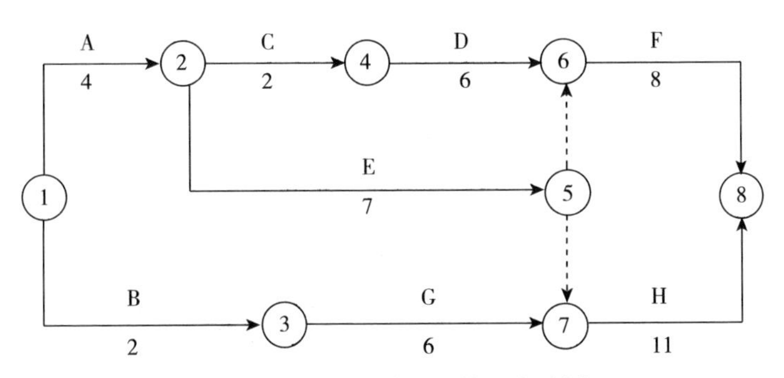

图2-3　双代号施工网络进度计划

问题：

1. 该施工网络进度计划的计算工期为多少个月？关键工作有哪些？

2. 计算工作 B、C、G 的总时差和自由时差。

3. 如果工作 C 和工作 G 需共用一台施工机械且只能按先后顺序施工（工作 C 和工作 G 不能同时施工），该施工网络进度计划应如何调整较合理？

分析要点：

本案例考核网络进度计划的有关问题。

问题 1 考核网络进度计划关键线路和总工期的确定。

问题 2 考核网络进度计划时间参数的计算。

问题 3 考核网络进度计划在资源限定条件下的调整以及按工期要求对可行的调整方案的比选。在这一问题中，涉及工作之间的逻辑关系、网络图的绘制原则、节点编号的确定以及虚工作的运用，如图 2-5、图 2-6 所示。

网络进度计划的调整不仅可能改变总工期，而且可能改变关键线路。本案例在设置网络进度计划各工作的逻辑关系和持续时间时，特别使两个调整方案的关键线路和总工期均与原网络进度计划不同，而且互不相同。

需要特别指出的是，问题 3 需按要求重新绘制网络进度计划，通过计算比较工期长短后才能得出正确答案。不能简单地认为，由于在原网络进度计划中 G 工作之后是关键工作，因而应当先安排 G 工作再安排 C 工作。

答案：

问题 1：

解：按工作计算法，对该网络进度计划工作最早时间参数进行计算：

1. 工作最早开始时间 ES_{i-j}。

$ES_{1-2}=ES_{1-3}=0$

$ES_{2-4}=ES_{2-5}=ES_{1-2}+D_{1-2}=0+4=4$

$ES_{3-7}=ES_{1-3}+D_{1-3}=0+2=2$

$ES_{4-6}=ES_{2-4}+D_{2-4}=4+2=6$

$ES_{6-8}=\max\{(ES_{2-5}+D_{2-5}),(ES_{4-6}+D_{4-6})\}=\max\{(4+7),(6+6)\}=12$

$ES_{7-8}=\max\{(ES_{2-5}+D_{2-5}),(ES_{3-7}+D_{3-7})\}=\max\{(4+7),(2+6)\}=11$

2. 工作最早完成时间 EF_{i-j}。

$EF_{1-2}=ES_{1-2}+D_{1-2}=0+4=4$

$EF_{1-3}=ES_{1-3}+D_{1-3}=0+2=2$

……

$EF_{6-8}=ES_{6-8}+D_{6-8}=12+8=20$

$EF_{7-8}=ES_{7-8}+D_{7-8}=11+11=22$

上述计算也可直接在图上进行，其计算结果如图 2-4 所示。该网络进度计划的计算工期为：

$T_c=\max\{EF_{6-8},EF_{7-8}\}=\max\{20,22\}=22$（月）。

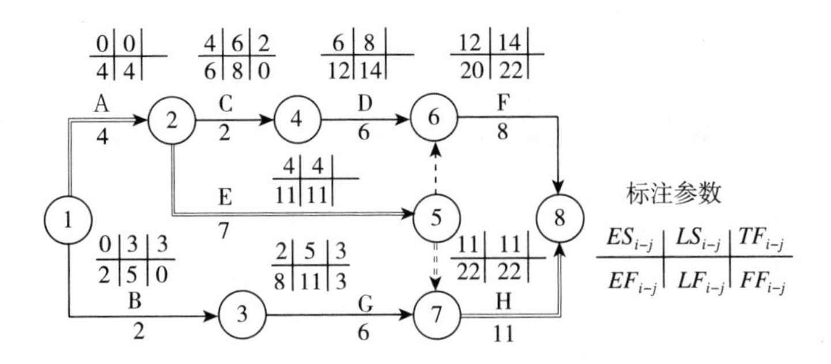

图 2-4 施工网络进度计划工期计算

关键路线为所有线路中最长的线路，其长度等于 22 个月。从图 2-4 可见，关键线路为 1-2-5-7-8，关键工作为 A、E、H。不必将所有工作总时差计算出来后，再来确定关键工作。

问题 2：

解：按工作计算法，对该网络进度计划工作最迟时间参数进行计算：

1. 工作最迟完成时间 LF_{i-j}。

$LF_{6-8}=LF_{7-8}=T_c=22$

$LF_{4-6}=LF_{6-8}-D_{6-8}=22-8=14$

……

$LF_{2-5}=\min\{(LF_{6-8}-D_{6-8}),(LF_{7-8}-D_{7-8})\}$

$=\min\{(22-8),(22-11)\}=\min\{14,11\}=11$

……

2. 工作最迟开始时间 LS_{i-j}。

$LS_{6-8}=LF_{6-8}-D_{6-8}=22-8=14$

$LS_{7-8}=LF_{7-8}-D_{7-8}=22-11=11$

……

$LS_{2-5}=LF_{2-5}-D_{2-5}=11-7=4$

……

上述计算也可直接在图上进行，其结果如图 2-4 所示。利用前面的计算结果，根据总时差和自由时差的定义，可以进行如下计算：

工作 B：$TF_{1-3}=LS_{1-3}-ES_{1-3}=3-0=3$　　$FF_{1-3}=ES_{3-7}-EF_{1-3}=2-2=0$

工作 C：$TF_{2-4}=LS_{2-4}-ES_{2-4}=6-4=2$　　$FF_{2-4}=ES_{4-6}-EF_{2-4}=6-6=0$

工作 G：$TF_{3-7}=LS_{3-7}-ES_{3-7}=5-2=3$　　$FF_{3-7}=ES_{7-8}-EF_{3-7}=11-8=3$

总时差和自由时差计算也可直接在图上进行，标注在相应位置，如图 2-4 所示。本题中未计算其他工作的总时差和自由时差。

问题 3：

解：工作 C 和工作 G 共用一台施工机械且需按先后顺序施工时，有两种可行的方案：

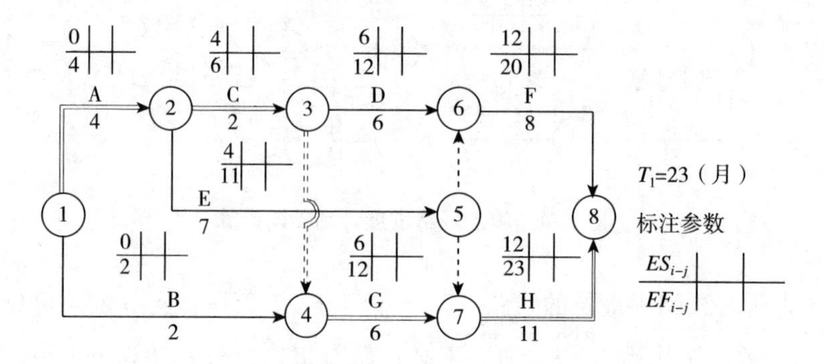

图 2-5　先 C 后 G 顺序施工网络进度计划

1. 方案一：按先 C 后 G 顺序施工，调整后网络进度计划如图 2-5 所示。

按工作计算法，只需计算各工作的最早开始时间和最早完成时间，如图 2-5 所示，即可求得计算工期：

$T_1=\max\{EF_{6-8},EF_{7-8}\}=\max\{20,23\}=23$（月），关键路线为 1-2-3-4-7-8。

2. 方案二：按先 G 后 C 顺序施工，调整后网络进度计划如图 2-6 所示。按工作计算法，只需计算各工作的最早开始时间和最早完成时间，如图 2-6 所示，即可求得计算工期：

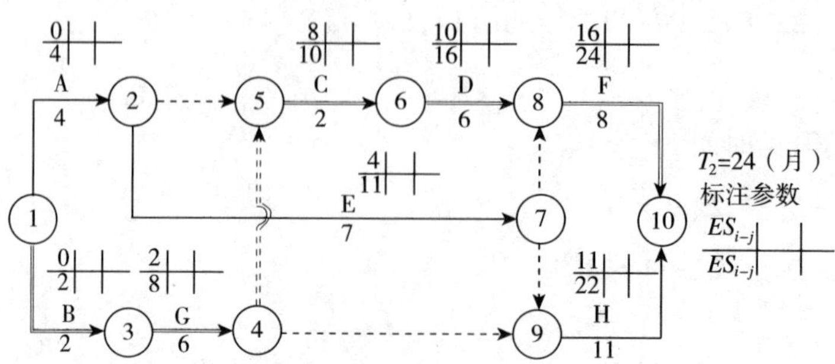

图 2-6　先 G 后 C 顺序施工网络进度计划

$T_2 = \max\{EF_{8-10}, EF_{9-10}\} = \max\{24, 22\} = 24$（月），关键线路为 1-3-4-5-6-8-10。

通过上述两方案的比较，方案一的工期比方案二的工期短，且满足合同工期的要求。因此，应按先 C 后 G 的顺序组织施工较为合理。

【案例十三】

背景：

根据工作之间的逻辑关系，某工程施工网络进度计划如图 2-7 所示。

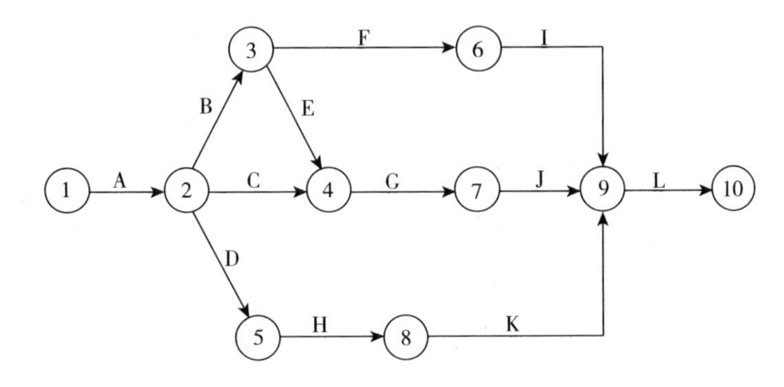

图 2-7　某工程施工网络进度计划

该工程有两个施工组织方案，相应的各工作所需的持续时间和费用见表 2-30。在施工合同中约定：合同工期为 271d，工期延误 1d 罚 0.5 万元，提前 1d 奖 0.5 万元。

表 2-30　基础资料表

工　作	施工组织方案 Ⅰ		施工组织方案 Ⅱ	
	持续时间（d）	费用（万元）	持续时间（d）	费用（万元）
A	30	13	28	16
B	46	20	42	22
C	28	10	28	10
D	40	19	39	19.5
E	50	23	48	23.5
F	38	13	38	13
G	59	25	55	28
H	43	18	43	18

续表

工 作	施工组织方案Ⅰ		施工组织方案Ⅱ	
	持续时间（d）	费用（万元）	持续时间（d）	费用（万元）
I	50	24	48	25
J	39	12.5	39	12.5
K	35	15	33	16
L	50	20	49	21

问题：

1. 分别计算两种施工组织方案的工期和综合费用并确定其关键线路。

2. 如果对该工程采用混合方案组织施工，应如何组织施工较经济？相应的工期和综合费用各为多少？（在本题的解题过程中不考虑工作持续时间变化对网络进度计划关键线路的影响）

分析要点：

本案例考核施工组织方案的比选原则和方法以及在费用最低的前提下对施工进度计划（网络进度计划）的优化。

问题1涉及关键线路的确定和综合费用的计算。若题目不要求计算网络进度计划的时间参数，而仅仅要求确定关键线路，则并不一定要通过计算网络进度计划的时间参数，按总时差为零的工作所组成的线路来确定关键线路；而可先列出网络进度计划中的所有线路，再分别计算各线路的长度，其中最长的线路即为关键线路。

所谓综合费用，是指施工组织方案本身所需的费用与根据该方案计算工期和合同工期的差额所产生的工期奖罚费用之和，其数值大小是选择施工组织方案的重要依据。

问题2实际上是对施工进度计划的优化。采用混合方案组织施工有以下两种可能性：一是关键工作采用方案Ⅱ（工期较短），非关键工作采用方案Ⅰ（费用较低）组织施工；二是在方案Ⅰ的基础上，按一定的优先顺序压缩关键线路。通过比较以上两种混合组织施工方案的综合费用，取其中费用较低者付诸实施。

由于本工程非关键线路的时差天数很多，非关键工作持续时间少量延长或关键工作持续时间少量压缩不改变网络进度计划的关键线路，因此，本题出于简化计算的考虑，在解题过程中不考虑工作持续时间变化对网络进度计划关键线路的影响。但是，在实际组织施工时，要注意原非关键工作延长后可能成为关键工作，甚至可能使计划工期（未必是合同工期）延长；而关键工作压缩后可能使原非关键工作成为关键工作，从而改变关键线路或形成多条关键线路。需要说明的是，按惯例，施工进度计划应提交给监理工程师审查，不满足合同工期要求的施工进度计划是不会被批准的。因此，从理论上讲，当原施工进度计划不满足合同工期要求时，即使压缩费用大于工期奖，也必须压缩（当然，实际操作时，承包商仍可能宁可承受工期拖延罚款而按费用最低的原则组织施工）。另外还要注意，两种方案的关键线路可能不同，在解题时要注意加以区分。

答案：

问题1：

解：分析图2-7中的施工网络进度计划可知，该网络进度计划共有四条线路，即：

线路1：1-2-3-6-9-10

线路2：1-2-3-4-7-9-10

线路3：1-2-4-7-9-10

线路4：1-2-5-8-9-10

1. 按方案Ⅰ组织施工，将表2-30中各工作的持续时间标在网络图上，如图2-8所示。

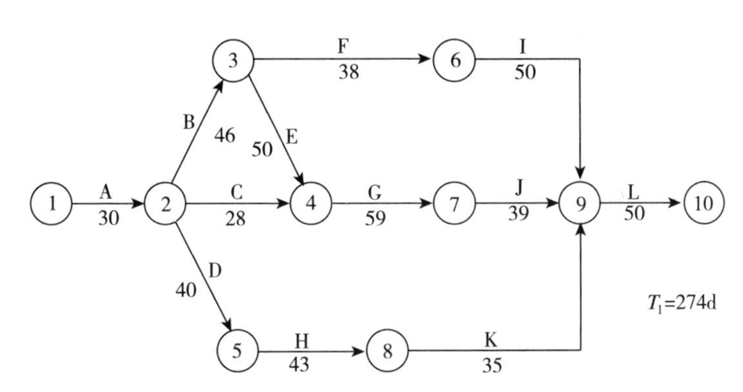

图2-8　方案Ⅰ施工网络进度计划

图2-8中四条线路的长度分别为：

$t_1=30+46+38+50+50=214$（d）

$t_2=30+46+50+59+39+50=274$（d）

$t_3=30+28+59+39+50=206$（d）

$t_4=30+40+43+35+50=198$（d）

可见，关键线路为1-2-3-4-7-9-10，计算工期$T_1=274$d。

将表2-30中各工作的费用相加，得到方案Ⅰ的总费用为212.5万元，则其综合费用$C_1=212.5+(274-271)\times0.5=214$（万元）。

2. 按方案Ⅱ组织施工，将表2-30中各工作的持续时间标在网络图上，如图2-9

所示。

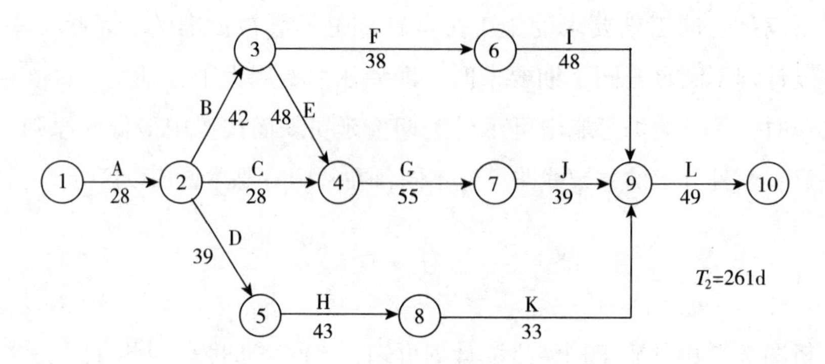

图 2-9 方案Ⅱ施工网络进度计划

图 2-9 中四条线路的长度分别为：

$t_1=28+42+38+48+49=205$（d）

$t_2=28+42+48+55+39+49=261$（d）

$t_3=28+28+55+39+49=199$（d）

$t_4=28+39+43+33+49=192$（d）

所以，关键线路仍为 1-2-3-4-7-9-10，计算工期 $T_2=261$d。

将表 2-30 中各工作的费用相加，得到方案Ⅱ的总费用为 224. 5 万元，则其综合费用 $C_2=224.5+(261-271)\times 0.5=219.5$（万元）。

问题 2：

解：

1. 关键工作采用方案Ⅱ，非关键工作采用方案Ⅰ

即关键工作 A、B、E、G、J、L 执行方案Ⅱ的工作时间，保证工期为 261d；非关键工作执行方案Ⅰ的工作时间，而其中费用较低的非关键工作有：$t_D=40$d，$c_D=19$ 万元；$t_I=50$d，$c_I=24$ 万元；$t_K=35$d，$c_K=15$ 万元。则，按此方案混合组织施工的综合费用为：

$C'=219.5-(19.5-19)-(25-24)-(16-15)=217$（万元）

2. 在方案Ⅰ的基础上，按压缩费用从少到多的顺序压缩关键线路

（1）计算各关键工作的压缩费用

关键工作 A、B、E、G、L 每压缩一天的费用分别为 1. 5、0. 5、0. 25、0. 75、1. 0（万元）。

（2）先对压缩费用小于工期奖的工作压缩，即压缩工作 E 2d，但工作 E 压缩后仍不满足合同工期要求，故仍需进一步压缩；再压缩工作 B 4d，则工期为 268（274-2-4）d，相应的综合费用为：

$C''=212.5+0.25\times2+0.5\times4+(268-271)\times0.5=213.5$（万元）

因此，应在方案Ⅰ的基础上压缩关键线路来组织施工，相应的工期为268d，相应的综合费用为213.5万元。

【案例十四】

背景：

已知某工程的网络进度计划如图2-10所示，箭线上方括号外为正常工作时间直接费（万元），括号内为最短工作时间直接费（万元），箭线下方括号外为正常工作持续时间（d），括号内为最短工作持续时间（d）。正常工作时间的间接费为15.8万元，间接费率为0.20万元/d。

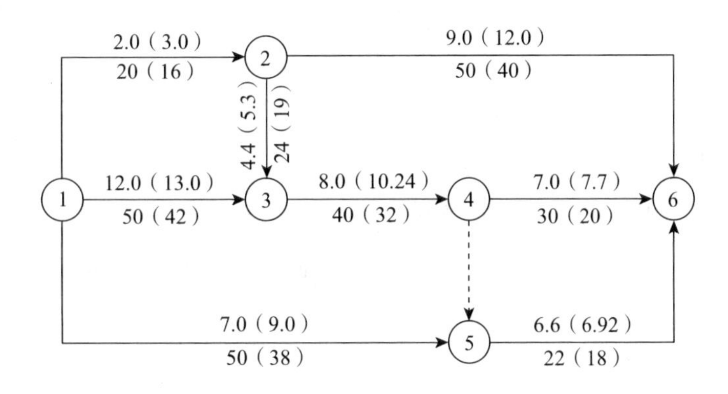

图2-10　网络进度计划图

问题：

1. 确定该工程的关键线路，并计算正常工期和总费用。

2. 确定该工程的总费用最低时所对应的工期和最低总费用。

3. 建设方提出若用98d完成该项目，可得奖励6000元，对施工方是否有利？相对于正常工期下的总费用，施工方节约（或超支）多少费用？

分析要点：

网络进度计划所涉及的总费用是由直接费和间接费两部分组成。直接费由人工费、材料费和机械费组成，它随工期的缩短而增加；间接费属于管理费范畴，它随工期的缩短而减小。两者进行叠加，必有一个总费用最少的工期，这就是费用优化所要寻求的目标。

费用优化的目的：一是计算出工程总费用最低时相对应的总工期，一般用在计划编制过程中；另一目的是求出在规定工期条件下最低费用，一般用在计划实施调整过程中。

费用优化的基本思路：不断地在网络进度计划中找出直接费用率（或组合直接费用率）最小的关键工作，缩短其持续时间，同时考虑间接费随工期缩短而减小的数值，最后求得工程费用最低时相应的最优工期或工期指定时相应的最低工程费用。

费用优化的步骤：

1. 按工作的正常持续时间确定计算工期和关键线路。

2. 算出各项工作的直接费用率。

3. 在网络进度计划中找出直接费率（或组合直接费率）最低的一项关键工作（或一组关键工作），作为压缩的对象。

4. 压缩被选择的关键工作（或一组关键工作）的持续时间，其压缩值必须保证所在的关键线路仍然为关键线路，同时，压缩后的工作持续时间不能小于最短工作持续时间。

5. 计算关键工作持续时间缩短后的总费用值。

6. 重复以上步骤 3~5，直至计算工期满足要求工期或被压缩对象的直接费用率（或组合直接费率）大于工程间接费用率为止。

这里应注意在第 4 步中，当需要缩短关键工作的持续时间时，其缩短值的确定必须符合下列两条原则：（1）缩短后工作的持续时间不能小于其最短工作持续时间；（2）缩短持续时间的工作不能变成非关键工作。

答案：

问题 1：

解：

1. 确定关键线路：

该网络进度计划有六条线路，其线路长度分别为：

线路 1：1-2-6　　$T=20+50=70$（d）

线路 2：1-2-3-4-6　　$T=20+24+40+30=114$（d）

线路 3：1-2-3-4-5-6　　$T=20+24+40+22=106$（d）

线路 4：1-3-4-6　　$T=50+40+30=120$（d）

线路 5：1-3-4-5-6　　$T=50+40+22=112$（d）

线路 6：1-5-6　　$T=50+22=72$（d）

可知：关键线路为 1-3-4-6，计算工期为 120d。

2. 计算正常工期下的工程总费用：

总费用 = 直接费 + 间接费 = (2.0+12.0+7.0+4.4+9.0+8.0+7.0+6.6)+15.8=71.80（万元）

问题 2：

解：

1. 计算各工作的直接费率，见表 2-31。

表 2-31　　各工作的直接费率计算表

工作代号	最短时间直接费-正常时间直接费（万元）	正常持续时间-最短持续时间（d）	直接费率（万元/d）
1-2	3. 0-2. 0	20-16	0. 250
1-3	13. 0-12. 0	50-42	0. 125
1-5	9. 0-7. 0	50-38	0. 167
2-3	5. 3-4. 4	24-19	0. 180
2-6	12. 0-9. 0	50-40	0. 300
3-4	10. 24-8. 0	40-32	0. 280
4-6	7. 7-7. 0	30-20	0. 070
5-6	6. 92-6. 6	22-18	0. 080

2. 第一次压缩：

在关键线路上，对比工作 1-3、3-4、4-6 工作的直接费率，工作 4-6 的直接费率最小，可压缩 10d，压缩后再找出关键线路，原关键工作 4-6 变为非关键工作，所以，只能将工作 4-6 的工作时间压缩 8d，使得工作 4-6 仍为关键工作，同时，4-5、5-6 也变为关键工作，如图 2-11 所示。

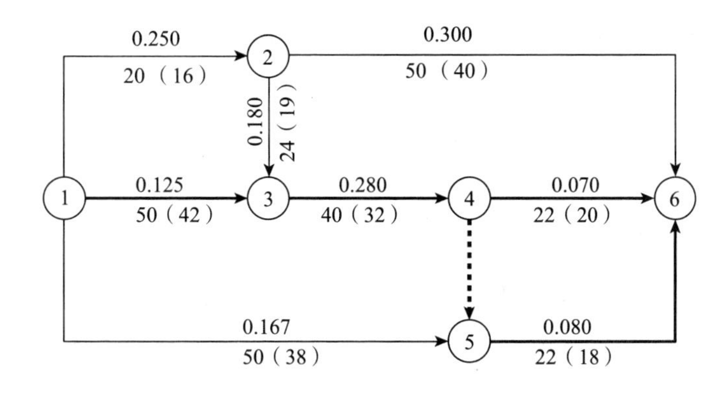

图 2-11　第一次压缩后的网络图

第一次压缩工期 8d，压缩后的工期为 120-8=112（d）；

压缩后的总费用=71. 80+0. 070×8-0. 2×8=70. 76（万元）。

3. 第二次压缩：

方案 1：压缩工作 1-3，直接费用率为 0. 125 万元/d；

方案 2：压缩工作 3-4，直接费用率为 0. 280 万元/d；

方案 3：同时压缩工作 4-6 和 5-6，组合直接费用率为（0. 070+0. 080）= 0. 150（万元/d）；

故选择压缩工作 1-3，可压缩 8d，但压缩后，工作 1-3 变为非关键工作，只能将工作 1-3 压缩 6d，使得工作 1-3 仍为关键工作，同时，工作 1-2、2-3 变为关键工作，如图 2-12 所示。

第二次压缩工期 6d，压缩后的工期为 112-6 = 106（d）

压缩后的总费用 = 70. 76+0. 125×6-0. 20×6 = 70. 31（万元）。

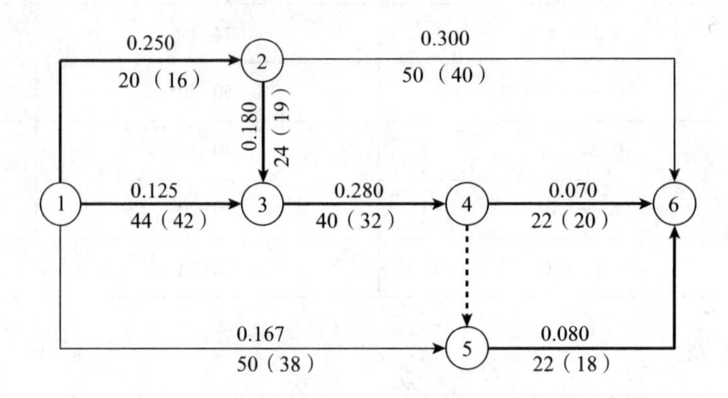

图 2-12 第二次压缩后的网络图

4. 第三次压缩：

方案 1：同时压缩工作 1-2、1-3，组合费率为 0. 250+0. 125 = 0. 375（万元/d）；

方案 2：同时压缩工作 1-3、2-3，组合费率为 0. 125+0. 180 = 0. 305（万元/d）；

方案 3：压缩工作 3-4，直接费率为 0. 280 万元/d；

方案 4：同时压缩工作 4-6 和 5-6，组合费率为 0. 070+0. 080 = 0. 150（万元/d）；

经比较，应采取方案 4，只能将它们压缩到两者最短工作时间的最大值，即 20d，压缩 2d，如图 2-13 所示。

第三次压缩工期 2d，得到了费用最低的优化工期 106-2 = 104d。如果继续压缩，只能选取方案 3，而方案 3 的直接费率为 0. 280 万元/d，大于间接费率 0. 20 万元/d，会导致总费用上升。

压缩后的总费用 70. 31+0. 150×2-0. 20×2 = 70. 21（万元）。

问题 3：

解：根据问题 2 的计算结果，在第三次压缩后，再进行压缩时只能选择压缩工作 3-4，

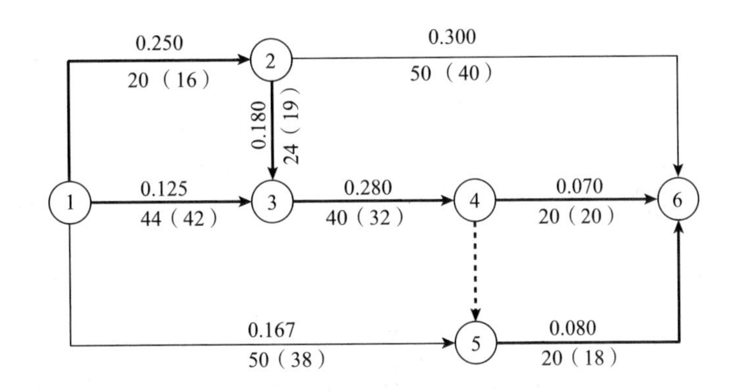

图 2-13　第三次压缩后的网络图

可压缩 8d，若满足建设方要求，仅压缩 104-98=6（d）即可，压缩 6d 的费用增加值为：0. 280×6-0. 20×6=0. 48（万元）。业主若奖励 0. 60 万元>0. 48 万元，对施工方是有利的。

工期为 98d 时的总费用（扣除奖励）为：70. 21+0. 48-0. 6=70. 09（万元）。

相对于正常工期下的总费用 71. 80 万元，施工方可节约费用 71. 80-70. 09=1. 71（万元）。

【案例十五】

背景：

某市拟建一幢楼作为社会保障服务中心，其建筑面积为 8650m²，该中心的供暖热源拟由社会热网公司提供，室内供暖方式可以考虑两种：方案 A 为散热器供暖、方案 B 为低温地热辐射（地热盘管）供暖。有关投资和费用资料如下：

（1）一次性支付社会热网公司入网费 60 元/m²，每年缴纳外网供暖费用为 28 元/m²（其中包含应由社会热网公司负责的室内外维修支出费用 5 元/m²）。

（2）方案 A 的室内外工程初始投资为 110 元/m²；每年日常维护管理费用 5 元/m²。

（3）方案 B 的室内外工程初始投资为 130 元/m²；每年日常维护管理费用 6 元/m²；该方案应考虑室内有效使用面积增加带来的效益（按每年 2 元/m² 计算）。

（4）不考虑建设期的影响，初始投资设在期初。两个方案的使用寿命均为 50 年，大修周期均为 15 年，每次大修费用均为 16 元/m²。不计残值，现值系数，见表 2-32。

表 2-32　　现值系数表

系数	n								
	10	15	20	25	30	35	40	45	50
（P/A，6%，n）	7. 3601	9. 7122	11. 4699	12. 7834	13. 7648	14. 4982	15. 0463	15. 4558	15. 7619
（P/F，6%，n）	0. 5584	0. 4173	0. 3118	0. 2330	0. 1741	0. 1301	0. 0972	0. 0727	0. 0543

问题：

1. 试计算方案A、B的初始投资费用、年运行费用、每次大修费用。

2. 绘制方案B的全寿命周期费用现金流量图，并计算其费用现值。

3. 经有关专家分析，在采用方案B基础上提出了新方案C，即供暖热源采用地下水源热泵，室内供热为集中空调（同时也用于夏季供冷）。其初始工程投资为280元/m^2；每年地下水资源费用为10元/m^2，每年用电及维护管理等费用45元/m^2；大修周期10年，每次大修费15元/m^2，使用寿命为50年，不计残值。该方案应考虑室内有效使用面积增加和冬季供暖、夏季制冷使用舒适度带来的效益（按每年6元/m^2计算）。初始投资和每年运行费用、大修费用及效益均按60%为供暖，40%为制冷，试在方案B、C中选择较经济的方案。

分析要点：

本案例是典型的设计方案的技术经济分析问题。三种建筑供暖方案拥有不同的初始投资、年运行费用和大修费用，需要在考虑资金时间价值的情况下利用技术经济分析的费用现值或费用年值方法选择费用最低的方案。

这类问题要求能够根据题意正确识别并计算每一种方案的初始投资、年运行费用和每次大修费用；要求能够正确确定每一个方案在全寿命周期内的每一笔现金流量，例如能够正确确定寿命周期内需要进行的大修理次数和大修理发生的时点；要求能够理解不同方案的功能差异，方案评价计算中能够根据题意正确考虑不同方案的不同功能所带来的折算效益。

答案：

问题1：

解：

1. 计算方案A初始投资费用、年运行费用、每次大修费用：

初始投资费用：$W_A=60\times8650+110\times8650=147.05$（万元）

年运行费用：$W_{A'}=28\times8650+5\times8650=28.545$（万元）

每次大修费用：$16\times8650=13.84$（万元）

2. 计算方案B初始投资费用、年运行费用、每次大修费用：

初始投资总费用：$W_B=60\times8650+130\times8650=164.35$（万元）

年运行费用：$W_{B'}=28\times8650+(6-2)\times8650=27.68$（万元）

每次大修费用：$16\times8650=13.84$（万元）

问题2：

解：

1. 方案B的全寿命周期费用现金流量图，如图2-14所示：

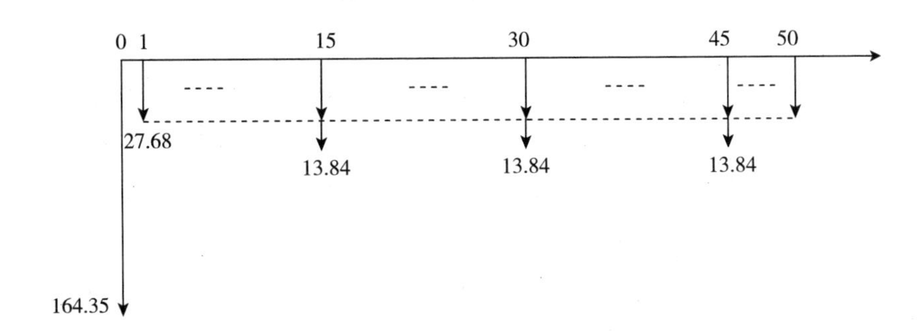

图 2-14　方案 B 的全寿命周期费用现金流量图

2. 计算方案 B 的费用现值：

P_B = 27. 68×(P/A, 6%, 50) + 13. 84×(P/F, 6%, 15) + 13. 84×(P/F, 6%, 30) + 13. 84×(P/F, 6%, 45) + 164. 35

= 27. 68×15. 7619 + 13. 84×0. 4173 + 13. 84×0. 1741 + 13. 84×0. 0727 + 164. 35

= 609. 83（万元）

问题 3：

解：

1. 计算方案 C 初始投资费用、年运行费用、每次大修费用：

（1）初始投资费用：W_C = 280×8650×60% = 145. 32（万元）

（2）年运行费用：W'_C = (10×8650 + 45×8650 − 6×8650)×60% = 25. 431（万元）

（3）每次大修费用：15×8650×60% = 7. 785（万元）

2. 计算方案 C 的费用现值

P_C = 25. 431×(P/A, 6%, 50) + 7. 785×(P/F, 6%, 10) + 7. 785×(P/F, 6%, 20) + 7. 785×(P/F, 6%, 30) + 7. 785×(P/F, 6%, 40) + 145. 32

= 25. 431×15. 7619 + 7. 785×0. 5584 + 7. 785×0. 3118 + 7. 785×0. 1741 + 7. 785×0. 0972 + 145. 32

= 555. 05（万元）

3. 方案选择

由于费用现值 $P_C < P_B$，故选择方案 C。

【案例十六】

背景：

某建设单位通过招标与某施工单位签订了施工合同，该合同中部分条款如下：

1. 合同总价为 5880 万元，其中基础工程 1600 万元，上部结构工程 2880 万元，装饰装修工程 1400 万元；

2. 合同工期为 15 个月，其中基础工程工期为 4 个月，上部结构工程工期为 9 个月，装饰装修工程工期为 5 个月；上部结构工程与装饰装修工程工期搭接 3 个月；

3. 工期提前奖为 30 万元/月，误期损害赔偿金为 50 万元/月，均在最后 1 个月结算时一次性结清；

4. 每月工程款于次月初提交工程款支付申请表，经工程师审核后于第 3 个月末支付。

施工企业在签订合同后，经企业管理层和项目管理层分析和计算，基础工程和上部结构工程均可压缩工期 1 个月，但需分别在相应分部工程开始前增加技术措施费 25 万元和 40 万元。

假定月利率按 1%考虑，各分部工程每月完成的工作量相同且能及时收到工程款。

问题：

1. 若不考虑资金的时间价值，施工单位应选择什么施工方案组织施工？说明理由。

2. 从施工单位的角度绘制只加快基础工程施工方案的现金流量图。

3. 若按合同工期组织施工，该施工单位工程款的现值为多少？（以开工日为折现点，现值系数见表 2-33）

4. 若考虑资金的时间价值，该施工单位应选择什么施工方案组织施工？说明理由。

表 2-33 现值系数表

系数	n							
	2	3	4	5	8	9	10	13
(P/A，1%，n)	1.970	2.941	3.902	4.853	7.625	8.566	9.471	12.134
(P/F，1%，n)	0.980	0.971	0.961	0.951	0.923	0.914	0.905	0.879

（计算过程中保留 3 位小数，计算结果保留 2 位小数）

分析要点：

本案例是从施工单位的角度分别分析在不考虑资金时间价值和考虑资金时间价值的条件下，对施工方案进行优选。

本案例问题 3 和问题 4 中各施工方案的现金流图是解题的前提条件。

绘制现金流量图的关键是要结合工程实际准确地判断出每一笔现金流量发生的时间点，题目的背景资料中有些现金流量是明确的，而还有一些情况下是需要考生根据题目要求自己分析判断的。

在问题 4 解题过程中应注意的是，要将施工方案列全，不要遗漏基础工程和上部结构工程均加快的施工方案。

另外，利用资金时间价值系数表进行计算时，当遇到表中数据缺乏时，在计算时应列出计算公式。

答案：

问题 1：

答：若不考虑资金时间价值，施工单位应选择只加快基础工程的施工方案。

因为基础工程加快 1 个月，增加的措施费为 25 万元，小于工期提前奖 30 万元/月，而上部结构工程加快 1 个月增加的措施费为 40 万元，大于工期提前奖 30 万元/月。

问题 2：

解：

$A_1 = 1600 \div 3 = 533.33$（万元/月）

$A_2 = 2880 \div 9 = 320$（万元/月）

$A_3 = 1400 \div 5 = 280$（万元/月）

绘制只加快基础工程施工方案的现金流量图，如图 2-15 所示。

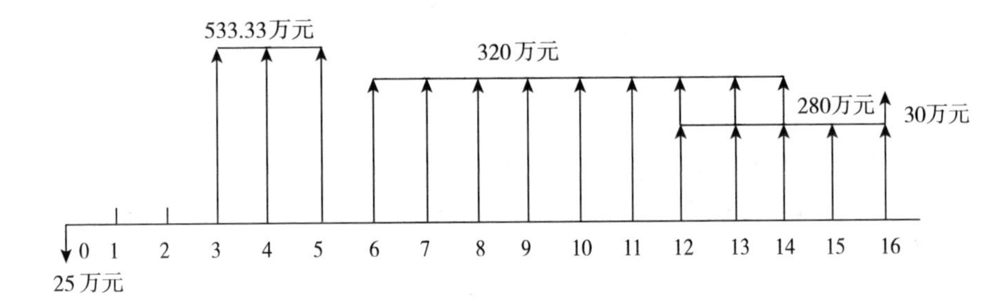

图 2-15　只加快基础工程施工方案的现金流量图

问题 3：

解：

$A_1 = 1600 \div 4 = 400$（万元/月）

$A_2 = 2880 \div 9 = 320$（万元/月）

$A_3 = 1400 \div 5 = 280$（万元/月）

$$PV = A_1 \times (P/A, 1\%, 4) \times (P/F, 1\%, 2) + A_2 \times (P/A, 1\%, 9) \times (P/F, 1\%, 6) + A_3 \times (P/A, 1\%, 5) \times (P/F, 1\%, 12)$$

$$= 400 \times 3.902 \times 0.980 + 320 \times 8.566 \times 1.01^{-6} + 280 \times 4.853 \times 1.01^{-12}$$

$$= 5317.01 \text{（万元）}$$

问题 4：

解：除按合同工期组织施工之外，该施工单位还有以下三种加快进度的施工方案可供选择：（1）只加快基础工程施工进度，（2）只加快上部结构工程施工进度，（3）基础工程和上部结构工程均加快施工进度。

（1）只加快基础工程施工方案的现金流现值（即按图 2-15 计算）

$PV_1=A_1\times(P/A,1\%,3)\times(P/F,1\%,2)+A_2\times(P/A,1\%,9)\times(P/F,1\%,5)+$

$A_3\times(P/A,1\%,5)\times(P/F,1\%,11)+30\times(P/F,1\%,16)-25$

$=533.33\times2.941\times0.980+320\times8.566\times0.951+280\times4.853\times1.01^{-11}+30\times1.01^{-16}-25$

$=5362.07$（万元）

（2）只加快上部结构工程施工方案的现金流现值

$A_1=1600\div4=400$（万元/月）

$A_2=2880\div8=360$（万元/月）

$A_3=1400\div5=280$（万元/月）

$PV_2=A_1\times(P/A,1\%,4)\times(P/F,1\%,2)+A_2\times(P/A,1\%,8)\times(P/F,1\%,6)+$

$A_3\times(P/A,1\%,5)\times(P/F,1\%,11)+30\times(P/F,1\%,16)-40\times(P/F,1\%,4)$

$=400\times3.902\times0.980+360\times7.625\times1.01^{-6}+280\times4.853\times1.01^{-11}+$

$30\times1.01^{-16}-40\times0.961$

$=5320.04$（万元）

（3）基础工程和上部结构工程均加快施工方案的现金流现值

$A_1=1600\div3=533.33$（万元/月）

$A_2=2880\div8=360$（万元/月）

$A_3=1400\div5=280$（万元/月）

$PV_3=A_1\times(P/A,1\%,3)\times(P/F,1\%,2)+A_2\times(P/A,1\%,8)\times(P/F,1\%,5)+$

$A_3\times(P/A,1\%,5)\times(P/F,1\%,10)+30\times2\times(P/F,1\%,15)-25-40\times(P/F,1\%,3)$

$=533.33\times2.941\times0.980+360\times7.625\times0.951+280\times4.853\times0.905+30\times2\times1.01^{-15}-$

$25-40\times0.971$

$=5365.22$（万元）

综上所述，因基础工程和上部结构工程均加快施工方案的现金流现值最大，故施工单位应选择基础工程和上部结构工程均加快的施工方案。

第三章　工程计量与计价

本章基本知识点：

1. 工程计量与计价相关法规、标准、规范的规定；
2. 建筑安装工程人工、材料、机械台班消耗指标的确定方法；
3. 概预算定额单价的组成、确定及换算方法；
4. 设计概算的编制方法；
5. 单位工程施工图预算的编制方法；
6. 建设工程工程量清单计量与计价方法。

【案例一】

背景：

某钢筋混凝土框架结构建筑物，共四层，首层层高 4.2m，第二至四层层高为 3.9m，首层平面图、柱独立基础配筋图、柱网布置及配筋图、一层顶梁结构图、一层顶板结构图分别如图 3-1A、图 3-1B、图 3-1C、图 3-1D、图 3-1E 所示。柱顶的结构标高为 15.87m，外墙为 240mm 厚蒸压加气混凝土砌块墙，首层墙体砌筑在顶面标高为-0.200 的钢筋混凝土基础梁上，M5.0 混合砂浆砌筑。M1 为 1900mm×3300mm 的铝合金平开门；C1 为 2100mm×2400mm 的铝合金推拉窗；C2 为 1200mm×2400mm 的铝合金推拉窗；C3 为 1800mm×2400mm 的铝合金推拉窗；窗台高 900mm。门窗洞口上设钢筋混凝土过梁，截面为 240mm×180mm，过梁两端各伸出洞边 250mm。已知本工程抗震设防烈度为 6 度，混凝土结构的抗震等级为四级，梁、板、柱的混凝土均采用 C30 预拌混凝土；钢筋的保护层厚度：板为 15mm，梁柱为 25mm，基础为 35mm。楼板厚有 150mm、100mm 两种。块料地面自下而上的做法依次为：素土夯实；300mm 厚 3∶7 灰土夯实；60mm 厚 C15 素混凝土垫层；素水泥浆一道；25mm 厚 1∶3 干硬性水泥砂浆结合层；800mm×800mm 全瓷地面砖水泥砂浆粘贴，白水泥砂浆擦缝。木质踢脚线高 150mm，基层为 9mm 厚胶合板，面层为榉木装饰板，上口钉木线。柱面的装饰做法为：木龙骨榉木饰面包方柱，木龙骨为 25mm×25mm，中距 300mm×300mm，基层为 9mm 厚胶合板，面层为 3mm 厚红榉木装饰板。天棚吊顶为轻钢龙骨矿棉板平面天棚，U 形轻钢龙骨中距为 450mm×450mm，面层为矿棉吸声板，首层吊顶底距离地面 3.4m。

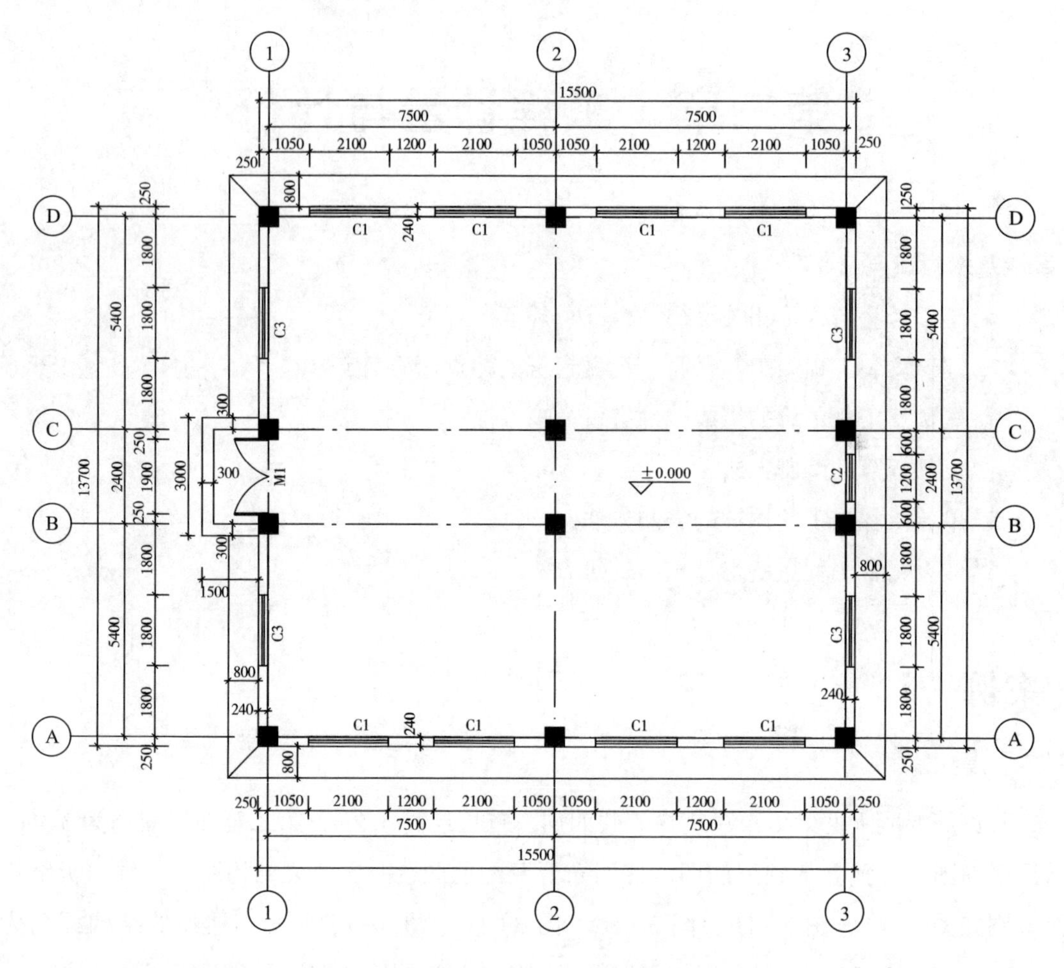

图 3-1A 首层平面图

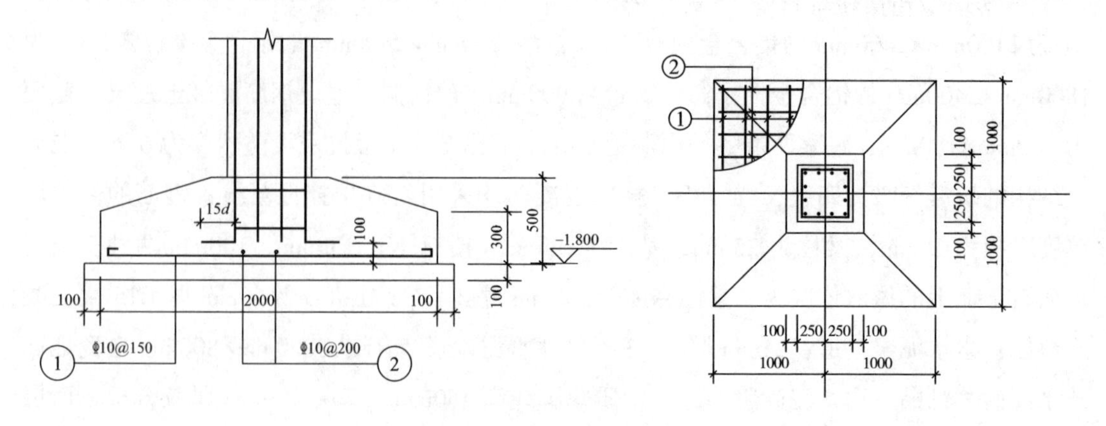

图 3-1B 柱独立基础配筋图

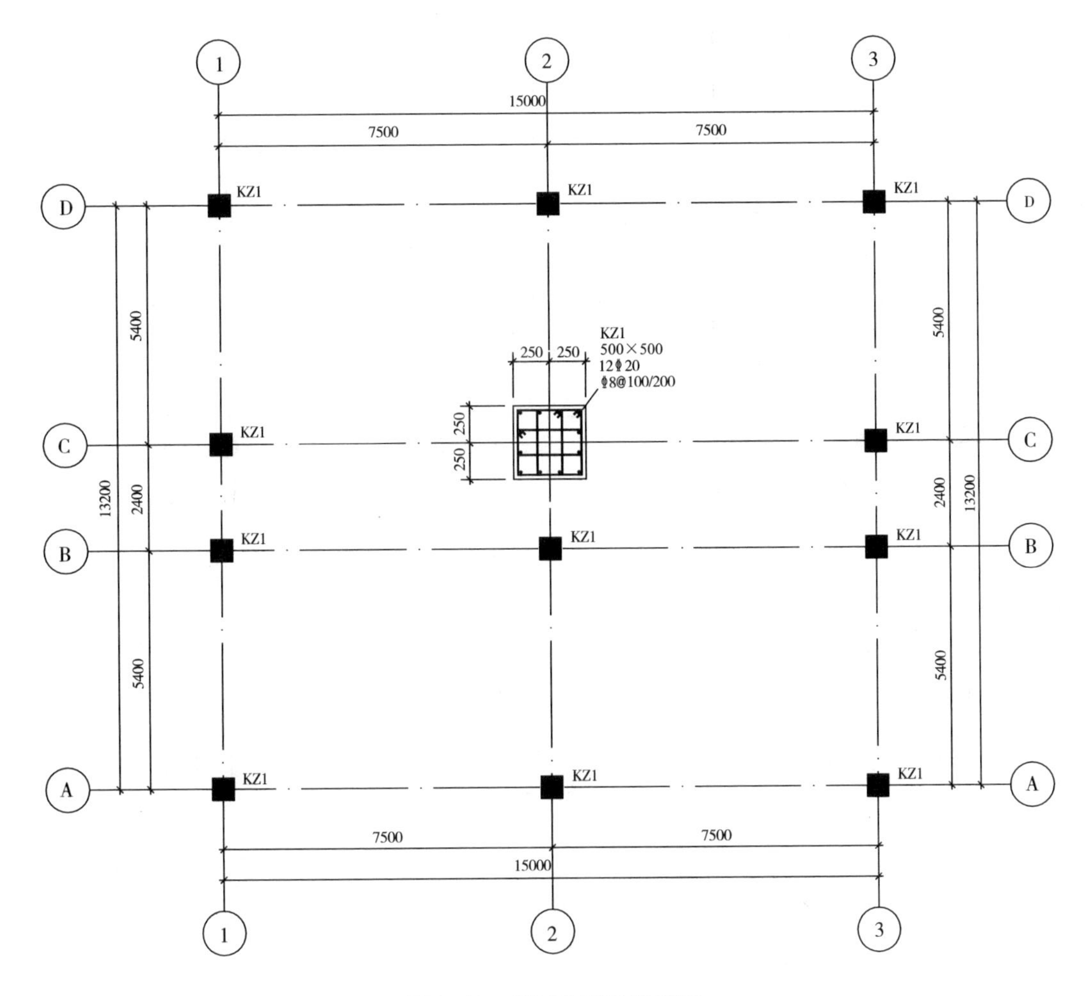

图 3-1C　柱网布置及配筋图

问题：

1. 依据《房屋建筑与装饰工程工程量计算规范》GB 50854-2013 的要求计算建筑物首层的过梁、砌块墙、矩形柱（框架柱）、矩形梁（框架梁）、平板、块料地面、木质踢脚线、柱面（包括靠墙柱）装饰、吊顶天棚、矩形梁模板、平板模板及矩形柱模板的工程量。根据招标文件的要求，模板清单单独列出。将计算过程及结果填入分部分项工程和单价措施项目工程量计算表 3-1 中。

表 3-1　　　　分部分项工程和单价措施项目工程量计算表

序号	项目名称	单位	数量	计算过程

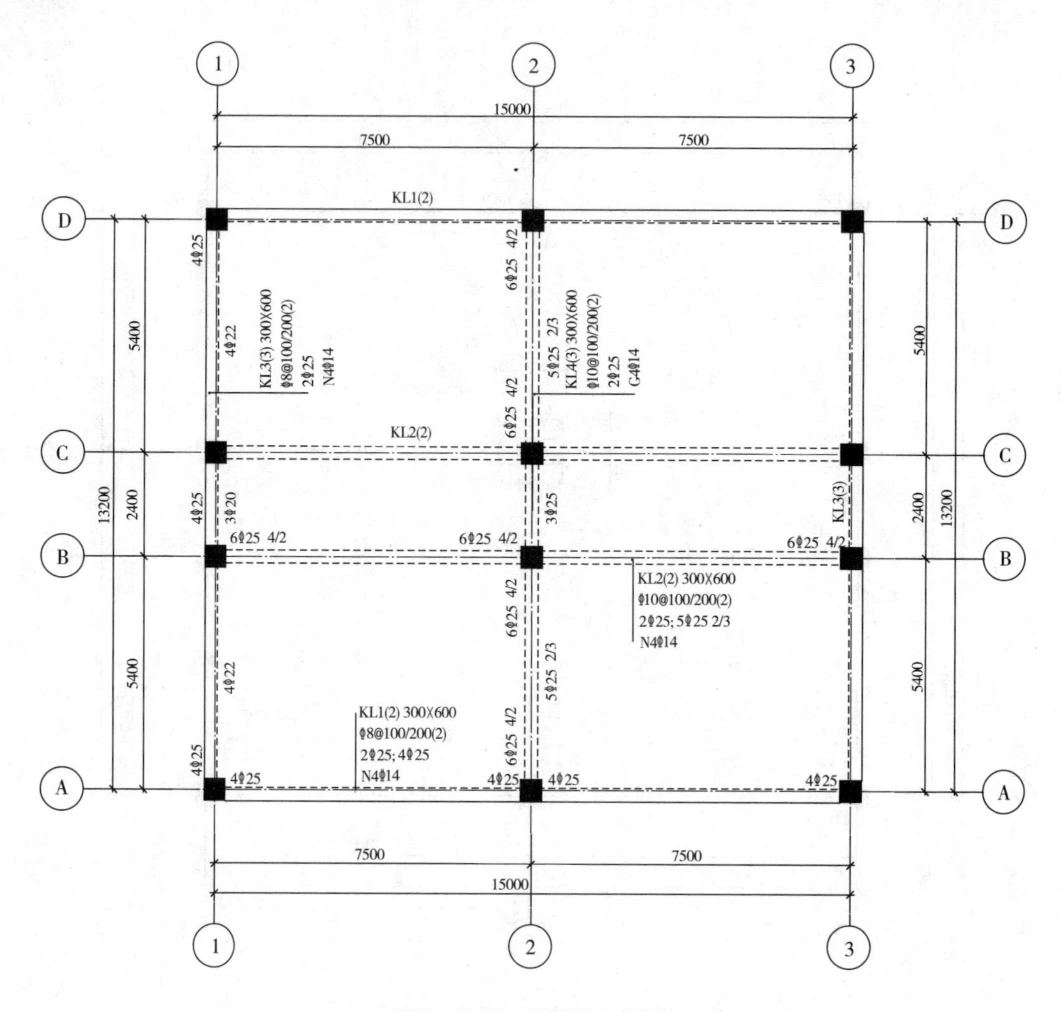

图 3-1D　一层顶梁结构图

2. 依据《房屋建筑与装饰工程工程量计算规范》GB 50854-2013 和《建设工程工程量清单计价规范》GB 50500-2013（以下简称《计价规范》），编制建筑物首层的过梁、砌块墙、矩形柱（框架柱）、矩形梁（框架梁）、平板、块料地面、木质踢脚线、柱面（包括靠墙柱）装饰、吊顶天棚、矩形梁模板、平板模板及矩形柱模板的分部分项工程和单价措施项目的工程量清单，分部分项工程和单价措施项目清单的统一编码，见表 3-2。

表 3-2　　分部分项工程和单价措施项目清单的统一编码

项目编码	项目名称	项目编码	项目名称
010503005	过梁	011105005	木质踢脚线
010402001	砌块墙	011208001	柱面装饰
010502001	矩形柱	011302001	吊顶天棚
010503002	矩形梁	011702006	矩形梁模板
010505003	平板	011702016	平板模板
011102003	块料地面	011702002	矩形柱模板

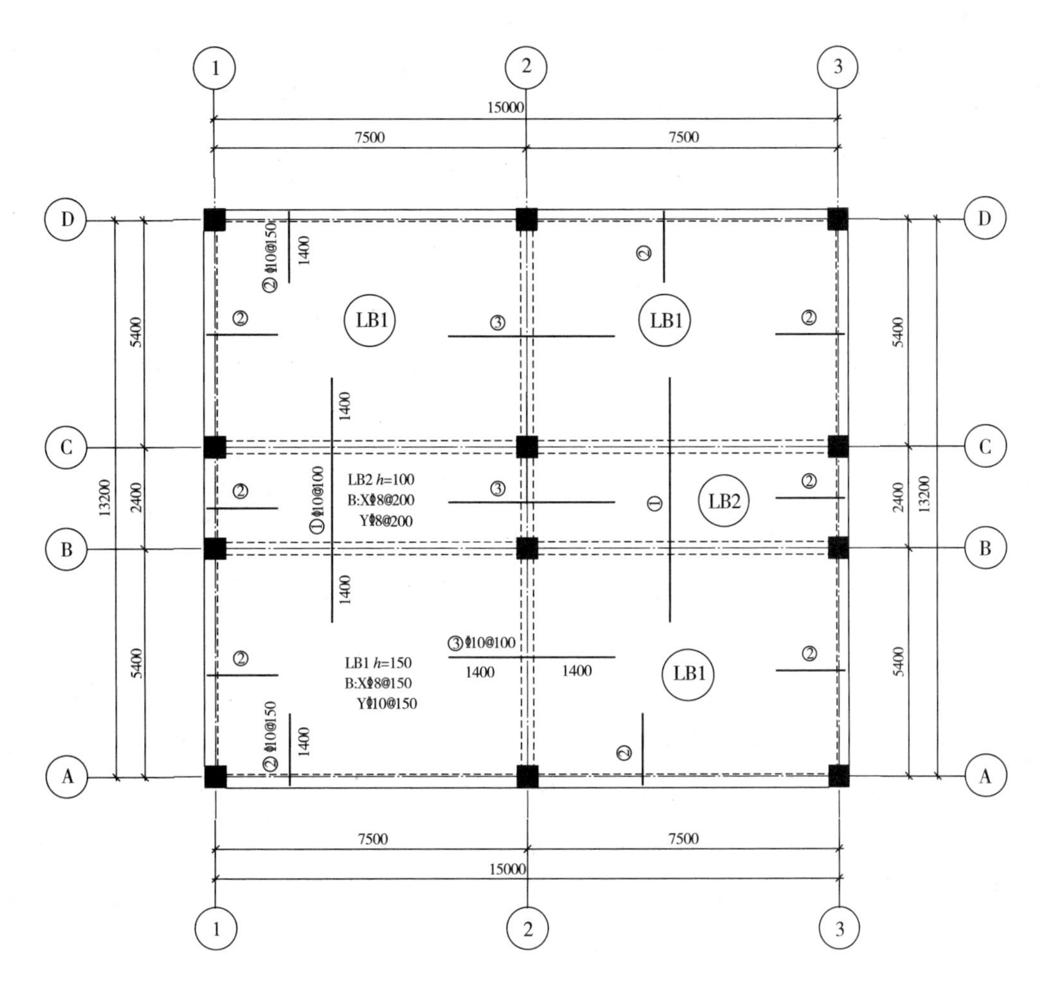

图 3-1E　一层顶板结构图

（未注明的板分布筋为ϕ8@250）

3. 钢筋的理论重量见表 3-3，计算②轴线的 KL4、C 轴线相交于②轴线的 KZ1 中除了箍筋、腰筋、拉筋之外的其他钢筋工程量以及①～②与 A～B 之间的 LB1 中底部钢筋的工程量。将计算过程及结果填入钢筋工程量计算表 3-4 中。钢筋的锚固长度为 40d，钢筋接头为对头焊接。

表 3-3　　　　钢筋单位理论质量表

指标	钢筋直径（d）					
	$\phi8$	$\phi10$	$\phi12$	$\phi20$	$\phi22$	$\phi25$
理论重量（kg/m）	0.395	0.617	0.888	2.466	2.984	3.850

表 3-4　　钢筋工程量计算表

位置	型号及直径	钢筋图形	计算公式	根数	总根数	单长（m）	总长（m）	总重（kg）
	合计							

分析要点：

问题 1：依据《房屋建筑与装饰工程工程量计算规范》对清单工程量计算的规定，掌握分部分项工程和单价措施项目清单工程量的计算方法。

问题 2：依据《房屋建筑与装饰工程工程量计算规范》和《计价规范》的规定和问题 1 的计算结果，编制相应分部分项工程和单价措施项目清单与计价表，掌握项目特征描述的内容。

问题 3：按照《房屋建筑与装饰工程工程量计算规范》计算各类构件的钢筋的工程量。考核钢筋混凝土结构中柱、梁、板的钢筋平面整体表示方法的识图和计算，识图方法按照《混凝土结构施工图平面整体表示方法制图规则和构造详图（现浇混凝土框架、剪力墙、梁、板）》22G101-1 的规定，柱插筋在基础中的锚固做法详见《混凝土结构施工图平面整体表示方法制图规则和构造详图（独立基础、条形基础、筏形基础及桩基承台）》22G101-3 的规定。

答案：

问题 1：

解：依据《房屋建筑与装饰工程工程量计算规范》GB 50854-2013 的要求计算建筑物首层的过梁、砌块墙、矩形柱（框架柱）、矩形梁（框架梁）、平板、块料地面、木质踢脚线、柱面（包括靠墙柱）装饰、吊顶天棚、矩形梁模板、平板模板及矩形柱模板的工程量，计算过程见表 3-5。

表 3-5　　分部分项工程量计算表

序号	项目名称	单位	数量	计算过程
1	过梁	m^3	1.45	1.1 截面积：$S=0.24\times0.18=0.043$（m^2） 1.2 总长度：$L=(2.1+0.25\times2)\times8+(1.2+0.25\times2)\times1+(1.8+0.25\times2)\times4+1.9\times1=33.60$（m） 1.3 体积：$V=S\times L=0.043\times33.6=1.45$（$m^3$）

续表

序号	项目名称	单位	数量	计算过程
2	砌块墙	m^3	29.41	2.1 长度：L=(15.0+13.2)×2 −(0.5×10)(扣柱)=51.40（m） 2.2 高度：H=4.2+0.2−0.6(梁的高度)=3.80（m） 2.3 扣洞口面积：1.9×3.3×1+2.1×2.4×8+1.2×2.4×1+1.8×2.4×4=66.75（m^2） 2.4 扣过梁体积：1.45m^3 2.5 墙体体积：V=(51.40×3.8−66.75)×0.24−1.45=29.41（m^3）
3	矩形柱	m^3	16.50	3.1 柱高：H=4.2+(1.8−0.5)=5.5（m） 3.2 截面积：0.5×0.5=0.25（m^2） 3.3 数量：n=12 3.4 体积：V=0.25×5.5×12=16.50（m^3）
4	矩形梁	m^3	16.40	4.1 KL1：0.3×0.6×(15−0.5×2)×2=5.04（m^3） 4.2 KL2：0.3×0.6×(15−0.5×2)×2=5.04（m^3） 4.3 KL3：0.3×0.6×(13.2−0.5×3)×2=4.212（m^3） 4.4 KL4：0.3×0.6×(13.2−0.5×3)= =2.106（m^3） 合计=16.40m^3
5	平板	m^3	25.84	5.1 150 厚板：(7.5−0.15−0.05)×(5.4−0.15−0.05)×0.15×4=22.776（m^3） 5.2 100 厚板：(7.5−0.15−0.05)×(2.4−0.15−0.15)×0.10×2=3.066（m^3） 合计=25.84（m^3）
6	块料地面	m^2	197.47	6.1 净面积(15.5−0.24×2)×(13.7−0.24×2)=198.564（m^2） 6.2 门洞开口部分面积：1.9×0.24=0.456（m^2） 6.3 扣除柱面积：(0.5−0.24)×(0.5−0.24)×4+(0.5−0.24)×0.5×6+0.5×0.5×2=1.550（m^2） 合计=197.47（m^2）
7	木质踢脚线	m	57.68	长度：L=(15.5−0.24×2+13.7−0.24×2)×2−1.9+0.25×2+(0.5−0.24)×10=57.68（m）
8	柱面装饰	m^2	47.52	8.1 独立柱饰面外围周长(0.5+0.037×2)×4=2.296（m） 8.2 角柱饰面外围周长(0.5−0.24+0.037)×2=0.594（m） 8.3 墙柱饰面外围周长(0.5−0.24+0.037)×2+(0.5+0.037×2)=1.168（m） 8.4 柱饰面高度：H=3.4（m） 8.5 柱饰面面积：S=3.4×(2.296×2+0.594×4+1.168×6)=47.52（m^2）
9	吊顶天棚	m^2	198.56	(15.5−0.24×2)×(13.7−0.24×2)=198.56（m^2）
10	梁模板	m^2	118.81	10.1 KL1：(7.5−0.5)×2×(0.6×2−0.15+0.3)×2=37.80（m^2） 10.2 KL2：(7.5−0.5)×2×(0.6×2−0.1−0.15+0.3)×2=35.00（m^2） 10.3 KL3：[(5.4−0.5)×2×(0.6×2−0.15+0.3)+(2.4−0.5)×(0.6×2−0.1+0.3)]×2=31.78（m^2） 10.4 KL4：(5.4−0.5)×2×(0.6×2−0.15×2+0.3)+(2.4−0.5)×(0.6×2−0.1×2+0.3)=14.23（m^2） 合计：S=37.80+35.00+31.78+14.23=118.81（m^2）
11	板模板	m^2	182.02	(15.5−0.3×3)×(13.7−0.3×4)−0.2×0.2×4−0.2×0.1×12−0.1×0.1×8=182.02（m^2）
12	矩形柱模板	m^2	124.96	12.1 柱净高面积：(4.2+1.8−0.5−0.6)×0.5×4×12=117.60（m^2） 12.2 柱梁板结合处面积：0.6×(0.5×14)+0.45×[(0.2+0.2)×4+(0.2+0.1)×8+(0.1+0.1)×4]+0.50×[(0.2+0.1)×4+(0.1+0.1)×4]=7.36（m^2） 合计：S=117.60+7.36=124.96（m^2）

问题2：

解：依据《房屋建筑与装饰工程工程量计算规范》和《计价规范》编制建筑物首层的过梁、砌块墙、矩形柱（框架柱）、矩形梁（框架梁）、平板、块料地面、木质踢脚线、柱面（包括靠墙柱）装饰、吊顶天棚、矩形梁模板、平板模板及矩形柱模板的分部分项工程和单价措施项目清单与计价表，见表3-6。

表3-6　　　　分部分项工程和单价措施项目清单与计价表

序号	项目编码	项目名称	项目特征	计量单位	工程量	金额（元）		
						综合单价	合价	暂估价
1	010503005001	过梁	1. 混凝土种类：预拌混凝土 2. 混凝土强度等级：C30	m^3	1.45			
2	010402001001	砌块墙	1. 砌块品种、规格：加气混凝土砌块（240mm） 2. 墙体类型：砌块外墙 3. 砂浆强度等级：M5.0水泥砂浆	m^3	29.41			
3	010502001001	矩形柱	1. 混凝土种类：预拌混凝土 2. 混凝土强度等级：C30	m^3	16.50			
4	010503002001	矩形梁	1. 混凝土种类：预拌混凝土 2. 混凝土强度等级：C30	m^3	16.40			
5	010505003001	平板	1. 混凝土种类：预拌混凝土 2. 混凝土强度等级：C30	m^3	25.84			
6	011102003001	块料地面	1. 结合层：素水泥浆一遍，25mm厚1：3干硬性水泥砂浆 2. 面层：800mm×800mm全瓷地面砖 3. 白水泥砂浆擦缝	m^2	197.47			
7	011105005001	木质踢脚线	1. 踢脚线高度：150mm 2. 基层：9mm厚胶合板 3. 面层：3mm厚榉木装饰板，上口钉木线	m	57.68			
8	011208001001	柱面装饰	1. 木龙骨：25mm×25mm，中距300mm×300mm 2. 基层：9mm厚胶合板 3. 面层：3mm厚榉木装饰板	m^2	47.52			
9	011302001001	吊顶天棚	1. 龙骨：U形轻钢龙骨中距450mm×450mm 2. 面层：矿棉吸声板	m^2	198.56			
10	011702006001	矩形梁模板	支撑高度：4.2m	m^2	118.81			
11	011702016001	平板模板	支撑高度：4.2m	m^2	182.02			
12	011702002001	矩形柱模板	支撑高度：4.2m	m^2	124.96			

问题 3：

解：计算②轴线的 KL4、Ⓒ轴线相交于②轴线的 KZ1 中除了箍筋、腰筋、拉筋之外的其他钢筋工程量以及①~②与Ⓐ~Ⓑ之间的 LB1 中底部钢筋的工程量。将计算结果填入钢筋工程量计算表中，见表 3-7。

LB1 中下部ф 8 钢筋的根数：

(5400−150−50+250−300−50)÷150+1=35（根）

LB1 中下部ф 10 钢筋的根数：

(7500−150−50+250−300−50)÷150+1=49（根）

表 3-7　　　　钢筋工程量计算表

位置	筋号及直径	钢筋图形	计算公式	根数	总根数	单长（m）	总长（m）	总重（kg）
KL4								
1. 上部通长筋	ф 25	375 13650 375	500 − 25 + 15 × d +（13200−500）+500−25+15×d	2	2	14. 40	28. 80	110. 88
1. 左支座（Ⓐ轴处）上部第一排钢筋	ф 25	375 2108	500 − 25 + 15 × d +（5400−500）÷3	2	2	2. 483	4. 966	19. 119
1. 左支座（Ⓐ轴处）上部第二排钢筋	ф 25	375 1700	500 − 25 + 15 × d +（5400−500）÷4	2	2	2. 075	4. 15	15. 978
1. 中间支座（Ⓑ-Ⓒ轴处）上部第一排钢筋	ф 25	6167	（5400−500）÷3 +2400+500 +（5400−500）÷3	2	2	6. 167	12. 334	47. 486
1. 中间支座（Ⓑ-Ⓒ轴处）上部第二排钢筋	ф 25	5350	（5400−500）÷4 +2400+500 +（5400−500）÷4	2	2	5. 35	10. 70	41. 195
1. 右支座（Ⓓ轴处）上部第一排钢筋	ф 25	2108 375	500 − 25 + 15 × d +（5400−500）÷3	2	2	2. 483	4. 966	19. 119
1. 右支座（Ⓓ轴处）上部第二排钢筋	ф 25	1700 375	500 − 25 + 15 × d +（5400−500）÷4	2	2	2. 075	4. 15	15. 978
2. 左下部（Ⓐ-Ⓑ轴处）钢筋	ф 25	375 6375	500 − 25 + 15 × d +（5400−500）+40×d	5	5	6. 75	33. 75	129. 938
2. 中间支座（Ⓑ-Ⓒ轴）下部钢筋	ф 25	3900	40 × d +（2400 − 500）+40×d	3	3	3. 90	11. 70	45. 045

续表

位置	筋号及直径	钢筋图形	计算公式	根数	总根数	单长（m）	总长（m）	总重（kg）
2. 右下部（Ⓒ-Ⓓ轴处）钢筋	Φ25	6375 375	500 - 25 + 15 × d +（5400 - 500）+ 40 × d	5	5	6.75	33.75	129.938
KL4 中的Φ25 钢筋合计								574.676
KZ1 竖向钢筋	Φ20	240 17545 300	15 × d +（1800 - 100）+（15870 - 25）+ 12×d	12	12	18.085	217.02	536.04
LB1 下部钢筋	Φ8	7600	7500+250-150	35	140	7.6	1064	420.28
LB1 下部钢筋	Φ10	5500	5400+250-150	49	196	5.5	1078	665.126

【案例二】

背景：

某基础工程公司依法分包了某工程项目的土方工程，经审定的施工方案：采用反铲挖掘机挖土，液压推土机推土（全部土方平均推土距离为 50m）；为防止超挖、扰动设计基础地基底土和确保边坡安全，按开挖总量的 20%作为人工清底、修整边坡工程量。

为了确定挖基础土方工程的综合单价，该公司决定用实测法对人工及机械台班的消耗量进行测定，相关测定资料如下：

1. 反铲挖掘机纯工作 1h 的生产效率为 56m^3，其机械利用系数为 0.80。社会平均水平下的机械幅度差系数为 25%。

2. 液压推土机纯工作 1h 的生产效率为 92m^3，其机械利用系数为 0.85。社会平均水平下的机械幅度差系数为 20%。

3. 人工连续施工每挖 1m^3 土方需要基本工作时间为 90min，辅助工作时间、不可避免中断时间、准备与结束时间、休息时间分别占工作延续时间的 2%、2%、1.5%、4.5%，社会平均水平下的人工幅度差系数为 10%。

4. 反铲挖掘机、液压推土机作业时，要求人工分别进行配合，其标准为每台班分别配合 1 个工日。

5. 市场价格：人工日工资单价为 120 元/工日，反铲挖掘机台班单价为 2400 元/台班，液压推土机台班单价为 1500 元/台班。

问题：

1. 按照 $1000m^3$ 实际挖基础土方的工程量，分别计算反铲挖掘机和液压推土机的机械台班消耗量。

2. 按照 $1000m^3$ 实际挖基础土方的工程量，计算相应的人工工日消耗量。

3. 由于业主提供施工现场条件的原因致使液压推土机降效 25%，反铲挖掘机和人工未受影响，则确定挖 $1000m^3$ 基础土方工程的工料价格为多少元？

4. 在问题 3 的基础上，若施工单位经计算的挖基础土方实际工程量为 $7200m^3$，按《建设工程工程量清单计价规范》计算的土方工程量为 $4200m^3$，管理费按人工费和机械费之和的 20%计算，利润按人工费和机械费之和的 5%计算，规费和增值税按分部分项工程费的 15%计取，根据《建设工程工程量清单计价规范》的规定，计算挖基础土方的综合单价为多少元/m^3？挖基础土方的分部分项工程造价为多少元？

（计算过程保留 3 位小数，计算结果保留 2 位小数）

分析要点：

本案例主要考核机械台班产量定额、人工时间定额、工料单价、综合单价以及实际造价的组成和确定方法。分析思路如下：

问题 1 首先确定机械的台班产量为 X，则：

X=纯工作 1h 的生产效率×台班工作时间×机械利用系数/(1+机械幅度差系数)

然后，计算完成 $1000m^3$ 土方量的机械台班消耗量。

问题 2 首先确定人工实际每挖 $1m^3$ 基础土方的工作延续时间为 Y，则：

Y=基本工作时间+辅助工作时间+准备与结束时间+不可避免中断时间+休息时间

或 Y=基本工作时间+Y×(∑其他时间占工作延续时间的比例)

再计算挖基础土方的人工时间定额：

时间定额=工作延续时间/每工日的工作时间×(1+人工幅度差系数)

最后，计算完成基础土方总量 20%的人工工日消耗量和配合机械施工人工清底、修整边坡工程量的人工工日消耗量。

问题 3 首先计算液压推土机降效后的台班产量和完成 $1000m^3$ 土方量相应的台班消耗量。

然后，计算完成 $1000m^3$ 土方量的工料单价 Z，则：

Z =人工费+材料费+施工机具使用费

=人工消耗量×工日单价+∑机械台班消耗量×相应机械的台班市场信息价格

问题 4 首先确定实际完成挖基础土方的综合单价 J，则：

J=工料单价×(实际工程量/清单工程量)×(1+管理费费率+利润率)

最后，计算完成4200m^{3}挖基础土方的分部分项工程造价。

答案：

问题1：

解：完成1000m^{3}实际挖基础土方工程的机械台班消耗量的确定

1. 反铲挖掘机

（1）台班产量=56×(8×0.8)÷1.25=286.720（m^3/台班）

（2）完成1000m^{3}实际挖基础土方工程的台班消耗量=1000×(1−20%)÷286.72

=2.79（台班/1000m^3）

2. 液压推土机

（1）台班产量=92×(8×0.85)÷1.2=521.333（m^3/台班）

（2）完成1000m^{3}实际挖基础土方工程的台班消耗量=1000÷521.333

=1.92（台班/1000m^3）

问题2：

解：人工工日消耗量的确定

（1）人工挖土工日消耗量

1）时间定额：设工作延续时间为Y min，则：

Y=基本工作时间+Y×(∑其他时间占工作延续时间的比例)

=90+Y×(2%+2%+1.5%+4.5%)

解得：Y=90÷(1−0.1)=100（min/m^3）

每工日按8工时计算，则挖基础土方的人工时间定额为：

100÷(60×8)×(1+10%)=0.229（工日/m^3）

2）完成开挖总量20%的人工清底、修整边坡的工日消耗量：

1000×20%×0.229=45.80（工日/1000m^3）

（2）人工配合机械施工的人工工日消耗量

2.79+1.92=4.71（工日）

（3）人工工日消耗量合计

45.8+4.71=50.51（工日）

问题3：

解：确定液压推土机降效后的土方工程工料单价

（1）推土机降效后的台班消耗量

1）台班产量：

521.333×(1−25%)=391.000（m^3/台班）

2）完成 1000m^3 实际挖基础土方工程的台班消耗量：

1000÷391＝2.56（台班/1000m^3）

（2）1000m^3 的工料价格

工料单价＝人工消耗量×工日单价＋∑机械台班消耗量×台班市场信息价格

＝(45.8＋2.79＋2.56)×120＋2.79×2400＋2.56×1500

＝16674（元/1000m^3）

问题 4：

解：

1. 计算完成 7200m^3 挖基础土方的综合单价为：

16674×(7200÷4200)÷1000×(1＋20%＋5%)＝35.73（元/m^3）

2. 挖基础土方的分部分项工程造价为：

4200×35.73×(1＋15%)＝172575.90（元）

【案例三】

背景：

拟建剪力墙结构住宅工程，建筑面积为 7520m^2，结构形式与已建成的某工程相同，只有外墙保温贴面不同，其他部分均较为接近。类似工程外墙为挤塑板保温、外贴釉面砖，每平方米建筑面积消耗量分别为：0.074m^3、0.88m^2，现行价格分别为挤塑板 750.89 元/m^3、贴釉面砖 95.75 元/m^2；拟建工程外墙为现喷硬泡聚氨酯＋胶粉聚苯颗粒保温、外墙真石漆，每平方米建筑面积消耗量分别为：0.95m^2、0.91m^2，现喷硬泡聚氨酯＋胶粉聚苯颗粒现行合计价格 90.36 元/m^2，外墙真石漆现行价格 105.78 元/m^2。以上价格为人材机之和的除税价格。类似工程土建部分单方造价 1547.67 元/m^2，其中，人工费、材料费、施工机具使用费、企业管理费和其他税费等占单方造价比例分别为：20%、55%、6%、7%和 12%，拟建工程与类似工程预算造价在这几方面的差异系数分别为：1.2、1.16、1.20、1.10 和 0.95，拟建工程除人材机费用以外的综合取费为 20%。

问题：

1. 应用类似工程预算法确定拟建工程的土建单位工程概算造价。

2. 若类似工程预算中，每平方米建筑面积主要资源消耗为：人工消耗 4.4 工日，钢材 47.6kg，商品混凝土 0.48m^3，轻质砌块 0.15m^3，铝合金门窗 0.24m^2，成品水泥砂浆 0.2m^3，内装涂料 1.05kg，其他材料费为主材费的 45%，施工机具使用费占人材机之和的 7%，拟建工程主要资源的现行市场价分别为：人工 90 元/工日，钢材 4.7 元/kg，商品混凝土 520 元/m^3，轻质砌块 500 元/m^3，铝合金门窗平均 450 元/m^2，成品水泥砂浆 420

元/m^3，内装涂料20元/kg。以上价格均为除税价。试应用概算指标法，确定拟建工程的土建单位工程概算造价。

3. 若类似工程预算中，其他专业单位工程预算造价占单项工程造价比例，见表3-8。试用问题2的结果计算该住宅工程的单项工程造价，编制单项工程综合概算书。

表3-8 各专业单位工程造价占单项工程造价比例

指标	专业名称			
	土建	电气照明	给水排水	供暖
占比例（%）	85	6	4	5

分析要点：

本案例着重考核利用类似工程预算法和概算指标法编制拟建工程设计概算的方法。

问题1：

首先，根据类似工程背景材料，计算拟建工程的土建单位工程概算指标。

拟建工程概算指标=类似工程单方造价×综合差异系数

综合差异系数=$a\% \times k_1 + b\% \times k_2 + c\% \times k_3 + d\% \times k_4 + e\% \times k_5$

式中：$a\%$、$b\%$、$c\%$、$d\%$、$e\%$——分别为类似工程预算人工费、材料费、施工机具使用费、企业管理费和其他税费占单位工程造价比例；

k_1、k_2、k_3、k_4、k_5——分别为拟建工程地区与类似工程地区在人工费、材料费、施工机具使用费、企业管理费和其他税费等方面差异系数，然后针对拟建工程与类似工程的结构差异，修正拟建工程的概算指标。

修正概算指标=拟建工程概算指标+(换入结构指标-换出结构指标)

拟建工程概算造价=拟建工程修正概算指标×拟建工程建筑面积

问题2：

首先，根据类似工程预算中一般土建工程每平方米建筑面积的主要资源消耗和现行市场价格，计算拟建工程一般土建工程单位建筑面积的人工费、材料费、施工机具使用费。

人工费=每平方米建筑面积人工消耗指标×现行人工工日单价

材料费=Σ(每平方米建筑面积材料消耗指标×相应材料的市场价格)

施工机具使用费=Σ(每平方米建筑面积机械台班消耗指标×相应机械的台班市场价格)

然后，按照所给综合费率计算拟建工程一般土建工程概算指标、修正概算指标和概算造价。

拟建工程一般土建工程概算指标=(人工费+材料费+施工机具使用费)×(1+综合费率)

修正概算指标=拟建工程概算指标+(换入结构指标-换出结构指标)

拟建工程一般土建工程概算造价=拟建工程修正概算指标×拟建工程建筑面积

问题3：

首先，根据上述土建单位工程概算造价计算出单项工程概算造价

单项工程概算造价=土建单位工程概算造价÷占单项工程概算造价比例

然后，再根据单项工程概算造价计算出其他专业单位工程概算造价

各专业单位工程概算造价=单项工程概算造价×各专业概算造价占比例

答案：

问题1：

解：

1. 拟建工程概算指标=类似工程单方造价×综合差异系数 k

$$k = 20\%\times1.20+55\%\times1.16+6\%\times1.2+7\%\times1.1+12\%\times0.95 = 1.14$$

2. 结构差异额=(0.95×90.36+0.91×105.78)-(0.074×750.89+0.88×95.75)

=42.28（元/m^2）

3. 拟建工程概算指标=1547.67×1.14=1764.34（元/m^2）

修正概算指标=1764.34+42.28×(1+20%)= 1815.08（元/m^2）

4. 拟建工程概算造价=拟建工程建筑面积×修正概算指标

=7520×1815.08=13649401.60（元）

问题2：

解：

1. 计算拟建项目一般土建工程单位平方米建筑面积的人工费、材料费和施工机具使用费。

人工费=90×4.4=396.00（元）

材料费=(47.6×4.7+0.48×520+0.15×500+0.24×450+0.2×420+1.05×20)×(1+45%)

=1103.91（元）

施工机具使用费=人材机概算费用之和×7%

人材机概算费用之和=396.00+1103.91+人材机概算费用之和×7%

一般土建工程人材机概算费用之和$\dfrac{396.00+1103.91}{1-7\%}$=1612.81（元/$m^2$）

2. 计算拟建工程一般土建工程概算指标、修正概算指标和概算造价。

概算指标 = 1612.81×(1+20%) = 1935.37（元/m^2）

修正概算指标 = 1935.37+42.28×(1+20%) = 1986.11（元/m^2）

拟建工程一般土建工程概算造价 = 7520×1986.11 = 14935547.20（元）

= 1493.55（万元）

问题3：

解：

1. 单项工程概算造价 = 1493.55÷85% = 1757.12（万元）

2. 电气照明单位工程概算造价 = 1757.12×6% = 105.43（万元）

给水排水单位工程概算造价 = 1757.12×4% = 70.28（万元）

供暖单位工程概算造价 = 1757.12×5% = 87.86（万元）

3. 编制该住宅单项工程综合概算书，见表3-9。

表3-9 **某住宅综合概算书**

序号	单位工程和费用名称	概算价值（万元）				技术经济指标			占总投资比例
		建安工程费	设备购置费	工程建设其他费	合计	单位	数量	单位造价（元/m^2）	
一	建筑工程	1757.12			1757.12	m^2	7520	2336.60	
1	土建工程	1493.55			1493.55	m^2	7520	1986.10	85%
2	电气照明工程	105.43			105.43	m^2	7520	140.20	6%
3	给水排水工程	70.28			70.28	m^2	7520	93.46	4%
4	供暖工程	87.86			87.86	m^2	7520	116.84	5%
二	设备及安装								
1	设备购置								
2	设备安装								
合计		1757.12			1757.12	m^2	7520	2336.60	
占比例		100%			100%				

【案例四】

背景：

根据某基础工程分部分项工程和单价措施项目的工程量和当地省级行政主管部门发

布的《房屋建筑与装饰工程消耗量定额》中的消耗指标，进行工料分析计算得出各项资源消耗量，该地区当年1月份相应材料的市场含税单价、增值税率以及人工机械的除税单价，见表3-10、表3-11，表3-11中人工和机械的除税单价均不包含增值税可抵扣进项税额。

表3-10　材料消耗量及预算价格表

资源名称	单位	消耗量	含税单价（元）	增值税率（%）
C15预拌混凝土	m^3	5.37	510.00	3
C30预拌混凝土	m^3	45.38	570.00	3
42.5水泥	kg	85.32	0.50	13
黄砂	m^3	2.76	260.00	3
碎石	m^3	2.23	280.00	3
复合木模板	m^2	24.96	54.00	13
木门窗料	m^3	8.67	2.28	13
锯成材	m^3	1.232	3200.00	13
镀锌铁丝	kg	146.58	6.67	13
石灰	m^3	54.74	330.00	3
水	m^3	42.9	4.50	3
电焊条	kg	12.98	12.06	13
圆钉	kg	24.3	7.20	13
煤矸石普通砖	千块	109.07	380.00	3
隔离剂	kg	20.22	2.68	13
钢筋 ϕ10以内	t	2.307	4600.00	13
钢筋 ϕ10以上	t	6.826	4500.00	13

表3-11　人工机械消耗量及除税单价

资源名称	单位	消耗量	除税单价（元）
剪板机	台班	1.02	636.7
交流电弧焊机	台班	2.24	123.7
5t载重汽车	台班	14.03	434.65
木工圆锯500mm	台班	1.36	27.75
机动翻斗车1.5t	台班	10.26	226.03
拉铲挖土机0.5m^3	台班	3.82	718.58
灰浆搅拌机200L	台班	4.35	178.65
电动单筒卷扬机	台班	15.59	192.6
钢筋切断机	台班	2.79	49.92
钢筋弯曲机	台班	6.67	29.07
插入震动器	台班	20.37	11.82
履带式推土机75km	台班	9.38	858.54
电动打夯机	台班	25.13	33.28
普工	工日	350.00	60.00
一般技工	工日	100.00	80.00
高级技工	工日	50.00	110.00

按照该工程所在地的省级行政部门发布的计价程序中的规定取费，安全文明施工费的人材机费用按分部分项工程和单价措施项目的（人工费+机械费）的12%计取；其他的总价措施项目费用的人材机费用合计按分部分项工程和单价措施项目的（人工费+机械费）的8%计取，其中人工费、机械费分别占比为35%、10%。企业管理费和利润分别按（人工费+机械费）的15%和10%计取，规费综合按分部分项工程和措施项目中全部人工费的25%计取，增值税税率按9%计取。

问题：

1. 简述增值税一般计税方法和简易计税方法的计价程序。

2. 应用实物量法编制 1 月份时该基础工程的施工图预算。

3. 该基础工程项目 1 月份设计完成后，在当年 5 月份进行招标，1-5 月份该地区行政主管部门发布的人工费、材料费、机械费的价格指数如表 3-12 所示，计算调整后的预算费用。

表 3-12　　1-5 月人材机价格指数

费用项目	1 月	2 月	3 月	4 月	5 月
人工费	110. 12	110. 15	110. 31	110. 56	110. 82
材料费	102. 51	98. 68	103. 09	103. 10	104. 95
机械费	103. 22	103. 26	103. 35	103. 21	103. 46

分析要点：

1. 本案例以根据当地省级行政主管部门发布的《房屋建筑与装饰工程消耗量定额》中的消耗指标，进行了工料分析，并得出各项资源的消耗量和该地区相应的市场价格表，见表 3-10、表 3-11。对于材料的含税单价，需要先根据相应的增值税率换算为不包含增值税可抵扣进项税额的除税单价，在此基础上计算出该基础工程的人工费、材料费和施工机具使用费。

材料的除税单价=材料的含税单价/(1+增值税税率)

2. 按背景材料给定的费率，并根据建安工程费用的组成和规定取费。计算应计取的各项费用和税率，并汇总得出该基础工程的施工图预算造价。

3. 为了应对工程造价的动态变化，采用价格指数调整法进行施工图预算的调整。表 3-12 中已给出了人材机 1-5 月的价格指数。计算公式为：调整后的人工费（材料费、施工机具使用费）=调整前的人工费×现行价格指数/基本价格指数。

答案：

问题 1：

解：

建筑安装工程费用的增值税应按税前造价乘以增值税税率确定。计税方法分为一般计税和简易计税方法。计算公式为：增值税=税前造价×增值税税率。

当采用一般计税方法时，建筑业增值税税率为 9%。税前造价为人工费、材料费、施工机具使用费、企业管理费、利润和规费之和，各费用项目均以不包含增值税可抵扣进项税额的价格计算。

当采用简易计税方法时，建筑业增值税税率为3%。税前造价为人工费、材料费、施工机具使用费、企业管理费、利润和规费之和，各费用项目均以包含增值税进项税额的含税价格计算。

问题2：

解：

1. 根据表3-10中的各种材料的消耗量和市场价格，首先需计算出各种材料的除税单价，然后再计算该基础工程的人工费、材料费和施工机具使用费，见表3-13。

表3-13 分部分项工程和单价措施项目人、材、机费用计算表

资源名称	单位	消耗量	除税单价（元）	除税合价（元）	资源名称	单位	消耗量	除税单价（元）	除税合价（元）
C15预拌混凝土	m^3	5.37	495.15	2658.96	剪板机	台班	1.02	636.7	649.43
C30预拌混凝土	m^3	45.38	553.4	25113.29	交流电弧焊机	台班	2.24	123.7	277.09
42.5水泥	kg	85.32	0.44	37.54	5t载重汽车	台班	14.03	434.65	6098.14
黄砂	m^3	2.76	252.43	696.71	木工圆锯500mm	台班	1.36	27.75	37.74
碎石	m^3	2.23	271.84	606.2	机动翻斗车1.5t	台班	10.26	226.03	2319.07
复合木模板	m^2	24.96	47.79	1192.84	拉铲挖土机0.5m^3	台班	3.82	718.58	2744.98
木门窗料	m^3	8.67	2.02	17.51	灰浆搅拌机200L	台班	4.35	178.65	777.13
锯成材	m^3	1.232	2831.86	3488.85	电动单筒卷扬机	台班	15.59	192.6	3002.63
镀锌铁丝	kg	146.58	5.9	864.82	钢筋切断机	台班	2.79	49.92	139.28
石灰	m^3	54.74	320.39	17538.15	钢筋弯曲机	台班	6.67	29.07	193.9
水	m^3	42.9	4.37	187.47	插入震动器	台班	20.37	11.82	240.77
电焊条	kg	12.98	10.67	138.5	履带式推土机75km	台班	9.38	858.54	8053.11
圆钉	kg	24.3	6.37	154.79	电动打夯机	台班	25.13	33.28	836.33
煤矸石普通砖	千块	109.07	368.93	40239.2	施工机具使用费合计（元）				25369.60
隔离剂	kg	20.22	2.37	47.92	普工	工日	350.00	60.00	21000.00
钢筋ϕ10以内	t	2.307	4070.8	9391.34	一般技工	工日	100.00	80.00	8000.00
钢筋ϕ10以上	t	6.826	3982.3	27183.18	高级技工	工日	50.00	110.00	5500.00
材料费合计（元）				129557.27	人工费合计（元）				34500.00

人材机费用之和=34500.00+129557.27+25369.60=189426.87（元）

2. 基础工程施工图预算费用计算，见表3-14。

总价措施项目费中人材机费用=安全文明施工费中人材机费用+其他总价措施项目费中人材机费用

=(34500.00+25369.60)×12%+(34500.00+25369.60)×8%=11973.92（元）

分部分项工程和措施项目的全部人材机费用之和=189426.87+11973.92=201400.79（元）

表3-14 基础工程施工图预算费用计算表

序号	费用名称	费用计算表达式	金额（元）	备注
(1)	人材机费用之和	人工费+材料费+施工机具使用费	201400.79	
(2)	企业管理费	(34500.00+25369.60+11973.92×45%)×15%	9788.68	
(3)	利润	(34500.00+25369.60+11973.92×45%)×10%	6525.79	
(4)	规费	(34500.00+11973.92×35%)×25%	9672.72	
(5)	增值税	(201400.79+9788.68+6525.79+9672.72)×9%	20464.92	
(6)	预算造价	(1)+(2)+(3)+(4)+(5)	247852.90	

3. 基础工程施工图预算费用调整计算如下：

分部分项的人材机费用=34500.00×(110.82/110.12)+129557.27×(104.95/102.51)+25369.60×(103.46/103.22)

=34719.31+132641.06+25428.59=192788.96（元）

总价措施项目费中人材机费用=安全文明施工费中人材机费用+其他总价措施项目费中人材机费用

=(34719.31+25428.59)×(12%+8%)=12029.58（元）

企业管理费和利润=(34719.31+25428.59+12029.58×45%)×(15%+10%)

=16390.30（元）

规费=(34719.31+12029.58×35%)×25%=9732.41（元）

增值税=(192788.96+12029.58+16390.30+9732.41)×9%=20784.71（元）

预算费用=192788.96+12029.58+16390.30+9732.41+20784.71=251725.96（元）

【案例五】

背景：

1. 某配电间电气工程照明平面图、插座平面图、配电箱系统接线图、防雷接地平面图、防雷平面图如图 3-2A、图 3-2B、图 3-2C、图 3-2D、图 3-2E 所示。主要设备材料表见表 3-15。该建筑物为单层平屋面砖混结构，建筑物室内净高为 4.40m。

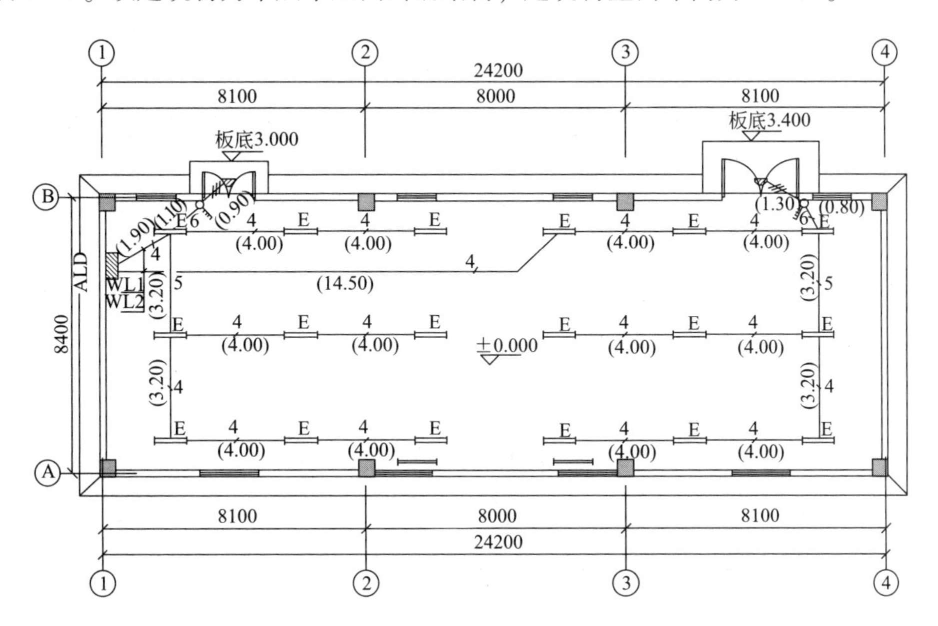

图 3-2A　配电间照明平面图

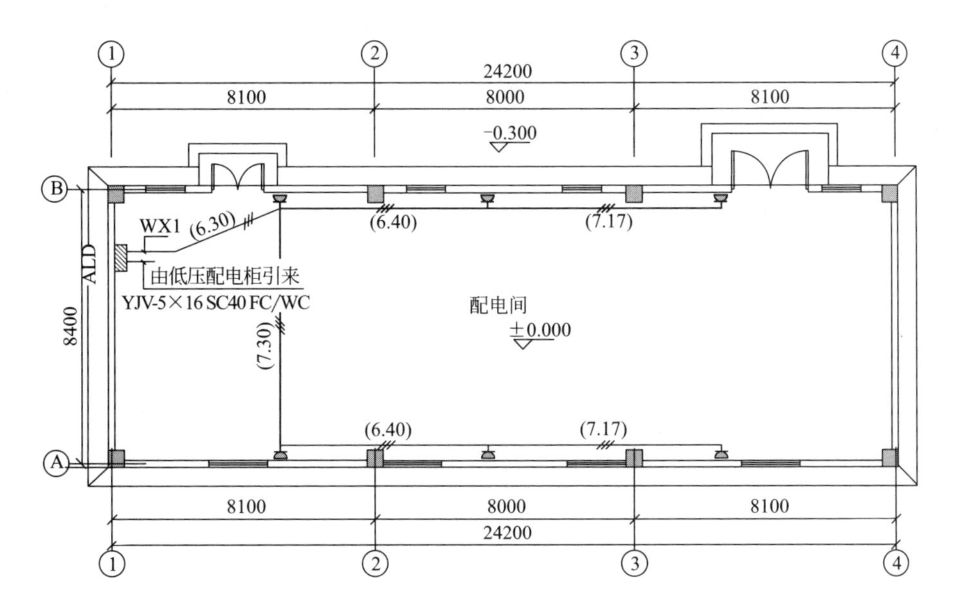

图 3-2B　配电间插座平面图

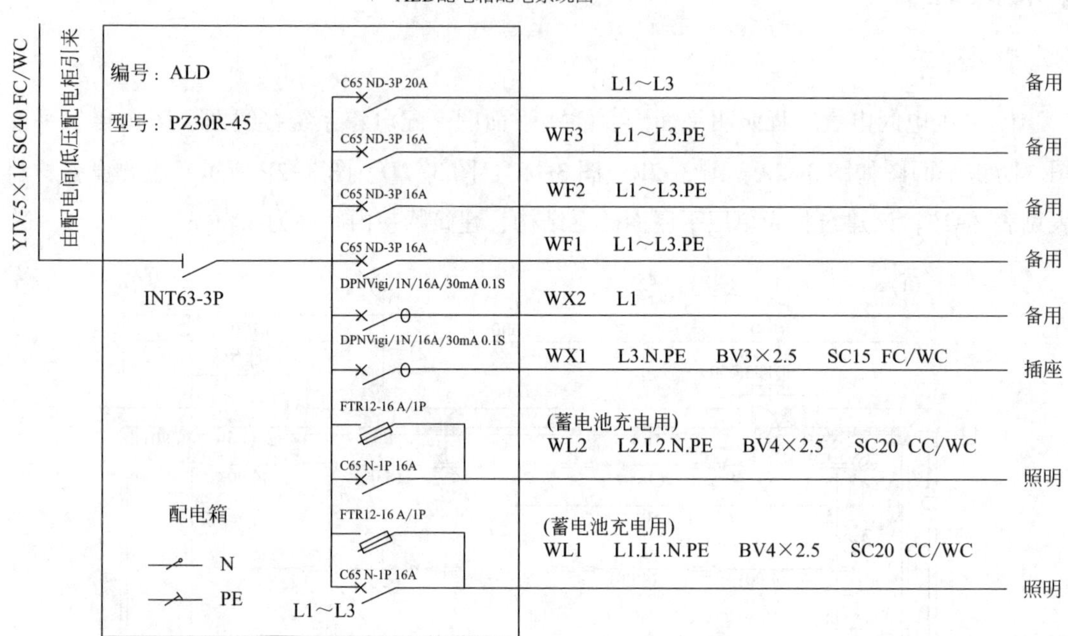

图 3-2C 配电间配电箱系统接线图

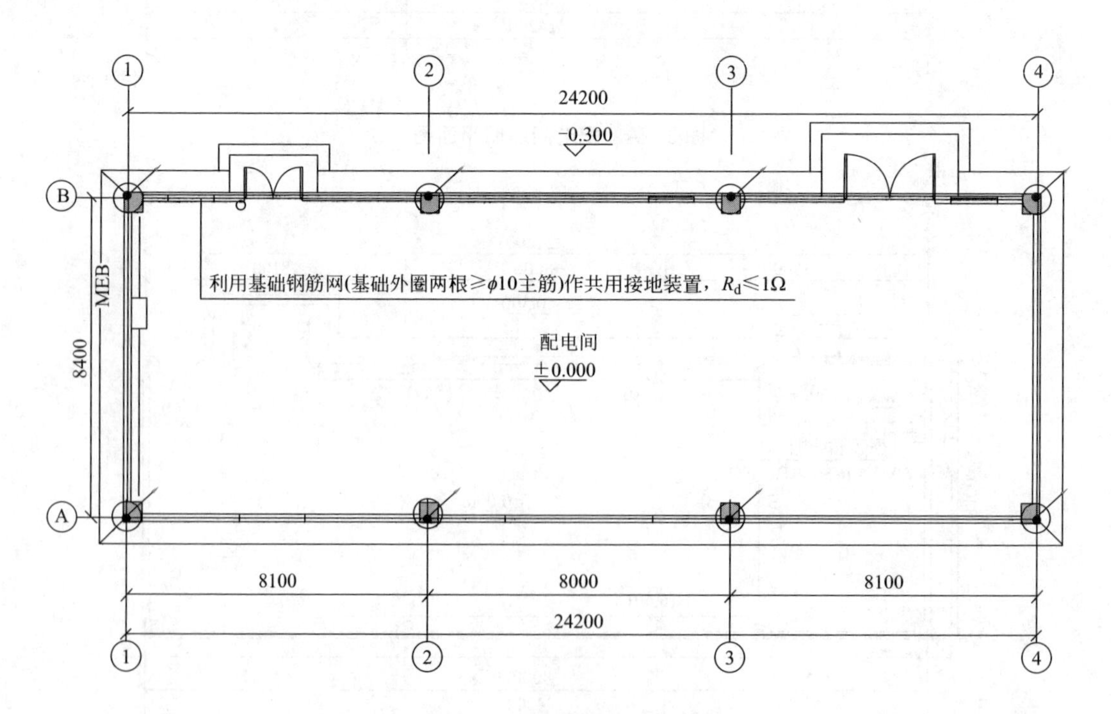

图 3-2D 配电间防雷接地平面图

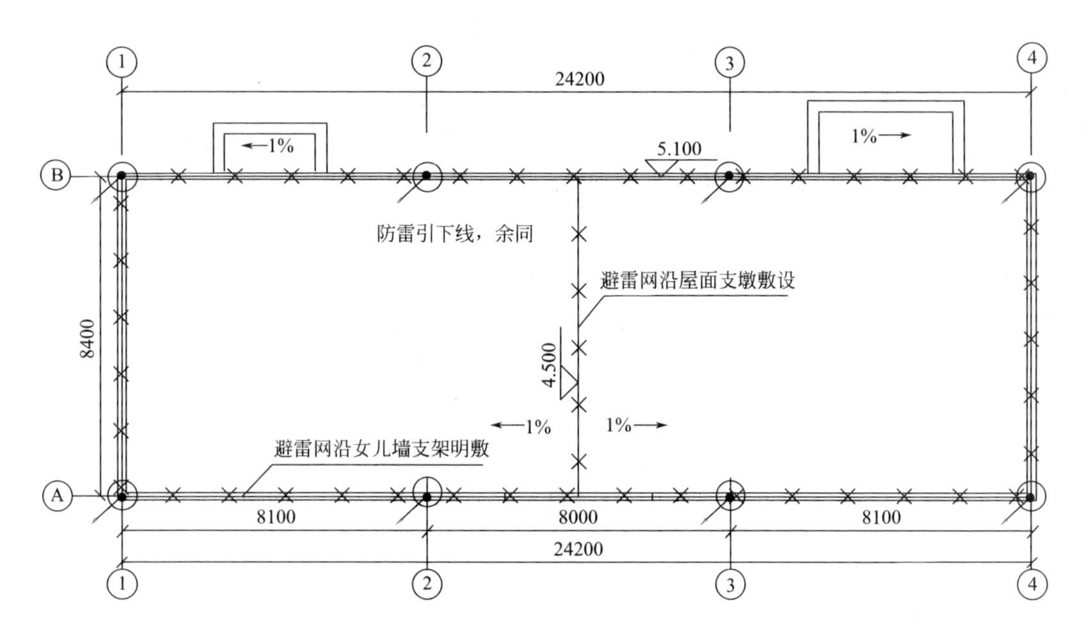

图 3-2E 配电间防雷平面图

设计说明：

1. 接闪带采用镀锌圆钢 $\phi10$ 沿女儿墙支架明敷，支架水平间距 1.0m，转弯处为 0.5m；屋面上镀锌圆钢沿混凝土支墩明敷，支墩间距 1.0m。

2. 利用建筑物柱内主筋（$\geq\phi16$）作引下线，要求作引下线的两根主筋从下至上需采用电焊接联通方式，共 8 处。

3. 柱子（墙外侧）离室外地坪上面 0.5m 处预埋一只接线盒作接地电阻测量点，共 4 处。

4. 柱子（墙外侧）离室外地坪下面 0.8m 处预埋一处钢板以作增加人工接地体用，共 4 处。

表 3-15 主要设备材料表

序号	符号	设备名称	型号规格	单位	安装方式	备注
1		配电箱 ALD	PZ30R-45	台	底边距地 1.5m，嵌入式	300mm（宽）×450mm（高）×120mm（深）
2	E	应急双管荧光灯	2×28W	个	吸顶，E 为带应急装置	应急时间 180min
3		吸顶灯	节能灯 22W $\phi350$	个	吸顶	
4		暗装四联（单控）开关	86 K41-10	个	距地 1.3m	
5		单相二、三极暗插座	86 Z223-10	个	距地 0.3m	

图中括号内数字表示线路水平长度（单位：m），配管进入地面或顶板内深度均按0.05m；穿管规格：2~3根BV2.5穿SC15，4~6根BV2.5穿SC20，其余按系统接线图。

2. 该工程的相关定额、主材单价及损耗率，见表3-16。表内费用均不包含增值税可抵扣进项税额。

表3-16　　相关定额、主材单价及损耗率

定额编号	项目名称	定额单位	安装基价（元）			主材	
			人工费	材料费	机械费	单价	损耗率（%）
4-2-76	成套配电箱安装 嵌入式 半周长≤1.0m（ALD PZ30R-45）	台	102.30	34.40	0	1500.00元/台	
4-4-14	无端子外部接线 导线截面≤2.5mm^2	个	1.20	1.44	0		
4-12-34	砖、混凝土结构暗配 钢管SC15	10m	46.80	33.00	0	5.30元/m	3
4-12-35	砖、混凝土结构暗配 钢管SC20	10m	46.80	41.00	0	6.90元/m	3
4-13-5	管内穿照明线 铜芯 导线截面≤2.5mm^2	10m	8.10	1.50	0	1.60元/m	16
4-14-2	吸顶灯具安装 灯罩周长≤1100mm（节能灯22W ϕ350）	套	13.80	1.90	0	80.00元/套	1
4-14-205	荧光灯具安装 吸顶式 双管（应急时间180min）	套	17.50	1.50	0	120.00元/套	1
4-14-380	四联单控暗开关安装	个	7.00	0.80	0	15.00元/个	2
4-14-401	单相带接地暗插座≤15A	个	6.80	0.80	0	10.00元/个	2
4-10-44	避雷网沿混凝土块敷设　镀锌圆钢ϕ10	m	8.20	1.55	0.24	3.70元/m	5
4-10-45	避雷网沿折板支架敷设　镀锌圆钢ϕ10	m	16.20	3.50	0.48	3.70元/m	5
4-10-46	均压环敷设　利用圈梁钢筋	m	2.40	0.80	0.32		

3. 该工程的人工工日单价（普工、一般技工和高级技工）综合为100元/工日，管理费和利润分别按人工费的45%和15%计算。

4. 相关分部分项工程量清单项目编码及项目名称，见表3-17。

表3-17　　相关分部分项工程量清单项目编码及项目名称

项目编码	项目名称	项目编码	项目名称
030404017	配电箱	030411001	配管
030404034	照明开关	030411004	配线
030404035	插座	030412001	普通灯具
030409004	均压环	030412005	荧光灯
030409005	避雷网		

问题：

1. 根据《通用安装工程工程量计算规范》的规定，列式计算配管（SC15、SC20）、配线（BV2.5）、避雷网及均压环的工程量，将计算过程填入“分部分项工程量计算表”中。

2. 根据表 3-15 和《计价规范》的要求，编制“沿女儿墙敷设的避雷网”的综合单价分析表。

3. 编制该工程的“分部分项工程和单价措施项目清单与计价表”。（照明部分不考虑配电箱的进线管道和电缆，也不考虑开关盒和灯头盒，防雷接地部分不考虑除避雷网、均压环以外的部分）

分析要点：

本案例要求按《通用安装工程工程量计算规范》和《计价规范》的规定，掌握编制电气安装工程分部分项工程和单价措施项目清单与计价表的方法。掌握工程量计算方法。应注意：

1. 计算配管长度时，按设计图示尺寸以长度计算，不扣除管路中间的接线箱（盒）、开关盒、灯头盒所占长度，但应扣除配电箱所占长度。

2. 计算配线清单工程量时，按设计图示尺寸以单线长度计算（含预留长度），预留长度为配电箱盘面尺寸的（高+宽）。

3. 计算避雷网清单工程量时，按设计图示尺寸以长度计算（含附加长度），附加长度按避雷网全长的 3.9%计算。

答案

问题 1：

解：根据《通用安装工程工程量计算规范》的规定，列表计算配管（SC15、SC20）、配线（BV2.5）、避雷网及均压环的清单工程量，计算过程见表 3-18。

表 3-18　　分部分项工程量计算表

序号	项目编码	项目名称	项目特征描述	计量单位	工程数量	计算式
1	030404017001	配电箱	PZ30R-45 300×450×120（宽×高×深，mm）嵌入式，底边距地 1.5m	台	1	
2	030411001001	配管	砖、混凝土结构暗配 SC15	m	52.24	WX1：三线：(1.50+0.05)+6.30+6.40+7.17+7.30+6.40+7.17+(0.30+0.05)×11=46.14m WL1：三线：0.90+(3.00+0.05-1.30)=2.65m WL2：三线：1.30+(3.40+0.05-1.30)=3.45m 合计：46.14+2.65+3.45=52.24m

续表

序号	项目编码	项目名称	项目特征描述	计量单位	工程数量	计算式
3	030411001002	配管	砖、混凝土结构暗配SC20	m	90.40	WL1：四线：（4.40+0.05−1.50−0.45）+1.90+4.00×2×3+3.20=31.60m；五线：3.20m；六线：1.10+(4.40+0.05−1.30)=4.25m WL2：四线：（4.40+0.05−1.50−0.45）+14.50+4.00×2×3+3.20=44.20m；五线：3.20m；六线：0.80+(4.40+0.05−1.30)=3.95m 合计：31.60+3.20+4.25+44.20+3.20+3.95=90.40m
4	030411004001	配线	管内穿线照明线路BV2.5	m	549.37	WX1：46.14×3+(0.45+0.30)×3=140.67m WL1：31.60×4+3.20×5+4.25×6+2.65×3+(0.45+0.30)×4=178.85m WL2：44.20×4+3.20×5+3.95×6+3.45×3+(0.45+0.30)×4=229.85m 合计：140.67+178.85+229.85=549.37m **或** 三线：52.24m×3×(0.45+0.30)×3=158.97m 四线：(31.60m+44.20m)×4+(0.45+0.30)×4×2=309.20m 五线：(3.20m+3.20m)×5=32.00m 六线：(4.25m+3.95m)×6=49.20m 合计：158.97m + 309.2m + 32m + 49.2m=549.37m
5	030412001001	普通灯具	吸顶灯 22W 节能灯 ϕ350	套	2	
6	030412005001	荧光灯	双管荧光灯，2×28W 带应急装置	套	18	
7	030404034001	照明开关	暗装四联开关 86K41-10	个	2	
8	030404035001	插座	单相二、三极暗插座 86Z223-10	个	6	
9	030409005001	避雷网	沿折板支架敷设镀锌圆钢 ϕ10	m	68.99	[(24.2+8.40)×2+(5.10−4.50)×2]×1.039=68.99m
10	030409005002	避雷网	沿混凝土块敷设镀锌圆钢 ϕ10	m	8.73	8.40×1.039=8.73m
11	030409004001	均压环	利用圈梁钢筋（2根）	m	65.20	(24.20+8.40)×2=65.20m

问题 2：

解：编制“沿女儿墙敷设的避雷网”的工程量清单综合单价分析表，见表 3-19。

表 3-19 避雷网综合单价分析表

项目编码		030409002001		项目名称		避雷网	计量单位		m	工程量	68.99
清单综合单价组成明细											
定额编号	定额名称	定额单位	数量	单价（元）				合价（元）			
				人工费	材料费	施工机具使用费	管理费和利润	人工费	材料费	施工机具使用费	管理费和利润
4-10-45	避雷网沿折板支架敷设	m	1	16.20	3.50	0.48	9.72	16.20	3.50	0.48	9.72
人工单价		小计						16.20	3.50	0.48	9.72
100元/工日		未计价材料费（元）						3.89			
清单项目综合单价（元/m）								33.79			
材料费明细	主要材料名称、规格、型号				单位	数量		单价（元）	合价（元）	暂估单价（元）	暂估合价（元）
	镀锌圆钢 $\phi10$				m	1.05		3.70	3.89		
	其他材料费（元）								3.50		
	材料费小计（元）								7.39		

问题 3：

解：编制配电间电气安装工程分部分项工程和单价措施项目清单与计价表，见表 3-20。

表 3-20 分部分项工程和单价措施项目清单与计价表

序号	项目编码	项目名称	项目特征描述	计量单位	工程量	金额（元）	
						综合单价	合价
1	030404017001	配电箱	PZ30R-45 300×450×120（宽×高×深，mm） 嵌入式，底边距地 1.5m	台	1	1735.04	1735.04
2	030411001001	配管	砖混凝土结构暗配 SC15	m	52.24	16.25	848.90
3	030411001002	配管	砖混凝土结构暗配 SC20	m	90.40	18.70	1690.48
4	030411004001	配线	管内穿线 照明线路 BV2.5	m	549.37	3.30	1812.92
5	030412001001	普通灯具	吸顶灯 22W 节能灯 $\phi350$	套	2	104.78	209.56
6	030412005001	荧光灯	双管荧光灯，2×28W 带应急装置	套	18	150.70	2712.60

续表

序号	项目编码	项目名称	项目特征描述	计量单位	工程量	金额（元）	
						综合单价	合价
7	030404034001	照明开关	暗装四联开关 86K41-10	个	2	27.30	54.60
8	030404035001	插座	单相二、三极暗插座 86Z223-10	个	6	21.88	131.28
9	030409005001	避雷网	沿折板支架敷设镀锌圆钢 $\phi10$	m	68.99	33.79	2331.17
10	030409005002	避雷网	沿混凝土块敷设镀锌圆钢 $\phi10$	m	8.73	18.80	164.12
11	030409004001	均压环	利用圈梁钢筋（2根）	m	65.20	4.96	323.39
合计							12014.06

表3-20中，各分部分项工程综合单价的计算式为：

（1）配电箱：102.30+34.40+1500.00+102.30×(45%+15%)+[1.20+1.44+1.2×(45%+15%)]×11=1735.04(元/台)

（2）SC15配管：4.68+3.30+5.30×1.03+4.68×(45%+15%)=16.25（元/m）

（3）SC20配管：4.68+4.10+6.90×1.03+4.68×(45%+15%)=18.70（元/m）

（4）BV2.5配线：0.81+0.15+1.60×1.16+0.81×(45%+15%)=3.30（元/m）

（5）吸顶灯：13.80+1.90+80×1.01+13.80×(45%+15%)=104.78（元/套）

（6）双管荧光灯：17.50+1.50+120×1.01+17.50×(45%+15%)=150.70（元/套）

（7）四联开关：7.00+0.80+15.00×1.02+7.00×(45%+15%)=27.30（元/个）

（8）插座：6.80+0.80+10.00×1.02+6.80×(45%+15%)=21.88（元/个）

（9）避雷网沿折板支架：16.20+3.50+0.48+3.70×1.05+16.20×(45%+15%)=33.79(元/m)

（10）避雷网沿混凝土块：8.20+1.55+0.24+3.70×1.05+8.20×(45%+15%)=18.80(元/m)

（11）均压环：2.40+0.80+0.32+2.40×(45%+15%)=4.96（元/m）

【案例六】

背景：

某商厦一层火灾自动报警系统工程平面图和系统图，如图3-3A、图3-3B所示，设备材料明细，见表3-21。

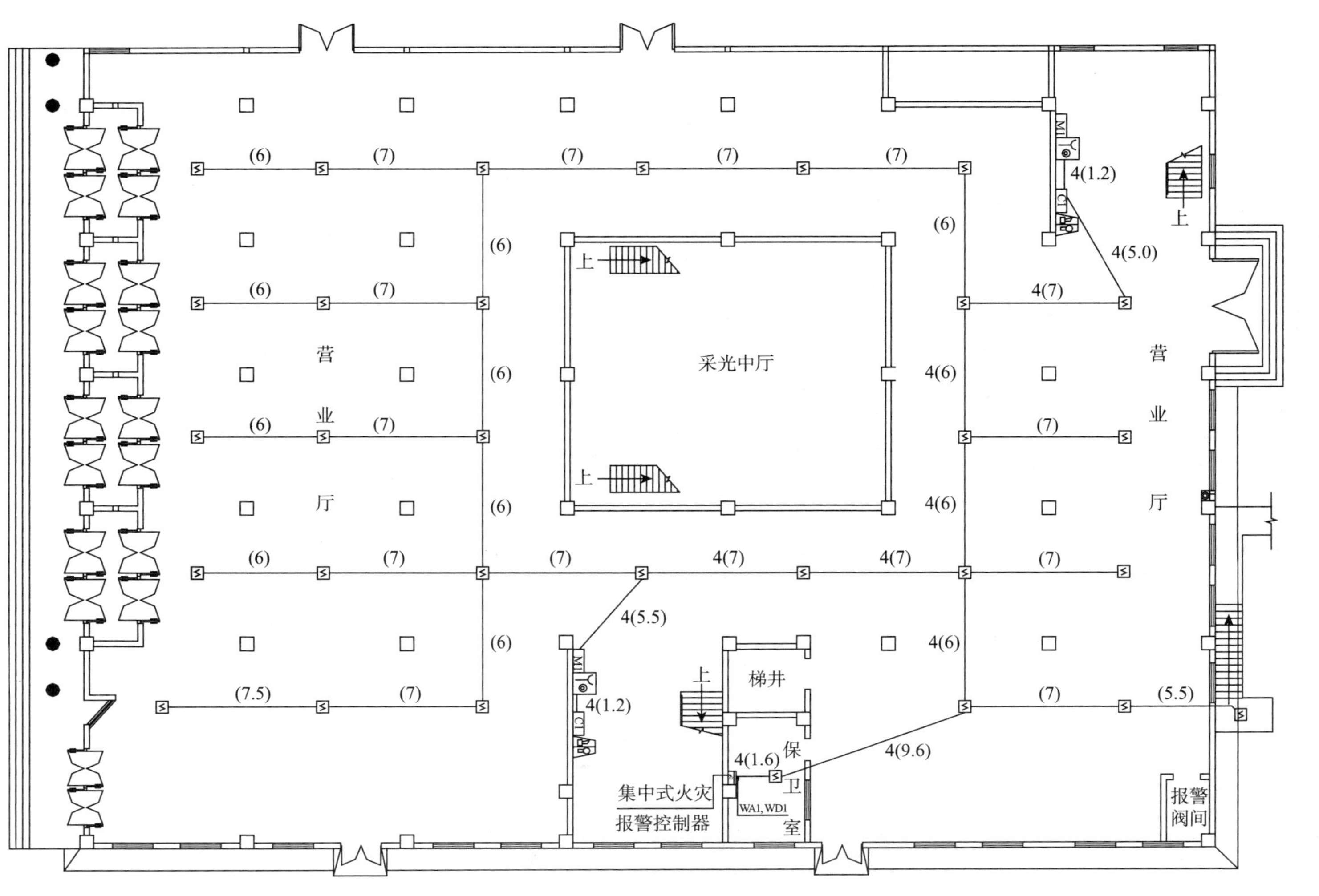

图 3-3A 一层消防报警及联动平面图

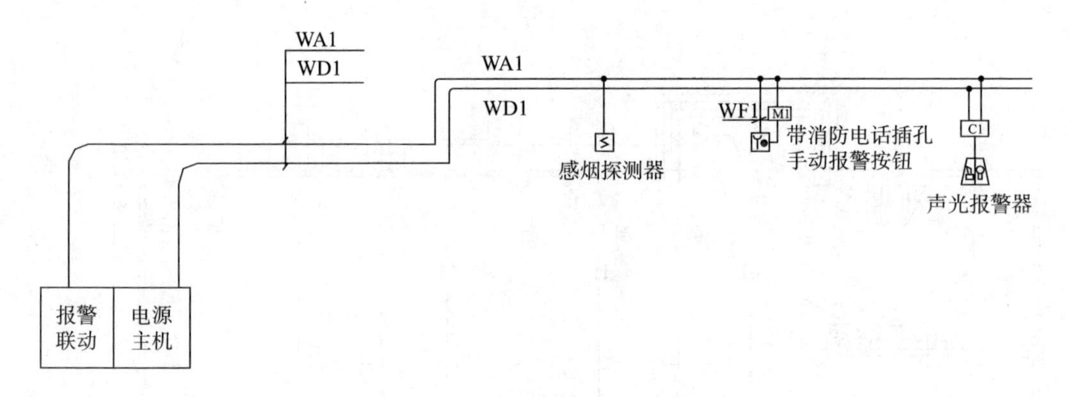

图 3-3B 火灾自动报警及广播系统图

设计说明：

1. 火灾自动报警系统线路由一层保卫室消防集中报警主机引出，水平、垂直穿管敷设，焊接钢管沿墙内、顶板暗敷，敷设高度为离地3m。

2. WA1为报警（联动）二总线，采用NH-RVS-2×1.5，WD1为电源二总线采用NH-BV-2.5。

3. 控制模块和输入模块均安装在开关盒内。

4. 自动报警系统装置调试的点数按本图内容计算。

5. 消防报警主机集中式火灾报警控制器安装高度为距地1.5m，箱体尺寸：400×300×200（宽×高×厚，mm）。

6. 平面中火灾报警联动线途经控制模块（C1、N）时为四根线，两根DC24V电源线，两根报警线，共管敷设，穿 ϕ20焊接钢管沿顶板，墙内暗敷，未通过控制模块的为两根报警线，穿 ϕ20焊接钢管沿顶板，墙内暗敷。

7. 配管水平长度见3-3A括号内数字，单位：m。

表 3-21 设备材料表

序号	图例	设备名称	型号规格	单位	安装高度
1	G	集中式火灾报警控制器		台	挂墙安装
2	M	输入监视模块		只	与控制设备同高度安装
3	C	控制模块		只	与控制设备同高度安装
4		感烟探测器		只	吸顶安装
5		火灾声光警报器		台	下沿距地2.2m安装
6		带电话插孔的手动报警按钮	J-SAM-GST9122	只	下沿距地1.5m安装

问题：

1. 根据图示内容和《通用安装工程工程量计算规范》和《计价规范》的相关规定，分部分项工程的统一编码，见表3-22。列式计算配管及配线的工程量，并编制其分部分项工程量清单。

表3-22　　工程量清单统一项目编码

项目编码	项目名称	项目编码	项目名称
030904001	点型探测器	030904005	声光报警器
030904002	线型探测器	030904011	远程控制箱
030904003	按钮	030905001	自动报警系统调试
030904008	模块（模块箱）	030411001	配管
030904009	区域报警控制箱	030411004	配线
030411006	接线盒		

2. 根据招标文件和常规施工方案，假设该安装工程计算出的各分部分项工程人材机费用合计为100万元，其中人工费占25%。单价措施项目中仅有脚手架搭拆项目，脚手架搭拆的人材机费用0.8万元，其中人工费占20%；总价措施项目费中的安全文明施工费用（包括安全施工费、文明施工费、环境保护费、临时设施费）根据当地工程造价管理机构发布的规定按分部分项工程人工费的22%计取，夜间施工费、二次搬运费、冬雨期施工增加费、已完工程及设备保护费等其他总价措施项目费用合计按分部分项工程人工费的10%计取，总价措施费中人工费占30%。

企业管理费、利润分别按人工费的50%、30%计。暂列金额1万元，专业工程暂估价2万元（总承包服务费按3%计取），不考虑计日工费用。

规费按分部分项工程和措施项目费中全部人工费的25%计取。

上述费用均不包含增值税可抵扣进项税额。增值税税率按9%计取。

编制单位工程招标控制价汇总表，并列出计算过程。

分析要点：

本案例要求按《通用安装工程工程量计算规范》和《计价规范》规定，掌握编制火灾自动报警系统工程的工程量清单及清单计价的基本方法。内容包括编制分部分项工程量清单与计价表时，应能列出火灾自动报警系统工程的分项子目，掌握工程量计算方法；掌握火灾自动报警系统工程的工程量清单与计价的基本原理；掌握编制安装工程的措施项目清单计价和脚手架工程及其他费用的计算方法；熟悉编制单位工程招标控制价汇总表的方法。

答案：

问题1：

解：火灾报警系统配管配线的工程量计算如下：

（1）WD1回路，ϕ20钢管暗配：(3-1.5-0.3)+1.6+9.6+6+7+7+5.5+(3-1.5)+(3-1.5)+1.2+(3-2.2)+6+6+7+5.0+(3-2.2)+(3-2.2)+1.2+(3-1.5)=71.2（m）

电源二总线NH-BV-2.5mm²：(71.20+0.3+0.4)×2=143.80（m）

（2）WA1回路，ϕ20钢管暗配：

7+5.5+7×2+6+7×3+6×4+7×5+7.5+6×4+7=151.00（m）

报警二总线NH-RVS-2×1.5mm²：71.20+(151.00+0.3+0.4)=222.90（m）

合计：ϕ20钢管暗配：71.20+151=222.20（m）

电源二总线NH-BV-2.5mm²：143.80 m

报警二总线NH-RVS-2×1.5mm²：222.90 m

分部分项工程量清单见表3-23。

表3-23　　　　分部分项工程量清单与计价表

序号	项目编码	项目名称	项目特征	计量单位	工程量	金额（元）	
						综合单价	合价
1	030411001001	配管	ϕ20焊接钢管，暗配	m	222.20		
2	030411004001	配线	电源二总线，穿管敷设，NH-BV-2.5mm²	m	143.80		
3	030411004002	配线	报警二总线，穿管敷设，NH-RVS-2×1.5mm²	m	222.90		
4	030411006001	接线盒	接线盒30个、开关盒4个	个	34		
5	030904001001	点型探测器	感烟探测器，吸顶安装	只	30		
6	030904003001	按钮	带电话插孔的手动报警按钮，J-SAM-GST9122，距地1.5m安装	只	2		
7	030904008001	模块	输入监视模块，与控制设备同高度安装	只	2		
8	030904008002	模块	控制模块，与控制设备同高度安装	只	2		
9	030904009001	区域报警控制箱	箱体尺寸：400×300×200（宽×高×厚，mm）距地1.5m挂墙安装，控制点数量：34点	台	1		
10	030904005001	声光报警器	火灾声光报警器，距地2.2m安装	个	2		
11	030905001001	自动报警系统装置调试	总线制 点数：34点	系统	1		

问题 2：

解：各项费用的计算过程如下：

1. 分部分项工程费＝100.00＋100.00×25%×(50%＋30%)＝120.00（万元）

其中人工费合计为：100.00×25%＝25.00（万元）

2. 单价措施项目脚手架搭拆费＝0.80＋0.80×20%×(50%＋30%)＝0.93（万元）

总价措施项目费：

安全文明施工费＝25.00×22%＝5.50（万元）

其他措施项目费＝25.00×10%＝2.50（万元）

措施费合计＝0.93＋5.50＋2.50＝8.93（万元）

其中人工费合计为：0.80×20%＋(5.50＋2.50)×30%＝2.56（万元）

3. 其他项目清单计价合计＝暂列金额＋专业工程暂估价＋总承包服务费

＝1.00＋2.00＋2.00×3%＝3.06（万元）

4. 规费＝(25.00＋2.56)×25%＝6.89（万元）

5. 税金＝(120.00＋8.93＋3.06＋6.89)×9%＝12.50（万元）

6. 招标控制价合计＝120.00＋8.93＋3.06＋6.89＋12.50＝151.38（万元）

该单位工程招标控制价汇总表，见表 3-24。

表 3-24　　单位工程招标控制价汇总表

序号	汇总内容	金额（万元）	其中：暂估价（万元）
1	分部分项工程费	120.00	
1.1	其中：人工费	25.00	
2	措施项目费	8.93	
2.1	其中：人工费	2.56	
3	其他项目	3.06	2.00
3.1	其中：暂列金额	1.00	
3.2	其中：专业工程暂估价	2.00	
3.3	其中：计日工		
3.4	其中：总包服务费	0.06	
4	规费	6.89	
5	税金	12.50	
招标控制价合计＝1＋2＋3＋4＋5		151.38	2.00

【案例七】

背景：

1. 某制冷机房设备管道平面图、系统图，如图 3-4A、图 3-4B 所示。

2. 根据《通用安装工程工程量计算规范》的规定，分部分项工程的统一项目编码见表 3-25。

表 3-25　　　　工程量清单统一项目编码

项目编码	项目名称	项目编码	项目名称
030801001	低压碳钢钢管	030804001	低压碳钢管件
030807003	低压法兰阀门	030810002	低压碳钢焊接法兰
031201001	管道刷油	031208002	管道绝热

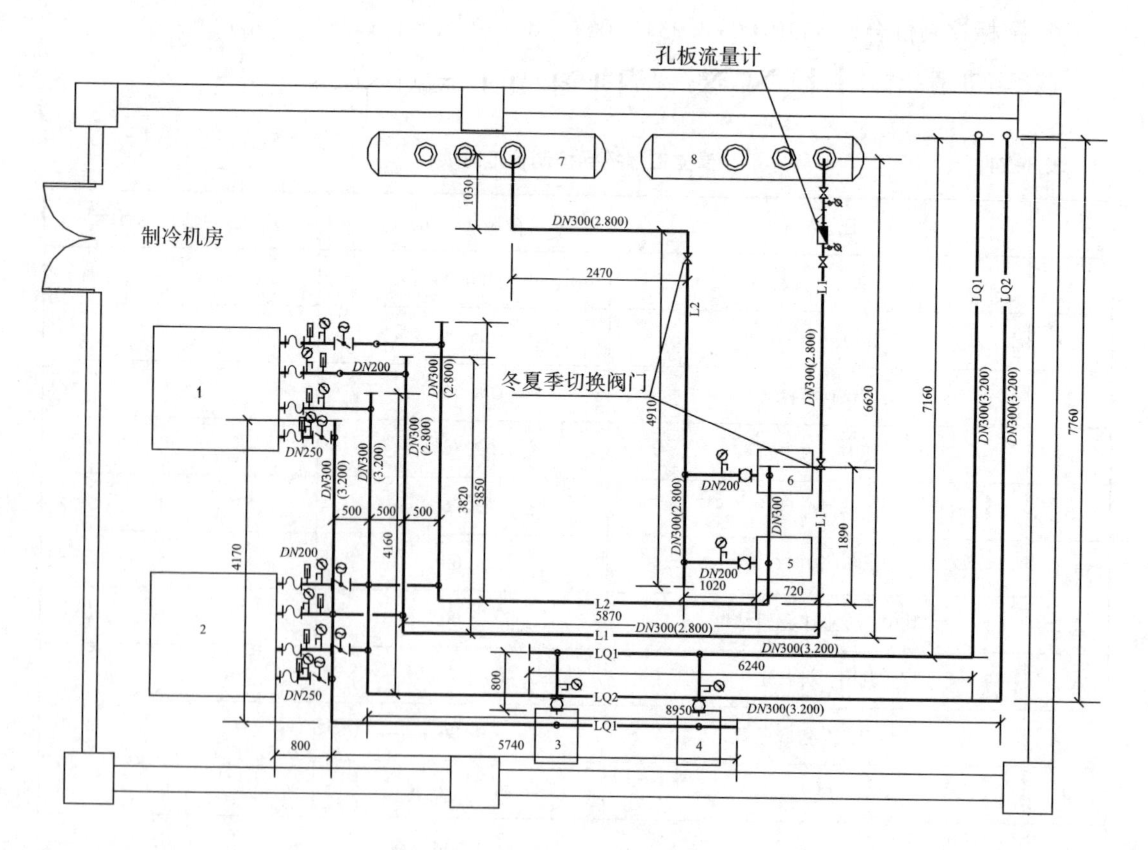

图 3-4A　制冷机房设备管道平面图

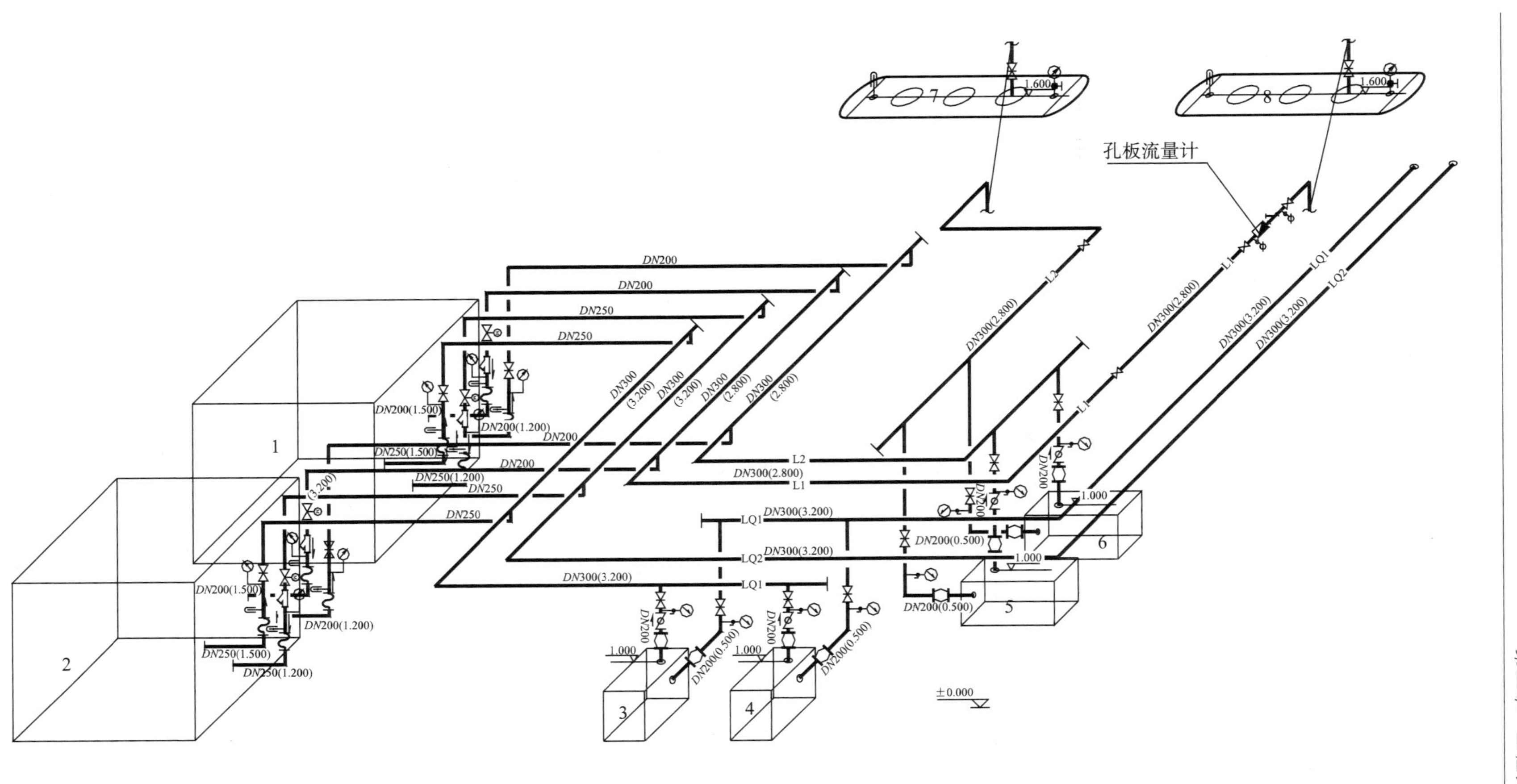

图 3-4B　制冷机房设备管道系统图

设计说明：

1. 制冷机房室内地坪标高为±0.000，图中标注尺寸除标高单位为米外，其余均为毫米。

2. 系统工作压力为1.0MPa，管道材质为无缝钢管，规格为$D219\times9$，$D273\times12$，$D325\times14$，弯头采用成品压制弯头，三通为现场挖眼连接。管道系统全部采用电弧焊接。所有法兰为碳钢平焊法兰。

3. 所有管道、管道支架除锈后，均刷红丹防锈底漆两道，管道采用橡塑管壳（厚度为30mm）保温。

4. 管道支架为普通支架，管道安装完毕进行水压试验和水冲洗，需符合规范要求；管道焊口无探伤要求。

5. 图例与材料明细表、制冷机房主要设备表分别见表3-26和表3-27。

表3-26 图例与材料明细表

图例	材料名称	图例	材料名称	图例	材料名称
⋈ ⧖	法兰闸阀		法兰电动阀		法兰金属软管
	法兰过滤器		压力表	⊢	法兰盲板
	法兰止回阀		温度计	⌑	法兰橡胶软接头

表3-27 制冷机房主要设备表

序号	设备编号	设备名称	性能及规格	数量	单位	备注
1、2	CH-B1-01~02	螺杆式冷水机组 WCFX-B-36	额定制冷量1132kW 冷冻水 195ml/h 7/12℃ 水侧承压1.0MPa，A配电279kW 冷冻水 230ml/h 32/37℃	2	台	变频
3、4	CTP-B1-01~02	冷却循环泵	AABD150-400	2	台	
5、6	CHP-B1-01~02	冷冻循环泵	AABD150-315A	2	台	
7	FSQ-B1-01	分水器	$DN400$ $L=2950$ 工作压力 1.0MPa	1	台	
8	JSQ-B1-01	集水器	$DN400$ $L=2950$ 工作压力 1.0MPa	1	台	

问题：

1. 根据图示内容和《通用安装工程工程量计算规范》的规定，列式计算该系统的无缝钢管安装及刷油、保温的工程量。将计算过程填入分部分项工程量计算表中。

2. 根据《通用安装工程工程量计算规范》和《计价规范》的规定，编列该管道系统的无缝钢管、弯头、三通、管道刷油及保温的分部分项工程量清单。

3. 根据表 3-28 给出的无缝钢管 $D219\times9$ 安装工程的相关费用，表中的费用均不包含增值税可抵扣进项税额。分别编制该无缝钢管分项工程安装、管道刷油、保温的工程量清单综合单价分析表。

表 3-28　　管道安装工程相关费用表

序号	项目名称	计量单位	安装费单价（元）			主材	
			人工费	材料费	施工机具使用费	单价（元）	主材消耗量
1	碳钢管（电弧焊）*DN*200 内	10m	184.22	15.65	158.71	176.49	9.41m
2	低中压管道液压试验 *DN*200 内	100m	599.96	76.12	32.30		
3	管道水冲洗 *DN*200 内	100m	360.4	68.19	37.75	3.75	43.74m^3
4	手工除管道轻锈	10m^2	34.98	3.64	0.00		
5	管道刷红丹防锈漆 第一遍	10m^2	27.24	13.94	0.00		
6	管道刷红丹防锈漆 第二遍	10m^2	27.24	12.35	0.00		
7	管道橡塑保温管（板）ϕ325 内	m^3	745.18	261.98	0.00	1500.00	1.04m^3

人工单价为 110 元/工日，管理费按人工费的 50%计算，利润按人工费的 30%计算。

分析要点：

本案例要求按《通用安装工程工程量计算规范》和《计价规范》的规定，掌握编制管道单位工程的分部分项工程量清单与计价表的基本方法。具体是：编制分部分项工程量清单与计价表时，列出管道工程的分项子目，掌握工程量计算方法。

计算钢管长度时，不扣除阀门、管件所占长度。计算管道安装工程费用时，应注意管道的刷油、保温应单列清单工程量。

答案：

问题 1：

解：列表计算工程量，无缝钢管工程量计算过程，见表 3-29。

管道绝热工程量计算公式为 $V=\pi\times(D+1.033\delta)\times1.033\delta\times L$，$\pi$——圆周率，$D$——直径，1.033——调整系数，$\delta$——绝热层厚度，$L$——管道延长米。

表 3-29 分部分项工程量计算表

序号	项目编码	项目名称	项目特征	计量单位	工程数量	计算式
1	030801001001	低压碳钢管	DN300 无缝钢管，电弧焊，水压试验和水冲洗	m	81.69	3.85+5.87−0.5−0.72+1.89+3.82+5.87+6.62+4.16+8.95+7.76+4.17+5.74+6.24+7.16+(2.8−1.6)+(2.8−1.6)+1.03+2.47+4.91=81.69m
2	030801001002	低压碳钢管	DN250 无缝钢管，电弧焊，水压试验和水冲洗	m	11.60	(0.8+1.3)×2+(3.2−1.5+3.2−1.2)×2=11.60m
3	030801001003	低压碳钢管	DN200 无缝钢管，电弧焊，水压试验和水冲洗	m	35.64	(1.8+2.3)×2+(2.8−1.5+2.8−1.2)×2+0.8×2+1.02×2+(3.2−1.0+3.2−0.5)×2+(2.8−1.0+2.8−0.5)×2=35.64m
4	031201001001	管道刷油	除锈，刷红丹防锈底漆两道	m^2	117.82	3.14×(0.325×81.69+0.273×11.60+0.219×35.64)=117.82m^2
5	031208002001	管道绝热	橡塑管壳（厚度为30mm）保温	m^3	4.04	3.14×[(0.325+1.033×0.03)×81.69+(0.273+1.033×0.03)×11.60+(0.219+1.033×0.03)×35.64]×1.033×0.03=4.04m^3

问题2：

解：无缝钢管、弯头、三通、管道刷油及保温的分部分项工程量清单的编制，见表3-30。

表 3-30 分部分项工程和单价措施项目清单与计价表

序号	项目编码	项目名称	项目特征描述	计量单位	工程量	金额（元）		
						综合单价	合价	其中：暂估价
1	030801001001	低压碳钢管	DN300 无缝钢管，电弧焊，水压试验和水冲洗	m	81.69			
2	030801001002	低压碳钢管	DN250 无缝钢管，电弧焊，水压试验和水冲洗	m	11.60			
3	030801001003	低压碳钢管	DN200 无缝钢管，电弧焊，水压试验和水冲洗	m	35.64			
4	030804001001	低压碳钢管件	DN300，碳钢冲压弯头，电弧焊	个	12.00			
5	030804001002	低压碳钢管件	DN250，碳钢冲压弯头，电弧焊	个	12.00			
6	030804001003	低压碳钢管件	DN200，碳钢冲压弯头，电弧焊	个	16.00			
7	030804001004	低压碳钢管件	DN300×250，挖眼三通，电弧焊	个	4.00			
8	030804001005	低压碳钢管件	DN300×200，挖眼三通，电弧焊	个	12.00			
9	031201001001	管道刷油	除锈，刷红丹防锈底漆两道	m^2	117.82			
10	031208002001	管道绝热	橡塑管壳（厚度为30mm）保温	m^3	4.04			

问题 3：

解：

1. 编制无缝钢管 *DN*200 分项工程的工程量清单综合单价分析表，见表 3-31。

计算综合单价时，应考虑每米管道无缝钢管主材的消耗量 0.941m，综合单价中包括管道水冲洗和液压试验的费用。

表 3-31　　*DN*200 钢管安装综合单价分析表

项目编码		030801001003		项目名称		*DN*200 低压碳钢管	计量单位	m		工程量	35.64
清单综合单价组成明细											
定额编号	定额名称	定额单位	数量	单价（元）				合价（元）			
				人工费	材料费	施工机具使用费	管理费和利润	人工费	材料费	施工机具使用费	管理费和利润
	碳钢管（电弧焊）*DN*200 内	10m	0.10	184.22	15.65	158.71	147.38	18.42	1.57	15.87	14.74
	低中压管道液压试验 *DN*200 内	100m	0.01	599.96	76.12	32.30	479.97	6.00	0.76	0.32	4.80
	管道水冲洗 *DN*200 内	100m	0.01	360.4 0	68.19	37.75	288.32	3.60	0.68	0.38	2.88
人工单价		小计						28.02	3.01	16.57	22.42
110 元/工日		未计价材料费（元）						167.72			
清单项目综合单价（元/m）								237.74			
材料费明细	主要材料名称、规格、型号					单位	数量	单价（元）	合价（元）	暂估单价（元）	暂估合价（元）
	无缝钢管 *D*219×9（主材）					m	0.941	176.49	166.08		
	水（主材）						0.437	3.75	1.64		
	其他材料费（元）								3.01		
	材料费小计（元）								170.73		

2. 编制无缝钢管 *DN*200 刷油的工程量清单综合单价分析表，见表 3-32。

计算刷油的综合单价时，应包括除锈、刷油的价格。

3. 编制无缝钢管 *DN*200 保温的工程量清单综合单价分析表，见表 3-33。

计算保温的综合单价时，橡塑保温管（板）主材数量应考虑 3%的损耗。

表 3-32　　DN200 钢管刷油综合单价分析表

项目编码	031201001001		项目名称		管道刷油		计量单位		m²	工程量	117.82
清单综合单价组成明细											
定额编号	定额名称	定额单位	数量	单价（元）				合价（元）			
				人工费	材料费	施工机具使用费	管理费和利润	人工费	材料费	施工机具使用费	管理费和利润
	手工除管道轻锈	10m²	0.10	34.98	3.64	0.00	27.98	3.50	0.36	0.00	2.80
	管道刷红丹防锈漆 第一遍	10m²	0.10	27.24	13.94	0.00	21.79	2.72	1.39	0.00	2.18
	管道刷红丹防锈漆 第二遍	10m²	0.10	27.24	12.35	0.00	21.79	2.72	1.24	0.00	2.18
人工单价		小计						8.94	2.99	0.00	7.16
110元/工日		未计价材料费（元）									
清单项目综合单价（元/m²）								19.09			
材料费明细	主要材料名称、规格、型号					单位	数量	单价（元）	合价（元）	暂估单价（元）	暂估合价（元）
	其他材料费（元）								2.99		
	材料费小计（元）								2.99		

表 3-33　　DN200 钢管保温综合单价分析表

项目编码	031208002001		项目名称		管道绝热		计量单位		m³	工程量	4.04
清单综合单价组成明细											
定额编号	定额名称	定额单位	数量	单价（元）				合价（元）			
				人工费	材料费	施工机具使用费	管理费和利润	人工费	材料费	施工机具使用费	管理费和利润
	管道橡塑保温管 ϕ325内	m³	1.00	745.18	261.98	0.00	596.14	745.18	261.98	0.00	596.14
人工单价		小计						745.18	261.98	0.00	596.14
110元/工日		未计价材料费（元）						1545.00			

续表

清单项目综合单价（元/ m^3）				3148.30			
材料费明细	主要材料名称、规格、型号	单位	数量	单价（元）	合价（元）	暂估单价（元）	暂估合价（元）
	橡塑保温管	m^3	1.03	1500.00	1545.00		
	其他材料费（元）				261.98		
	材料费小计（元）				1806.98		

【案例八】

背景：

1. 某办公楼内卫生间的给水工程施工图，如图3-5A和图3-5B所示。

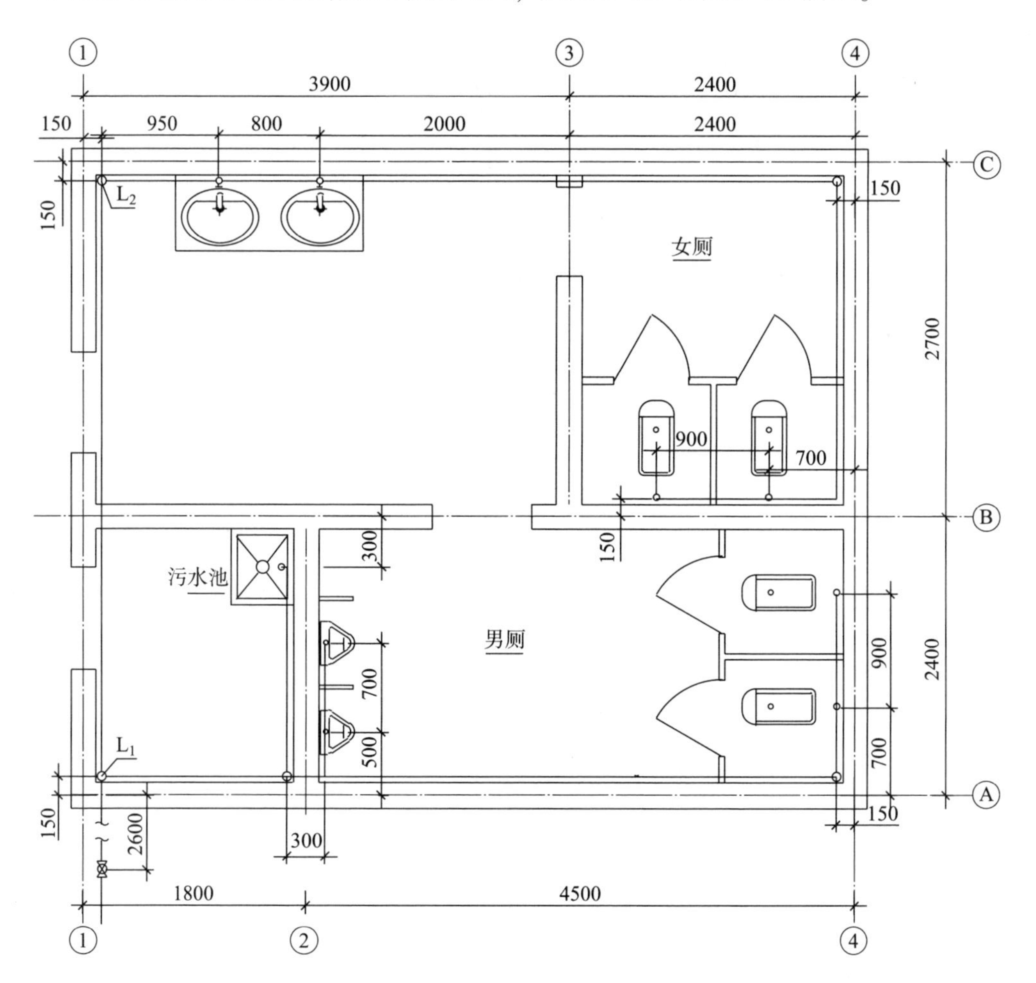

图3-5A　卫生间给水平面图

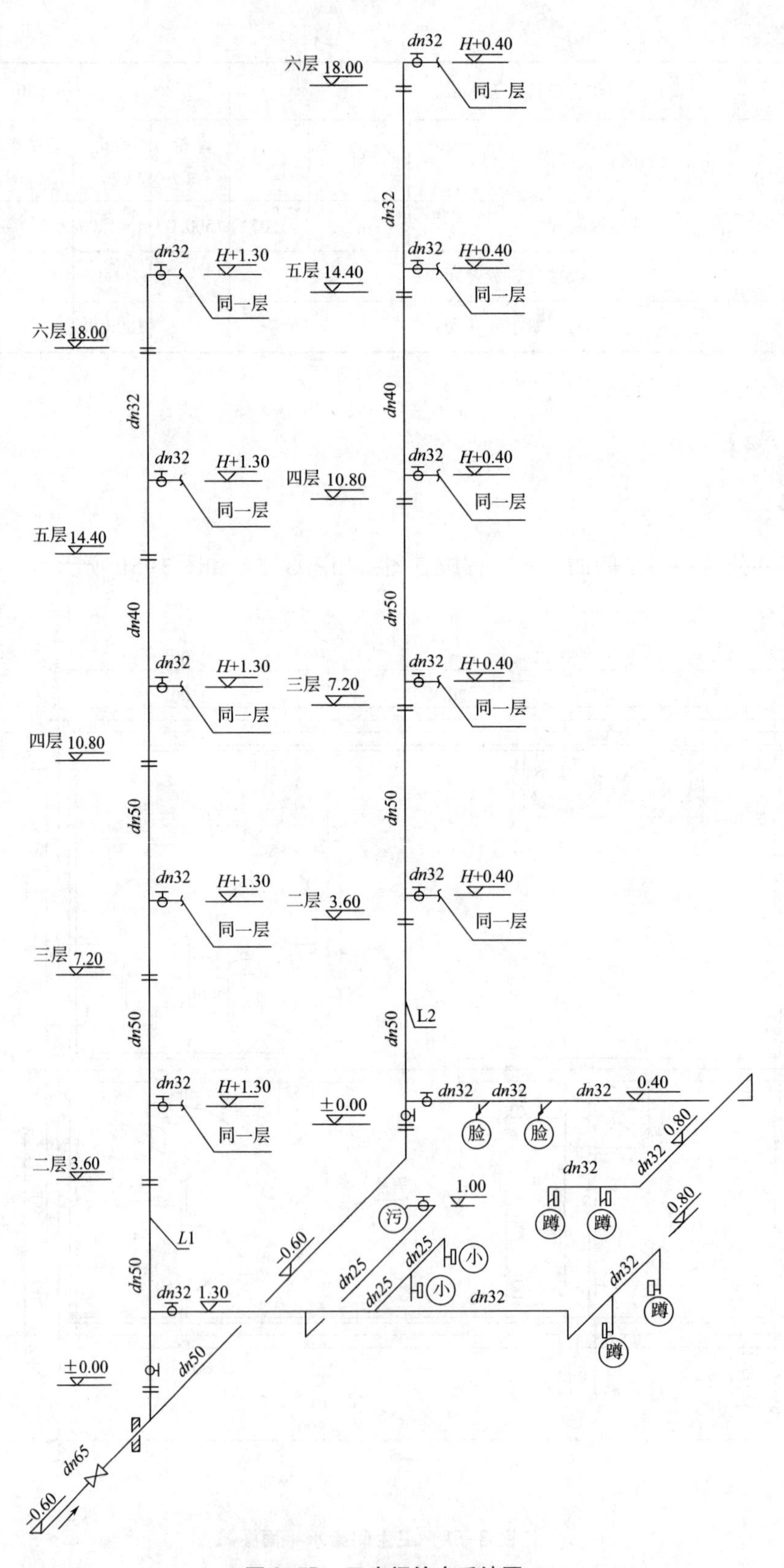

图 3-5B　卫生间给水系统图

设计说明：

1. 办公楼共6层，层高3.6m，墙厚200mm。图中尺寸标注标高以米计，其他均以毫米计。

2. 管道采用PP-R塑料管及成品管件，热熔连接，成品管卡。

3. 阀门采用螺纹球阀Q11F-16C，污水池上装铜质水嘴。

4. 成套卫生器具安装按标准图集要求施工，所有附件均随卫生器具配套供应。洗脸盆为单柄单孔台上式安装，大便器为感应式冲洗阀蹲式大便器，小便器为感应式冲洗阀壁挂式安装，污水池为成品落地安装。

5. 管道系统安装就位后，给水管道进行水压试验。

2. 根据《通用安装工程工程量计算规范》的规定，给水排水工程相关分部分项工程量清单项目的统一编码见表3-34。

表3-34　**相关分部分项工程量清单项目的统一编码**

项目编码	项目名称	项目编码	项目名称
031001001	镀锌钢管	031004014	给水附件
031001006	塑料管	031001007	复合管
031003001	螺纹阀门	031003003	焊接法兰阀门
031004003	洗脸盆	031004006	大便器
031004007	小便器	031002003	套管

3. 塑料给水管定额相关数据见表3-35，表内费用均不包含增值税可抵扣进项税额。该工程的人工单价综合工日为100元/工日，管理费和利润分别占人工费的60%和30%。

表3-35　**塑料给水管安装定额的相关数据表**

定额编号	项目名称	单位	安装基价（元）			未计价主材	
			人工费	材料费	机械费	单价（元）	消耗量
10-1-257	室外塑料管热熔安装 *dn*32	10m	55.00	32.00	15.00		
	PP-R塑料管 *dn*32	m				10.00	10.20
	管件（综合）	个				4.00	2.83
10-1-325	室内塑料管热熔安装 *dn*32	10m	120.00	45.00	26.00		
	PP-R塑料管 *dn*32	m				10.00	10.16
	管件（综合）	个				4.00	10.81
10-11-121	管道水压试验	100m	266.00	80.00	55.00		

4. 经计算该办公楼管道安装工程的分部分项工程人材机费用合计为 60 万元，其中人工费占 25%。单价措施项目中仅有脚手架项目，脚手架搭拆的人材机费用 2.4 万元，其中人工费占 20%；总价措施项目费中的安全文明施工费用（包括安全施工费、文明施工费、环境保护费、临时设施费）根据当地工程造价管理机构发布的规定按分部分项工程人工费的 20%计取，夜间施工费、二次搬运费、冬雨期施工增加费、已完工程及设备保护费等其他总价措施项目费用合计按分部分项工程人工费的 12%计取，总价措施费中人工费占 30%。

其他项目费中暂列金额 6 万元，不考虑其他内容。

规费按分部分项工程和措施项目费中全部人工费的 25%计取；

上述费用均不包含增值税可抵扣进项税额，增值税税率按 9%计取。

问题：

1. 按照图 3-5A 和 3-5B 所示内容，按直埋（指敷设于室内地坪下埋地的管段）、明敷（指沿墙面架空敷设于室内明处的管段）分别列式计算给水管道安装项目分部分项清单工程量（注：管道工程量计算至支管与卫生器具相连的分支三通或末端弯头处止）。

2. 根据《通用安装工程工程量计算规范》和《计价规范》的规定，编制管道、阀门、卫生器具（污水池除外）安装项目的分部分项工程量清单。

3. 根据表 3-34 给出的相关内容，编制 *dn*32 PP-R 室内明敷塑料给水管道分部分项工程的综合单价分析表。

4. 编制该办公楼管道系统单位工程的招标控制价汇总表。

分析要点：

本案例要求按《通用安装工程工程量计算规范》和《计价规范》的规定，掌握编制管道单位工程的工程量清单及清单计价的基本方法。具体是：编制分部分项工程量清单与计价表，列出管道工程的分项子目，掌握工程量计算方法；掌握编制管道工程的工程量清单与计价的基本原理；措施项目清单计价表中脚手架工程及其他措施费的计算方法；编制单位工程招标控制价汇总表的基本方法。

答案：

问题 1：

解：列式计算 PP-R 塑料给水管道的分部分项清单工程量。

1. PP-R 塑料给水管 *dn*65：直埋：2.60+0.15=2.75（m）

2. PP-R 塑料给水管 *dn*50：直埋：(2.40+2.70−0.15−0.15)+(0.60+0.60)=6.00（m）

明敷：3.60×3+1.30+3.60×3+0.40=23.30（m）

3. PP-R 塑料给水管 *dn*40：明敷：3.60+3.60=7.20（m）

4. PP-R 塑料给水管 *dn*32：明敷：3.60+3.60=7.20（m）

L_1 支管：[(1.80+4.50−0.15×2)+(0.70+0.90−0.15)+(1.30−0.8)]×6=47.70（m）

L_2 支管：[(3.90+2.40−0.15×2)+(2.70−0.15×2)+(0.70+0.90−0.15)+(0.80−0.40)]×6=61.50（m）

合计：7.20+47.70+61.50=116.40（m）

5. PP-R 塑料给水管 *dn*25：

明敷：[(1.30−1.00)+(2.40−0.15−0.30)+(0.70+0.50−0.15)]×6=19.80（m）

问题 2：

解：根据计算出的管道、阀门、卫生器具（污水池除外）安装项目的分部分项工程量，填入分部分项工程和单价措施项目清单与计价表，见表 3-36。

表 3-36　　分部分项工程和单价措施项目清单与计价表

序号	项目编码	项目名称	项目特征	计量单位	工程量	金额（元）		
						综合单价	合价	其中：暂估价
1	031001006001	塑料给水管	*dn*65，PP-R 塑料给水管，室内直埋，热熔连接，水压试验	m	2.75			
2	031001006002	塑料给水管	*dn*50，PP-R 塑料给水管，室内直埋，热熔连接，水压试验	m	6.00			
3	031001006003	塑料给水管	*dn*50，PP-R 塑料给水管，室内明敷，热熔连接，水压试验	m	23.30			
4	031001006004	塑料给水管	*dn*40，PP-R 塑料给水管，室内明敷，热熔连接，水压试验	m	7.20			
5	031001006005	塑料给水管	*dn*32，PP-R 塑料给水管，室内明敷，热熔连接，水压试验	m	116.40			
6	031001006006	塑料给水管	*dn*25，PP-R 塑料给水管，室内明敷，热熔连接，水压试验	m	19.80			
7	031003001001	螺纹阀门	球阀 *DN*50，*PN*16　Q11F-16C	个	1			
8	031003001001	螺纹阀门	球阀 *DN*40，*PN*16　Q11F-16C	个	2			
9	031003001003	螺纹阀门	球阀 *DN*25，*PN*16　Q11F-16C	个	12			
10	031004003001	洗脸盆	陶瓷，单冷，单柄单孔台上式，附件安装	组	12			
11	031004006001	大便器	陶瓷，蹲式，感应式冲洗阀，附件安装	组	24			
12	031004007001	小便器	陶瓷，壁挂式，感应式冲洗阀，附件安装	组	12			

问题3：

解：室内 $dn32$ 室内明敷 PP-R 塑料给水管道分部分项工程的综合单价分析表，见表3-37。

表3-37　　$dn32$ 室内明敷 PP-R 塑料给水管道安装综合单价分析表

<table>
<tr><td>项目编码</td><td>031001006005</td><td colspan="2">项目名称</td><td colspan="4">dn32，室内明敷
PP-R塑料给水管道安装</td><td>计量单位</td><td>m</td><td>工程量</td><td>116.40</td></tr>
<tr><td colspan="12">清单综合单价组成明细</td></tr>
<tr><td rowspan="2">定额编号</td><td rowspan="2">定额名称</td><td rowspan="2">定额单位</td><td rowspan="2">数量</td><td colspan="4">单价（元）</td><td colspan="4">合价（元）</td></tr>
<tr><td>人工费</td><td>材料费</td><td>机械费</td><td>管理费和利润</td><td>人工费</td><td>材料费</td><td>机械费</td><td>管理费和利润</td></tr>
<tr><td>10-1-325</td><td>塑料管安装 dn32</td><td>10m</td><td>0.1</td><td>120.00</td><td>45.00</td><td>26.00</td><td>108.00</td><td>12.00</td><td>4.50</td><td>2.60</td><td>10.80</td></tr>
<tr><td>10-11-121</td><td>管道水压试验</td><td>100m</td><td>0.01</td><td>266.00</td><td>80.00</td><td>55.00</td><td>239.40</td><td>2.66</td><td>0.80</td><td>0.55</td><td>2.39</td></tr>
<tr><td colspan="2">综合人工单价</td><td colspan="6">小计</td><td>14.66</td><td>5.30</td><td>3.15</td><td>13.19</td></tr>
<tr><td colspan="2">100.00元/工日</td><td colspan="6">未计价材料费</td><td colspan="4">14.48</td></tr>
<tr><td colspan="8">清单项目综合单价（元）</td><td colspan="4">50.78</td></tr>
<tr><td rowspan="5">材料费明细</td><td colspan="3">主要材料名称、规格、型号</td><td colspan="2">单位</td><td colspan="2">数量</td><td>单价（元）</td><td>合价（元）</td><td>暂估单价（元）</td><td>暂估合价（元）</td></tr>
<tr><td colspan="3">PP-R塑料管 dn32</td><td colspan="2">m</td><td colspan="2">1.016</td><td>10</td><td>10.16</td><td></td><td></td></tr>
<tr><td colspan="3">管件（综合）dn32</td><td colspan="2">个</td><td colspan="2">1.081</td><td>4</td><td>4.32</td><td></td><td></td></tr>
<tr><td colspan="7">其他材料费</td><td>5.30</td><td></td><td></td></tr>
<tr><td colspan="7">材料费小计</td><td>19.78</td><td></td><td></td></tr>
</table>

问题4：

解：各项费用的计算如下，并填入单位工程招标控制价汇总表中，见表3-38。

1. 分部分项工程费合计＝60.00+60.00×25%×(60%+30%)＝73.50（万元）

其中人工费＝60.00×25%＝15.00（万元）

2. 措施项目费：

脚手架搭拆费＝2.40+2.40×20%×(60%+30%)＝2.83（万元）

安全文明施工费＝15.00×20%＝3.00（万元）

其他措施项目费=15.00×12%=1.80（万元）

措施项目费合计=2.83+3.00+1.80=7.63（万元）

其中人工费=2.40×20%+(3.00+1.80)×30%=1.92（万元）

3. 其他项目费=6.00（万元）

4. 规费=(15.00+1.92)×25%=4.23（万元）

5. 税金=(73.50+7.63+6.00+4.23)×9%=8.22（万元）

6. 招标控制价合计=73.50+7.63+6.00+4.23+8.22=99.58（万元）

表 3-38　　单位工程招标控制价汇总表

序号	汇总内容	金额（万元）	其中：暂估价（万元）
1	分部分项工程费	73.50	
1.1	其中：人工费	15.00	
2	措施项目费	7.63	
2.1	其中：人工费	1.92	
3	其他项目费	6.00	
3.1	其中：暂列金额	6.00	
3.2	其中：专业工程暂估价	—	
3.3	其中：计日工	—	
3.4	其中：总包服务费	—	
4	规费	4.23	
5	税金	8.22	
招标控制价合计=1+2+3+4+5		99.58	

【案例九】

背景：

某展示中心工程项目，建筑面积为 1600m²，地下 1 层，地上 4 层，檐口高度 23.60m，基础为箱形基础，地下室外墙为钢筋混凝土墙，楼梯采用装配式混凝土楼梯（预制厂距该项目 30km）。箱形底板满堂基础平面布置示意图如图 3-6A 所示，基础及地下室外墙剖面示意图如图 3-6B 所示。混凝土采用预拌混凝土，强度等级：基础垫层为 C15，满堂基础、混凝土墙均为抗渗混凝土 C35。项目编码及特征描述等见分部分项工程和单价措施项目工程量计算表 3-39。

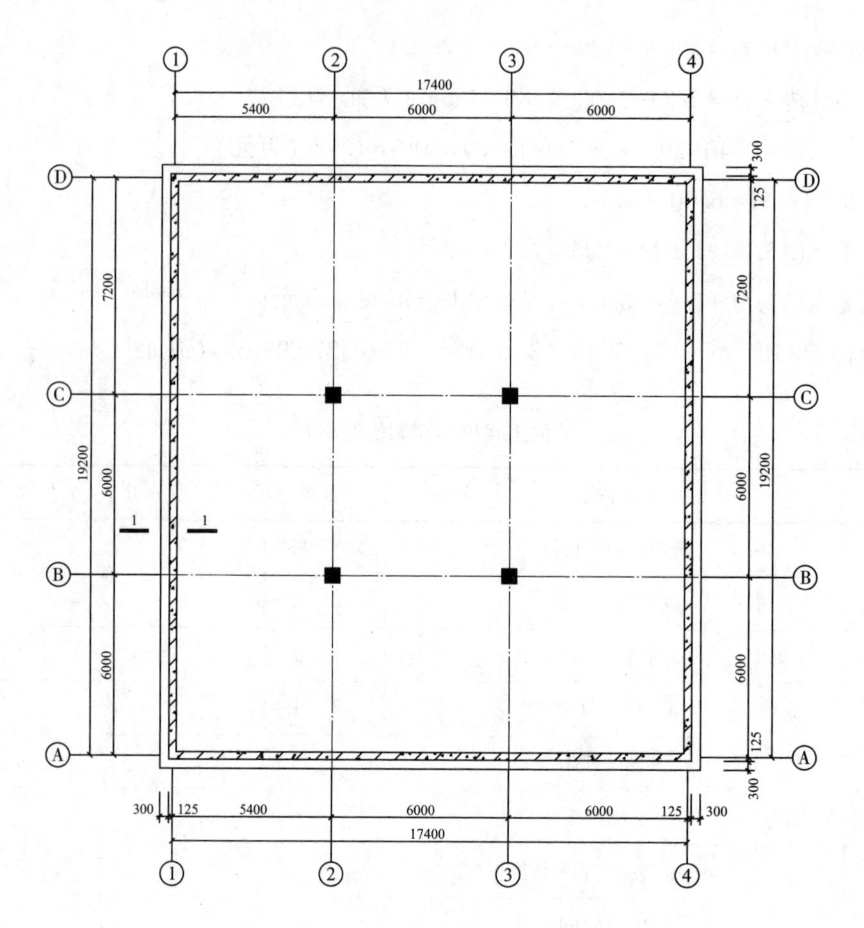

图 3-6A 满堂基础平面布置示意图

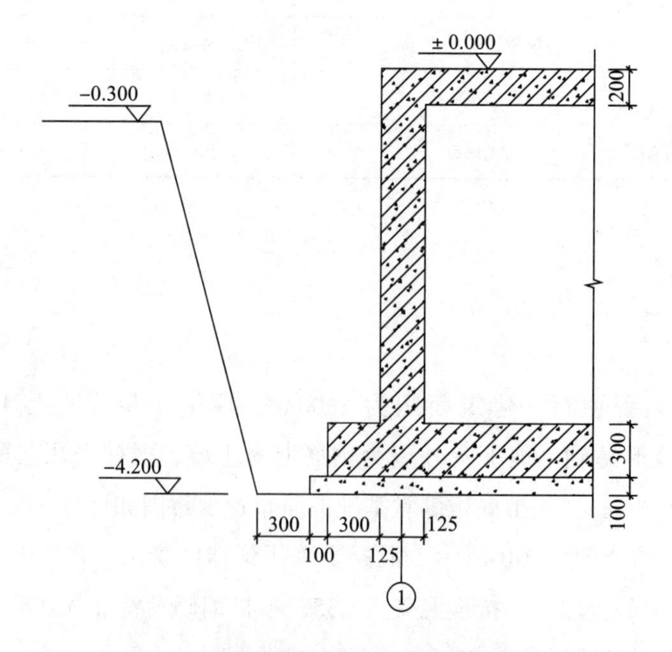

图 3-6B 满堂基础及地下室外墙剖面示意图

表 3-39 分部分项工程和单价措施项目工程量计算表

序号	项目编码	项目名称	项目特征	计量单位	工程量	计算过程
1	010501001001	基础垫层	1. 混凝土种类：预拌混凝土 2. 混凝土强度等级：C15	m^3		
2	010501004001	满堂基础	1. 混凝土种类：预拌抗渗混凝土 2. 混凝土强度等级：C35	m^3		
3	010504004001	混凝土墙	1. 混凝土种类：预拌抗渗混凝土 2. 混凝土强度等级：C35	m^3		
4	010513001001	装配式混凝土楼梯	1. 构件名称：预制楼梯段 2. 单件体积：1.2m^3 以内 3. 混凝土强度等级：C30 4. 连接方式：焊接 5. 场外运输 30km	m^3	11.75	
5	011702001001	垫层模板	复合模板	m^2		
6	011702001002	满堂基础模板	复合模板钢支撑	m^2		
7	011702011001	混凝土墙模板	复合模板钢支撑	m^2		
8	011701001001	综合脚手架	1. 建筑结构形式：地上框架、地下箱形结构 2. 檐口高度：23.60m	m^2		
9	011703001001	垂直运输	1. 建筑结构形式：地上框架、地下箱形结构 2. 檐口高度、层数：23.60m、4 层	m^2		
10		其他工程	略			

问题：

1. 根据图示内容、《房屋建筑与装饰工程工程量计算规范》和《计价规范》的规定，计算该工程基础垫层、混凝土满堂基础、混凝土墙、垫层模板、满堂基础模板、混凝土墙模板、综合脚手架、垂直运输的招标工程量清单中的数量，计算过程填入表 3-39 中。

2. 工程所在省《房屋建筑与装饰工程消耗量定额》中节选的分部分项工程人材机的消耗量见表 3-40，该省行政主管部门发布的工程造价信息中的相关价格和部分市场资源价格见表 3-41。相关的单价措施项目人材机的费用见表 3-42，该省发布的根据工程规模等指标确定的该工程的管理费率和利润率分别为定额人工费的 30%和 20%。该省《房屋建筑与装饰工程消耗量定额》中的满堂基础垫层、满堂基础、混凝土墙、装配式混凝土楼梯、综合脚手架、垂直运输的工程量计算规则与《房屋建筑与装饰工程工程量清单计算规范》中的计算规则相同。装配式混凝土楼梯的制作、运输、安装工程量计算规则均是按设计图示尺寸以体积计算。除上述已计算的内容外，该工程其他的分部分项工程费和单价措施项目费分别为 220 万元和 10 万元。上述价格和费用均不包含增值税可抵扣进项税额。编制该工程的混凝土满堂基础、装配式混凝土楼梯等分部分项工程的综合单价分析表以及分部分项工程和单价措施项目清单与计价表。

表 3-40　　房屋建筑与装饰工程消耗量定额（节选）　　单位：$10m^3$

定额编号			5-1	5-8	5-24	5-61	5-132	5-133
项目		单位	混凝土垫层	满堂基础（无梁式）	混凝土直行墙	预制楼梯安装	预制构件运输 1km 以内	预制构件运输每增运 1km
人工	综合工日	工日	8. 300	6. 080	15. 390	18. 560	3. 490	
材料	预拌混凝土 C15	m^3	10. 100					
	预拌抗渗混凝土 C35	m^3		10. 100	9. 869			
	预制钢筋混凝土楼梯段（成品）	m^3				10. 100		
	塑料薄膜	m^2		24. 360	4. 830			
	阻燃毛毡	m^2		5. 030	0. 950			
	水	m^3	3. 750	1. 322	0. 687			
	水泥抹灰砂浆	m^3			0. 234			
	垫木	m^3				0. 019		
	垫铁	kg				18. 655		
	锯成材	m^3					0. 043	
	钢丝绳	kg					0. 491	
	电焊条	kg				5. 737		
	镀锌低碳钢丝	kg					4. 545	
机械	混凝土振捣器	台班	0. 826	0. 571	0. 670			
	灰浆搅拌机 200L	台班			0. 030			
	交流弧焊机 32kV · A	台班				3. 182		
	汽车式起重机 8t	台班					0. 873	
	载重汽车 8t	台班					1. 313	0. 130
	轮胎式起重机 20t	台班				1. 596		

表 3-41　　工程造价信息价格及市场资源价格表

序号	资源名称	单位	除税单价（元）	序号	资源名称	单位	除税单价（元）
1	综合工日	工日	130.00	11	锯成材	m^3	1870.96
2	预拌混凝土 C15	m^3	480.00	12	钢丝绳	kg	10.19
3	预拌抗渗混凝土 C35	m^3	580.00	13	电焊条	kg	7.70
4	预制钢筋混凝土楼梯段（成品）	m^3	2300.00	14	镀锌低碳钢丝	kg	7.62
5	塑料薄膜	m^2	1.85	15	混凝土振捣器	台班	8.82
6	阻燃毛毡	m^2	46.58	16	灰浆搅拌机 200L	台班	204.16
7	水	m^3	6.60	17	交流弧焊机 32kV·A	台班	114.05
8	水泥抹灰砂浆	m^3	507.39	18	汽车式起重机 8t	台班	814.05
9	垫木	m^3	1956.00	19	载重汽车 8t	台班	586.93
10	垫铁	kg	4.80	20	轮胎式起重机 20t	台班	1066.99

表 3-42　　单价措施项目消耗量定额费用表（除税）

定额编号	项目名称	计量单位	人工费（元）	材料费（元）	施工机具使用费（元）
17-21	基础垫层复合模板	m^2	13.70	26.69	0.62
17-25	满堂基础复合模板钢支撑	m^2	17.89	35.12	1.26
17-36	混凝土墙复合模板钢支撑	m^2	19.25	45.79	2.39
17-9	综合脚手架	m^2	24.69	15.02	4.01
17-76	垂直运输	m^2	1.04	0.00	35.43

3. 假如招标工程量清单中，单价措施项目中模板项目的清单不单独列项，按《房屋建筑与装饰工程工程量计算规范》中工作内容的要求，模板费应综合在相应混凝土分部分项的单价中，根据问题 2 的计算结果，列式计算包含各自模板费用的基础垫层、满堂基础、混凝土墙等三个分部分项工程的综合单价。

4. 总价措施项目清单编码见表 3-43，安全文明施工费（含环境保护、文明施工、安全施工、临时设施）、夜间施工增加费、二次搬运费、冬雨期施工增加费、已完工程及设备保护费等以分部分项工程中的人工费作为计取基数，费率分别为：25%、3%、2%、

1%、1.2%，总价措施费中的人工费含量为20%。该工程的分部分项工程中的人工费为40.32万元，单价措施项目中的人工费为6万元，编制该工程的总价措施项目清单与计价表。

表3-43　　总价措施项目清单的统一项目编码

项目编码	项目名称	项目编码	项目名称
011707001	安全文明施工费（含环境保护、文明施工、安全施工、临时设施）	011707005	冬雨期施工增加费
011707002	夜间施工增加费	011707007	已完工程及设备保护费
011707004	二次搬运费		

5. 招标工程量清单的其他项目清单中已明确：暂列金额30万元，专业工程暂估价20万元（总承包服务费按5%计取），计日工中暂估零星用工10个，综合单价为240元/工日，水泥2.8t，综合单价为580元/t；中砂8m³，综合单价为240元/m³，灰浆搅拌机（400L）2个台班，综合单价为230.80元/台班。编制其他项目清单与计价汇总表。

6. 若规费按分部分项工程和措施项目费中全部人工费的26%计取，增值税税率为9%。上述价格和费用均不包含增值税可抵扣进项税额，编制该单位工程最高投标限价汇总表，并确定最高投标限价。

分析要点：

本案例要求按《房屋建筑与装饰工程工程量计算规范》和《计价规范》及工程所在省建设行政主管部门发布的消耗量定额的相关规定，掌握编制单位工程清单与定额工程量计算的基本方法；掌握编制工程量清单综合单价分析表、分部分项工程和单位措施项目工程量清单与计价表、总价措施项目清单与计价表、其他项目清单与计价汇总表以及单位工程最高投标限价汇总表的操作实务。应掌握分部分项工程通过当地建设行政主管部门颁发的计价定额中的消耗量和市场价格形成综合单价的过程。本案例的基本知识点：

在《房屋建筑与装饰工程工程量计算规范》中现浇混凝土构件的清单子目的工程内容中除了包含混凝土的制作、运输、浇筑、振捣和养护外，还包括模板及支撑的制作、安装、拆除、堆放、运输及清理模内杂物、刷隔离剂等内容。同时又在措施项目中单列了现浇混凝土模板工程项目。对此，招标人应根据工程实际情况选用。若招标人在措施项目清单中未编列现浇混凝土模板项目清单，即表示现浇混凝土模板项目不单列，现浇混凝土工程项目的综合单价中应包括模板工程费用。问题2中采用的是现浇混凝土模板项目单列，模板费用不计入相应子目的混凝土单价中。问题3中采用的是模板费用计入相应的混凝土单价中。

装配式混凝土楼梯的报价需要综合考虑连接方式、吊装运输费用。该项目采用的是成品预制混凝土楼梯段，按市场价格计入报价中。

为了简化篇幅，表3-42中直接给出了部分单价措施项目的人工费、材料费和施工机具使用费，其组价过程与分部分项工程相同，即首先在该省的《房屋建筑与装饰工程消耗量定额》中获得相应单价措施项目定额中的人材机消耗量，然后与工程造价管理部门发布的工程造价信息上的对应的人材机的价格或市场价格各自相乘汇总而成。

答案：

问题1：

解：根据图示内容、《房屋建筑与装饰工程工程量计算规范》和《计价规范》的规定，计算该工程基础垫层、混凝土满堂基础、混凝土墙、垫层模板、满堂基础模板、混凝土墙模板、综合脚手架、垂直运输的招标工程量清单中的数量，见表3-44。

表3-44　　分部分项工程和单价措施项目工程量计算表

序号	项目编码	项目名称	项目特征	计量单位	工程量	计算过程
1	010501001001	基础垫层	1. 混凝土种类：预拌混凝土 2. 混凝土强度等级：C15	m^3	37.36	(17.4+0.25+0.3×2+0.1×2)×(19.2+0.25+0.3×2+0.1×2)×0.1=37.36
2	010501004001	满堂基础	1. 混凝土种类：预拌抗渗混凝土 2. 混凝土强度等级：C35	m^3	109.77	(17.4+0.25+0.3×2)×(19.2+0.25+0.3×2)×0.3=109.77
3	010504004001	混凝土墙	1. 混凝土种类：预拌抗渗混凝土 2. 混凝土强度等级：C35	m^3	69.54	(17.4×2+19.2×2)×0.25×(4.2−0.1−0.3)=69.54
4	010513001001	装配式混凝土楼梯	1. 构件名称：预制楼梯段 2. 单件体积：1.2m^3以内 3. 混凝土强度等级：C30 4. 连接方式：焊接 5. 场外运输30km	m^3	11.75	

续表

序号	项目编码	项目名称	项目特征	计量单位	工程量	计算过程
5	011702001001	垫层模板	复合模板	m^2	7.74	[(17.4+0.25+0.3×2+0.1×2)×2+(19.2+0.25+0.3×2+0.1×2)×2]×0.1=7.74
6	011702001002	满堂基础模板	复合模板钢支撑	m^2	22.98	[(17.4+0.25+0.3×2)×2+(19.2+0.25+0.3×2)×2]×0.3=22.98
7	011702011001	混凝土墙模板	复合模板钢支撑	m^2	541.88	(17.4+0.25+19.2+0.25)×2×3.8+(17.4−0.25+19.2−0.25)×2×3.6=541.88
8	011701001001	综合脚手架	1. 建筑结构形式：地上框架、地下箱形结构 2. 檐口高度：23.60m	m^2	1600.00	建筑面积1600.00
9	011703001001	垂直运输	1. 建筑结构形式：地上框架、地下箱形结构 2. 檐口高度、层数：23.60m、4层	m^2	1600.00	建筑面积1600.00
10		其他工程	略			

问题2：

解：根据表3-40、表3-41和表3-42的内容编制该工程的分部分项工程综合单价分析表，见表3-45、表3-46，编制的分部分项工程和单价措施项目清单与计价表，见表3-47。

1. 编制该工程的分部分项工程量清单综合单价分析表。

（1）混凝土满堂基础综合单价分析表，见表3-45。

每$1m^3$满堂基础清单工程量所含施工工程量：109.77/109.77/10=0.10（$10m^3$）

表3-45 混凝土满堂基础综合单价分析表

项目编码	010501002001		项目名称	混凝土满堂基础		计量单位	m^3		工程量	109.77	
清单综合单价组成明细											
定额编号	定额名称	定额单位	数量	单价（元）				合价（元）			
				人工费	材料费	施工机具使用费	管理费和利润	人工费	材料费	施工机具使用费	管理费和利润
5-8	满堂基础	$10m^3$	0.10	790.40	6146.09	7.29	395.20	79.04	614.61	0.73	39.52

续表

定额编号	定额名称	定额单位	数量	单价（元）				合价（元）			
				人工费	材料费	施工机具使用费	管理费和利润	人工费	材料费	施工机具使用费	管理费和利润
人工单价		小计						79.04	614.61	0.73	39.52
130元/工日		未计价材料（元）									
清单项目综合单价（元/ m^3 ）					733.90						

材料费明细	主要材料名称、规格、型号	单位	数量	单价（元）	合价（元）	暂估单价（元）	暂估合价（元）
	预拌抗渗混凝土C35	m^3	1.01	580.00	585.80		
	其他材料费（元）				28.81		
	材料费小计（元）				614.61		

（2）装配式混凝土楼梯综合单价分析表，见表3-46。

每 $1m^3$ 装配式混凝土楼梯安装清单工程量所含施工工程量：3.91/3.91/10＝0.10（$10m^3$）

每 $1m^3$ 装配式混凝土楼梯运输1km以内的清单工程量所含施工工程量：3.91/3.91/10＝0.10（$10m^3$）

每 $1m^3$ 装配式混凝土楼梯增运29km的清单工程量所含施工工程量：

3.91/3.91/10×29＝2.90（$10m^3$）

表3-46　　装配式混凝土楼梯综合单价分析表

项目编码		010513001001		项目名称	装配式混凝土楼梯		计量单位	$10m^3$		工程量	11.75
清单综合单价组成明细											
定额编号	定额名称	定额单位	数量	单价（元）				合价（元）			
				人工费	材料费	施工机具使用费	管理费和利润	人工费	材料费	施工机具使用费	管理费和利润
5-61	预制楼梯安装	$10m^3$	0.10	2412.80	23400.88	2065.82	1206.40	241.28	2340.09	206.58	120.64
5-82	预制构件运输1km以内	$10m^3$	0.10	453.70	120.09	1481.30	226.85	45.37	12.01	148.13	22.69

续表

定额编号	定额名称	定额单位	数量	单价（元）				合价（元）			
				人工费	材料费	施工机具使用费	管理费和利润	人工费	材料费	施工机具使用费	管理费和利润
5-83	预制构件运输每增运 1km	$10m^3$	2.90	0	0	76.30	0	0	0	221.27	0
人工单价		小计						286.65	2352.10	575.98	143.33
130 元/工日		未计价材料（元）									
清单项目综合单价（元/ m^3）								3358.06			

材料费明细	主要材料名称、规格、型号	单位	数量	单价（元）	合价（元）	暂估单价（元）	暂估合价（元）
	预制钢筋混凝土楼梯段（成品）	$10m^3$	1.01	2300.00	2323.00		
	其他材料费（元）				29.10		
	材料费小计（元）				2352.10		

基础垫层、混凝土墙、垫层模板、满堂基础模板、混凝土墙模板、综合脚手架、垂直运输等的综合单价的计算过程类似上述算法（综合单价分析表略），分别为：649.85 元/m^3、890.15 元/m^2、47.86 元/m^2、63.22 元/m^2、77.06 元/m^2、56.07 元/m^2、36.99 元/m^2。

2. 编制分部分项工程和单价措施项目清单与计价表，见表 3-47。

表 3-47　　分部分项工程和单价措施项目清单与计价表

序号	项目编码	项目名称	项目特征	计量单位	工程量	金额（元）		
						综合单价	合价	其中：暂估价
一	分部分项工程							
1	010501001001	基础垫层	1. 混凝土种类：预拌混凝土 2. 混凝土强度等级：C15	m^3	37.36	649.85	24278.40	
2	010501004001	满堂基础	1. 混凝土种类：预拌抗渗混凝土 2. 混凝土强度等级：C35	m^3	109.77	733.90	80560.20	

续表

序号	项目编码	项目名称	项目特征	计量单位	工程量	金额（元）		
						综合单价	合价	其中：暂估价
3	010504004001	混凝土墙	1. 混凝土种类：预拌抗渗混凝土 2. 混凝土强度等级：C35	m^3	69.54	890.15	61901.03	
4	010513001001	装配式混凝土楼梯	1. 构件名称：预制楼梯段 2. 单件体积：1.2m^3 以内 3. 混凝土强度等级：C30 4. 连接方式：焊接 5. 场外运输 30km	m^3	11.75	3358.06	39457.21	
5	……	其他工程	（略）				2200000.00	
	分部分项工程小计						2406196.84	
二	单价措施项目							
1	011702001001	垫层模板	复合模板	m^2	7.74	47.86	370.44	
2	011702001002	满堂基础模板	复合模板钢支撑	m^2	22.98	63.22	1452.80	
3	011702011001	混凝土墙模板	复合模板钢支撑	m^2	541.88	77.06	41757.27	
4	011701001001	综合脚手架	1. 建筑结构形式：地上框架、地下箱形结构 2. 檐口高度：23.60m	m^2	1600.00	56.07	89712.00	
5	011703001001	垂直运输	1. 建筑结构形式：地上框架、地下箱形结构 2. 檐口高度、层数：23.60m、4层	m^2	1600.00	36.99	59184.00	
6	……	其他单价措施项目	（略）				100000.00	
	单价措施项目小计						292476.51	
	分部分项工程和单价措施项目合计						2698673.35	

问题 3：

解：此三项模板费用应计入相应的混凝土工程项目的综合单价中，计算如下：

基础垫层的综合单价调整为：649.85+370.44÷37.36=659.77（元/m^3）

满堂基础的综合单价调整为：733.90+1452.80÷109.77=747.13（元/m^3）

混凝土墙的综合单价调整为：890.15+41757.27÷69.54=1490.63（元/m^3）

问题 4：

解：总价措施项目清单与计价表，见表 3-48。

总价措施项目的人工费=129830.40×20%=25966.08（元）

表 3-48　　**总价措施项目清单与计价表**

序号	项目编码	项目名称	计算基础	费率（%）	金额（元）	调整费率（%）	调整后金额（元）
1	011707001001	安全文明施工费（含环境保护、文明施工、安全施工、临时设施）	403200.00	25	100800.00		
2	011707002001	夜间施工增加费	403200.00	3	12096.00		
3	011707004001	二次搬运费	403200.00	2	8064.00		
4	011707005001	冬雨期施工增加费	403200.00	1	4032.00		
5	011707007001	已完工程及设备保护费	403200.00	1.2	4838.40		
合计					129830.40		

问题 5：

解：编制该工程其他项目清单与计价汇总表，见表 3-49。

表 3-49　　**其他项目清单与计价汇总表**

序号	项目名称	计量单位	金额（元）	结算金额（元）	备注
1	暂列金额	元	300000.00		
2	材料暂估价	元	—		不计入总价
3	专业工程暂估价	元	200000.00		
4	计日工 10×240+2.8×580+8×240+2×230.8=6405.60 元	元	6405.60		
5	总包服务费 200000×5%=10000.00 元	元	10000.00		
	合计		516405.60		

问题6：

解：1. 编制单位工程最高投标限价汇总表，见表3-50。

措施项目费合计=单价措施项目费+总价措施项目费

=292476.51+129830.40=422306.91（元）

表3-50　　**单位工程最高投标限价汇总表**

序号	项目名称	金额（元）	其中：暂估价（元）
1	分部分项工程费	2406196.84	
1.1	略		
……			
2	措施项目费	422306.91	
	其中：安全文明施工费	100800.00	
3	其他项目	516405.60	
3.1	其中：暂列金额	300000.00	
3.2	其中：专业工程暂估价	200000.00	
3.3	其中：计日工	6405.60	
3.4	其中：总承包服务费	10000.00	
4	规费（403200.00+60000.00+25966.08）×26%	127183.18	
5	税金（2406196.84+422306.91+516405.60+127183.18）×9%	312488.33	
	最高投标限价合计=1+2+3+4+5	3784580.86	

2. 确定该单位工程最高投标限价。

单位工程最高投标限价为：3784580.86元。

【案例十】

背景：

某写字楼电梯厅共20套，装修竣工图及相关技术参数见图3-7A和图3-7B所示，墙面干挂石材高度为2900mm，其石材外皮距结构面尺寸为100mm。施工企业中标的分部分项工程和单价措施项目清单与计价表，见表3-51，表中的综合单价均不包含增值税可抵扣进项税额。

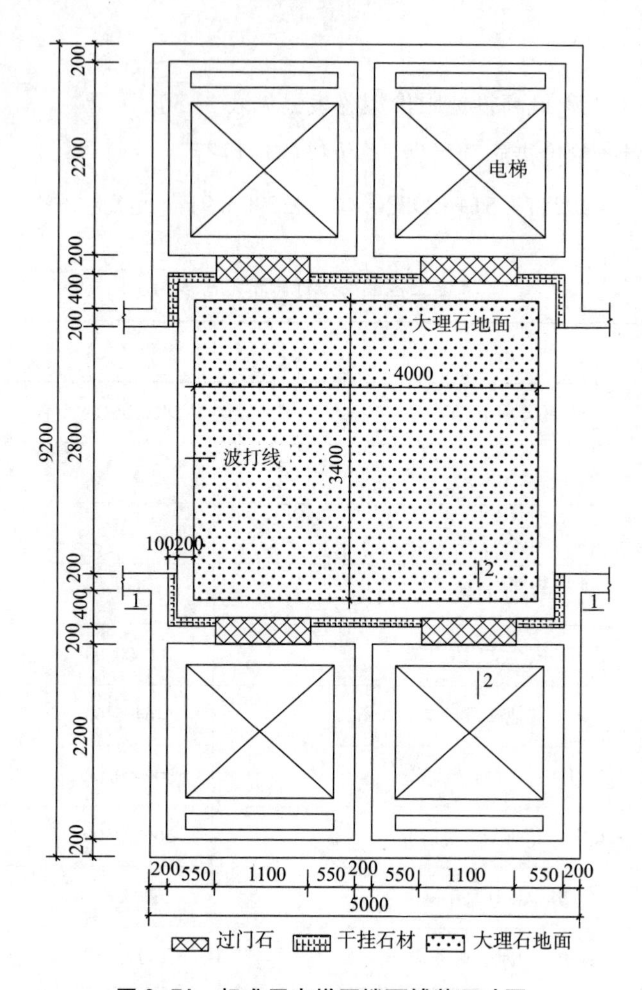

图 3-7A 标准层电梯厅楼面铺装尺寸图

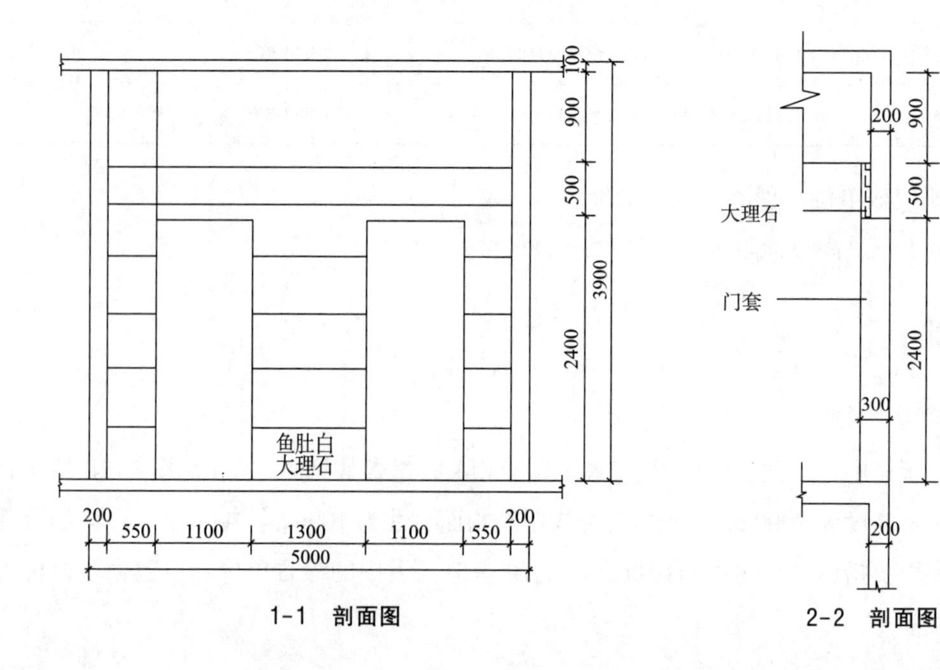

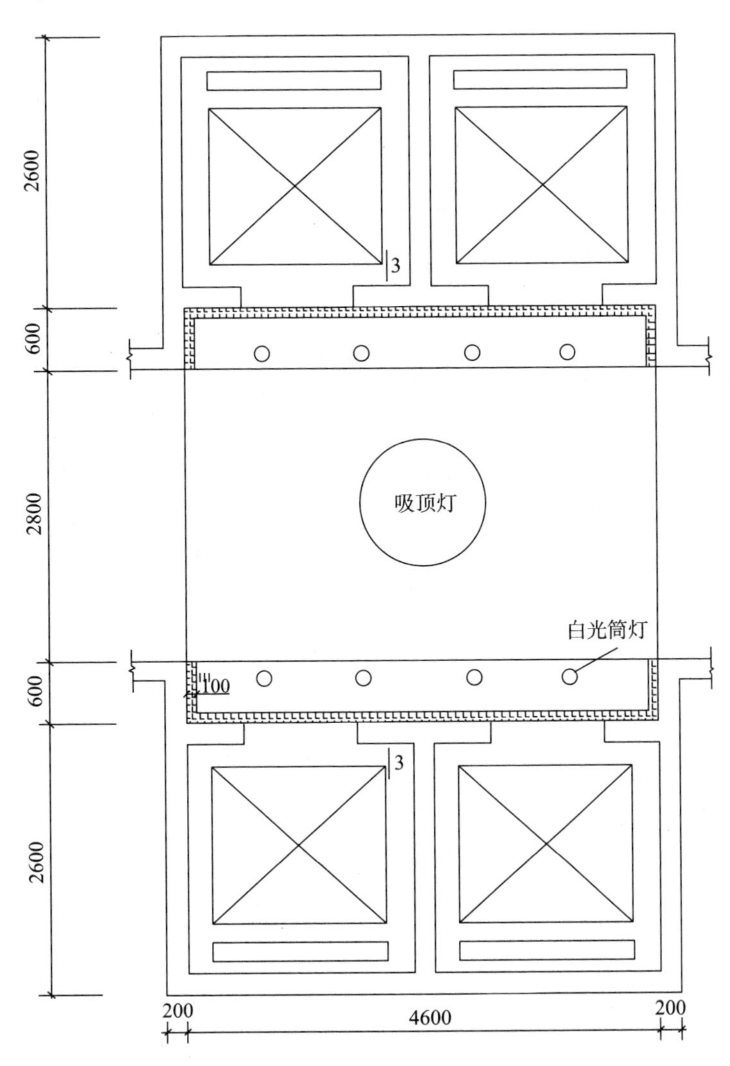

图 3-7B 标准层电梯厅吊顶尺寸图

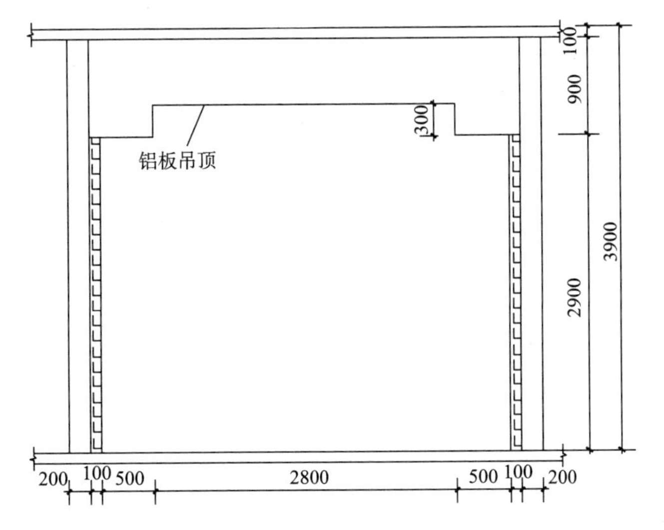

3-3 剖面图

表 3-51　　分部分项工程和单价措施项目清单与计价表

序号	项目编码	项目名称	项目特征	计量单位	工程量	金额（元）		
						综合单价	合价	其中：暂估价
一	分部分项工程							
1	011102001001	石材楼地面	干硬性水泥砂浆铺砌米黄大理石	m^2	302.40	540.00	163296.00	
2	011102001002	石材波打线	干硬性水泥砂浆铺砌啡网纹大理石	m^2	65.60	610.00	40016.00	
3	011108001001	过门石	干硬性水泥砂浆铺砌啡网纹大理石	m^2	24.60	600.00	14760.00	
4	011204004001	干挂石材钢骨架	型钢龙骨，防锈漆2遍	t	10.06	11955.62	120273.54	
5	011204001001	石材墙面	干挂鱼肚白大理石	m^2	461.60	710.00	327736.00	
6	010808004001	不锈钢电梯门套	1mm镜面不锈钢板	m^2	140.00	240.00	33600.00	
7	011302001001	吊顶天棚	2.5mm铝板，轻钢龙骨	m^2	368.00	360.00	132480.00	
	分部分项工程小计			元			832161.54	
二	单价措施项目							
1	011701003001	吊顶脚手架	3.6m内	m^2	368.00	25.00	9200.00	
	单价措施项目小计			元			9200.00	
	分部分项工程和单价措施项目合计			元			841361.54	

问题：

1. 根据工程竣工图纸及技术参数，按《房屋建筑与装饰工程工程量计算规范》GB 50854-2013的计算规则，计算该20套电梯厅装饰分部分项工程的结算工程量，计算过程填入表3-52中。

表 3-52　　工程量计算表

序号	项目名称	单位	计算过程	计算结果
1	石材楼地面	m^2		
2	石材波打线	m^2		
3	过门石	m^2		
4	干挂石材钢骨架	t	略	10.48

续表

序号	项目名称	单位	计算过程	计算结果
5	石材墙面	m^2		
6	不锈钢电梯门套	m^2		
7	吊顶天棚	m^2		
8	吊顶脚手架	m^2		

2. 施工企业投标时采用了表3-53对干挂石材钢骨架进行组价。表中费用均不包含增值税可抵扣进项税额，管理费和利润分别为人工费40%和20%。施工过程中型钢价格普遍上涨，施工合同约定，型钢单价风险幅度值为±5%，超过时，采用造价信息差额调整法调整综合单价：承包人投标单价中的材料单价低于基准单价（当地造价管理部门发布的信息价）时，施工期间材料单价涨幅以基准单价为基础超过合同约定的风险幅度值时，其超过部分按实结算。投标期间和施工当期造价管理部门发布的型钢的材料信息价（除税）分别为4500元/t、5200元/t，施工当期承包方采购的型钢材料除税单价为5000元/t，列式计算型钢骨架结算时的综合单价，并编制其综合单价分析表。

表3-53　干挂石材钢骨架安装、油漆的组价表

消耗资源			每吨消耗量	
名称	单位	单价（元）	型钢龙骨安装	钢结构防锈漆
综合工日	工日	120.00	23.92	1.96
型钢	t	4200.00	1.06	—
电焊条	kg	6.03	23.42	—
合金钢钻头	个	9.48	25	—
膨胀螺栓	套	0.59	400	—
铁件	kg	4.90	246.43	—
电	kW·h	0.90	6.13	—
砂布	张	1.03	—	15.20
防锈漆	kg	13.62	—	8.65
油漆溶剂油	kg	8.91	—	0.98
交流弧焊机	台班	92.81	6.09	—

3. 电梯门套的材料应甲方要求进行了设计变更，改为 2mm 拉丝不锈钢板，发承包双方核定的材料含税单价为 350 元/m^2，根据合同约定，此类变更仅可以调整不锈钢板材料的单价，其他内容不变，中标的 1mm 镜面不锈钢板的含税单价为 180 元/m^2，每平方米消耗量为 1.05m^2。若增值税进项税率为 13%，计算 2mm 拉丝不锈钢门套的综合单价。

4. 根据上述问题 1、2、3 的计算结果，编制该工程结算时的分部分项工程和单价措施项目清单与计价表。

5. 该工程的安全文明施工费按分部分项工程和单价措施项目费合计的 4.2%计取；其他总价措施项目费用合计按分部分项工程人工费的 10%计取。分部分项工程及措施项目费中的人工费均占 25%，招标时其他项目费中暂列金额为 9 万元，施工过程中发生的现场签证为 2 万元。规费按分部分项工程及措施项目费中全部人工费的 20%计取；上述费用均不包含增值税可抵扣进项税额。增值税税率按 9%计取。编制该工程电梯间装饰部分的单位工程竣工结算汇总表。

分析要点：

本案例要求按《房屋建筑与装饰工程工程量计算规范》和《计价规范》及相关规定，掌握编制工程结算的基本方法，掌握由于物价变化带来的综合单价超过风险幅度值后的调整方法，掌握由于设计变更带来的材料单价的换算和综合单价的组价方法，掌握工程竣工结算的整个编制流程。

问题 1 涉及装饰分部分项工程楼地面、墙面、顶棚等的工程量计算。注意各工程量计算之间的配合关系。

问题 2 主要考核使用造价信息差额调整法进行综合单价的调整。注意材料单价的调整基础是基于基准单价而不是投标单价。

问题 3 主要考核材料单价换算时应采用不含增值税可抵扣进行税额的价格。

问题 4 应根据实际核定后的工程量和调整后的单价重新计算分部分项和的单价措施项目费。

问题 5 中应注意竣工结算汇总表中不再包含投标报价中的暂列金额，而应包含签证费用。

答案：

问题 1：

解：电梯厅装饰分部分项工程的结算工程量的计算见表 3-54。

问题 2：

解：干挂石材钢骨架项目结算的综合单价分析表见表 3-55，计算过程如下：

人工费：120.00×23.92+1.96×120.00=3105.60（元/t）

表 3-54　　工程量计算表

序号	项目名称	单位	计算过程	计算结果
1	石材楼地面	m^2	4.00×3.40×20	272.00
2	石材波打线	m^2	(4.20×2+3.60×2)×0.20×20	62.40
3	过门石	m^2	0.30×1.10×4×20	26.40
4	干挂石材钢骨架	t	略	10.48
5	石材墙面	m^2	[2.90×(0.50×4+4.40×2+0.10×4)-1.10×2.40×4]×20	438.40
6	不锈钢电梯门套	m^2	0.30×(1.10+2.40×2)×4×20	141.60
7	吊顶天棚	m^2	(0.50×4.40×2+2.80×4.60)×20	345.60
8	吊顶脚手架	m^2	(0.50×4.40×2+2.80×4.60)×20	345.60

材料费：调整后的型钢的材料单价为：5000-4500×(1+5%)+4200=4475.00（元/t）

(4475.00×1.06+6.03×23.42+9.48×25+0.59×400+4.90×246.43+0.90×6.13)+(1.03×15.2+13.62×8.65+8.91×0.98)=6712.95（元/t）

施工机具使用费：92.81×6.09=565.21（元/t）

管理费：3105.60×40%=1242.24（元/t）

利润：3105.60×20%=621.12（元/t）

综合单价=3105.60+6712.95+565.21+1242.24+621.12=12247.12（元/t）

表 3-55　　干挂石材钢骨架综合单价分析表

项目编码	011204004001	项目名称	干挂石材钢骨架	计量单位	t	工程量	10.48				
清单综合单价组成明细											
定额编号	定额名称	定额单位	数量	单价（元）				合价（元）			
				人工费	材料费	施工机具使用费	管理费和利润	人工费	材料费	施工机具使用费	管理费和利润
	型钢骨架	t	1.00	2870.40	6570.75	565.21	1722.24	2870.40	6570.75	565.21	1722.24
	钢结构防锈漆	t	1.00	235.20	142.20	0	141.12	235.20	142.20	0	141.12
人工单价		小计						3105.60	6712.95	565.21	1863.36
120 元/工日		未计价材料（元）						12247.12			

续表

清单项目综合单价（元/t）							
材料费明细	主要材料名称、规格、型号	单位	数量	单价（元）	合价（元）	暂估单价（元）	暂估合价（元）
	型钢	t	1.06	4475.00	4743.50		
	其他材料费（元）				1969.45		
	材料费小计（元）				6712.95		

问题 3：

解：计入综合单价的应为材料的不含增值税进项税额的单价。

1mm 镜面不锈钢材的除税单价 = 180÷(1+13%) = 159.29（元/m^2）

2mm 拉丝不锈钢的除税单价 = 350÷(1+13%) = 309.73（元/m^2）

2mm 拉丝不锈钢门套的综合单价 = 240−159.29×1.05+309.73×1.05 = 397.96（元/m^2）

问题 4：

解：结算调整后的分部分项工程和单价措施项目清单与计价表见表 3-56。

表 3-56 分部分项工程和单价措施项目清单与计价表

序号	项目编码	项目名称	项目特征	计量单位	工程量	金额（元）		
						综合单价	合价	其中：暂估价
一	分部分项工程							
1	011102001001	石材楼地面	干硬性水泥砂浆铺砌米黄大理石	m^2	272.00	540.00	146880.00	
2	011102001002	石材波打线	干硬性水泥砂浆铺砌啡网纹大理石	m^2	62.40	610.00	38064.00	
3	011108001001	过门石	干硬性水泥砂浆铺砌啡网纹大理石	m^2	26.40	600.00	15840.00	
4	011204004001	干挂石材钢骨架	型钢龙骨，防锈漆 2 遍	t	10.48	12247.12	128349.82	
5	011204001001	石材墙面	干挂鱼肚白大理石	m^2	438.40	710.00	311264.00	
6	010808004001	不锈钢电梯门套	1mm 镜面不锈钢板	m^2	141.60	397.96	56351.14	
7	011302001001	吊顶天棚	2.5mm 铝板，轻钢龙骨	m^2	345.60	360.00	124416.00	
	分部分项工程小计			元			821164.96	

续表

序号	项目编码	项目名称	项目特征	计量单位	工程量	金额（元）		
						综合单价	合价	其中：暂估价
二	单价措施项目							
1	011701003001	吊顶脚手架	3.6m 内	m^2	345.60	25.00	8640.00	
	单价措施项目小计			元			8640.00	
	分部分项工程和单价措施项目合计			元			829804.96	

问题 5：

解：单位工程竣工结算汇总表见表 3-57。

安全文明施工费 = 829804.96×4.2% = 34851.81（元）

措施项目费 = 8640.00+34851.81+821164.96×25%×10% = 64020.93（元）

规费 = (821164.96+64020.93)×25%×20% = 44259.29（元）

增值税 = (821164.96+64020.93+20000.00+44259.29)×9% = 85450.07（元）

表 3-57　　单位工程竣工结算汇总表

序号	汇总内容	金额（元）
1	分部分项工程费	821164.96
2	措施项目费	64020.93
2.1	其中：安全文明施工费	34851.81
3	其他项目	20000.00
3.1	现场签证	20000.00
4	规费	44259.29
5	增值税	85450.07
竣工结算总价合计 = 1+2+3+4+5		1034895.25

第四章　工程招标投标

本章基本知识点：

1. 建设工程施工招标投标程序；
2. 技术经济分析方法在投标决策中的运用；
3. 投标报价技巧的选择和运用；
4. 评标定标的具体方法及需注意的问题；
5. 工程量清单招标投标的相关问题。

【案例一】

背景：

A企业拟进行某房屋建筑工程建设，工程招标控制价6100万元。工程采用EPC（设计-采购-施工）总承包方式，依据拟建工程已批复的初步设计进行项目的施工图设计、采购、施工的工程总承包公开招标，不进行资格预审，评标时按照形式评审、资格评审、响应性评审和详细评审顺序进行。投标截止时，B、C、D和E四家投标人递交了投标文件和提交了投标保证金。

B投标人对招标文件进行了仔细分析，发现招标人所提出的工期要求过于苛刻，且合同条款中规定每拖延1d工期罚合同价的1‰。若要保证实现该工期要求，必须采取特殊措施，从而大大增加成本；还发现初步设计中原设计结构方案采用框架-剪力墙体系过于保守。因此，该投标人在投标文件中说明招标人的工期要求难以实现，因而按招标文件要求的工期和自己认为的合理工期（比招标人要求的工期增加6个月）编制施工进度计划分别报价；还建议将框架-剪力墙体系改为框架体系，并对这两种结构体系进行了技术经济分析和比较，证明框架体系不仅能保证工程结构的可靠性和安全性、增加使用面积、提高空间利用的灵活性，而且可降低造价约3%，并按照框架-剪力墙体系和框架体系分别报价。

B投标人将技术标和商务标分别封装，在封口处加盖本单位公章和项目经理签字后，在投标截止日期前1d上午将投标文件报送招标人。次日（即投标截止日当天）下午，在规定的开标时间前 1h，该投标人又递交了一份补充材料，其中声明将原报价降低 4%。但是，招标人的有关工作人员认为，根据国际上“一标一投”的惯例，一个投标人不得递交两份投标文件，因而拒收该投标人的补充材料。

开标会由市招标投标办的工作人员主持，各投标人代表均到场。开标前，工作人员对各投标人的资质进行审查，并对所有投标文件进行审查，发现 C 投标人的投标文件委托代理人签字处未签字，确认 C 投标人的投标文件未满足形式评审要求，C 投标人的投标为废标。评标委员会和主持人简单商议并同建设单位沟通后决定：由于工程项目工期紧张，建设工作不能延误，对合格的 B、D 和 E 投标人的投标文件正式开标。主持人宣读投标人名称、投标价格、投标工期和有关投标文件的重要说明。经过评标等相关程序，最终，D 投标人和 A 企业签订了 EPC 工程总承包合同，将该工程的设计、采购、施工任务委托总承包商进行 EPC 工程总承包。

签订合同时，EPC 合同第二部分通用条款对合同价款及调整进行了约定，合同价款为固定总价，任何一方不得擅自改变，合同价款所包括的工程内容为初步设计范围所包含的工程范围。EPC 合同专用条款又约定本合同价款（暂估）为 6000 万元。

问题：

1. B 投标人运用了哪几种报价技巧？其运用是否得当？请逐一加以说明。

2. 招标人在招标文件中约定对投标人进行资格审查通常应包括哪些内容？

3. 从所介绍的背景资料来看，在该项目招标程序中存在哪些不妥之处？请分别作简单说明。

4. EPC 工程总承包合同采用的计价方式有哪些？如果采用固定总价合同，在合同中约定（暂估）6000 万元合适吗？在签订合同时可以调整吗？

分析要点：

本案例主要考核房屋建筑和市政基础设施项目工程总承包单位选择方式、合同价格形式、总承包单位资质和投标人报价技巧的运用，涉及多方案报价法、增加建议方案法和突然降价法，还涉及招标程序中的一些问题。

（1）2019 年 12 月 23 日，住房和城乡建设部、国家发展改革委颁布的《房屋建筑和市政基础设施项目工程总承包管理办法》规定：工程总承包项目范围内的设计、采购或者施工中，有任一项属于依法必须进行招标的项目范围且达到国家规定规模标准的，应当采用招标的方式选择工程总承包单位。

（2）企业投资项目的工程总承包宜采用总价合同，政府投资项目的工程总承包应当合理确定合同价格形式。采用总价合同的，除合同约定可以调整的情形外，合同总价一般不予调整。

（3）工程总承包单位应当同时具有与工程规模相适应的工程设计资质和施工资质，或者由具有相应资质的设计单位和施工单位组成联合体。工程总承包单位应当具有相应的项目管理体系和项目管理能力、财务和风险承担能力，以及与发包工程相类似的设计、施工或者工程总承包业绩。

（4）多方案报价法和增加建议方案法都是针对招标人的，是投标人发挥自己技术优势，取得招标人信任和好感的有效方法。运用这两种报价技巧的前提均是必须对招标文件中的有关内容和规定报价，否则，即被认为对招标文件未作出“实质性响应”，而被视为废标。突然降价法是针对竞争对手的，其运用的关键在于突然性，且需保证降价幅度在自己的承受能力范围之内。

本案例涉及工程总承包单位选择方式、合同价格形式、总承包单位资质，这些问题应按照《房屋建筑和市政基础设施项目工程总承包管理办法》的规定回答；投标文件的有效性和合法性、开标会的主持、开标时投标文件密封的检查，这些问题都应按照《中华人民共和国招标投标法》和有关法规的规定回答。

答案：

问题1：

答：B投标人运用了三种报价技巧，即多方案报价法、增加建议方案法和突然降价法。

其中，多方案报价法运用恰当，因为运用该报价技巧时，必须对原方案（本案例指招标人的工期要求）报价，同时B投标人在投标时不仅说明了该工期要求难以实现，并按照建议工期报出相应的投标价。

增加建议方案法运用得当，通过对框架-剪力墙体系和框架体系方案的技术经济分析和比较，论证了建议方案（框架体系）的技术可行性和经济合理性，对招标人有很强的说服力，并按照两个结构体系分别报价。

突然降价法也运用得当，原投标文件的递交时间比规定的投标截止时间仅提前1d多，这既是符合常理的，又为竞争对手调整、确定最终报价留有一定的时间，起到了迷惑竞争对手的作用。若提前时间太多，会引起竞争对手的怀疑，而在开标前1h突然递交一份补充文件，这时竞争对手已不可能再调整报价了。

问题2：

答：招标人对投标人进行资格审查应包括以下内容：

（1）投标人签订合同的权利：营业执照和资质证书；

（2）投标人履行合同的能力：人员情况、技术装备情况、财务状况等；

（3）投标人目前的状况：投标资格是否被取消、账户是否被冻结等；

（4）近三年情况：是否发生过重大安全事故和质量事故；

（5）法律、行政法规规定的其他内容。

问题 3：

答：该项目招标程序中存在以下不妥之处：

（1）“招标单位的有关工作人员拒收承包商的补充材料”不妥，因为投标人在投标截止时间之前所递交的任何正式书面文件都是有效文件，都是投标文件的有效组成部分，也就是说，补充文件与原投标文件共同构成一份投标文件，而不是两份相互独立的投标文件。

（2）“开标会由市招标投标办的工作人员主持”不妥，因为开标会应由招标人或招标代理人主持，并宣读投标单位名称、投标价格、投标工期等内容。

（3）“开标前，工作人员对各投标单位的资质进行了审查”不妥，因为该项目的资格审查按照招标文件的规定应在评标时进行（背景资料说明了该工程评标时按照形式评审、资格评审、响应性评审和详细评审顺序进行）。

（4）“工作人员对所有投标文件进行审查”不妥，因为在开标时只是检查各投标文件的密封情况。

问题 4：

答：EPC 总承包合同采用的计价形式包括总价合同或其他合同价格形式。《房屋建筑和市政基础设施项目工程总承包管理办法》规定企业投资项目的工程总承包宜采用总价合同，政府投资项目的工程总承包应当合理确定合同价格形式。采用总价合同的，除合同约定可以调整的情形外，合同总价一般不予调整。

在合同中约定（暂估）6000 万元不合适，应按照中标价格作为固定总价。

建设单位和工程总承包单位可以在合同中约定工程总承包计量规则和计价方法。

签合同时，应该将暂估合同价确定为明确的固定总价，避免工程结算的纠纷。

【案例二】

背景：

甲建设单位拟对某保障性租赁住房建设工程全过程工程咨询服务进行招标，全过程工程咨询服务招标范围包括①前期工作（包括但不限于日照分析、可研）；②工程设计；③工程项目管理服务；④监理服务；⑤BIM 咨询。

考虑投标单位可能较少，建设单位拟采用邀请招标，由于项目为 100% 国有资金投资，建设单位最终采用公开招标，共有 A、B、C 三家甲级设计单位参加投标。

招标公告中规定：5 月 1 日至 5 月 3 日 9：00—17：00 在甲建设单位总经济师室出售

招标文件。

招标文件中规定：投标人自行踏勘现场；投标人提出疑问或澄清的截止时间5月10日10：00；招标文件澄清发布时间5月10日17：00；6月30日为投标截止日；投标有效期到7月30日为止；最高投标限价为1980万元（暂按工程建安费33000万元折算成费率，控制价费率为工程建安费的6%）；投标保证金统一定为38万元；评标采用综合评估法，资信业绩、服务团队、全过程工程咨询工作大纲、设计方案、投标报价各占20%；投标人具备的资质及其等级必须满足下列条件之一，并在人员、设备、资金等方面具备相应的工程全过程服务咨询能力：①建设行政主管部门颁发的且在有效期内的工程设计资质：工程设计综合资质甲级，或者建筑行业设计甲级，或者建筑行业（建筑工程）设计甲级；②建设行政主管部门颁发的且在有效期内的工程监理专业资质：房屋建筑工程专业乙级及以上监理资质或监理综合资质。

在评标过程中，鉴于各投标人的资信业绩、服务团队、全过程工程咨询工作大纲、设计方案差别不大，建设单位决定将评标方法改为经评审的最低投标价法。评标委员会根据修改后的评标方法，确定的评标结果排名顺序为A公司、C公司、B公司。建设单位于7月8日确定A公司中标，于7月15日向A公司发出中标通知书，并于7月18日与A公司签订了合同。在签订合同过程中，经审查，A公司所选择的监理分包单位不符合要求，建设单位遂指定D监理公司（房屋建筑工程专业监理甲级资质）作为A公司的分包单位。建设单位于7月28日将中标结果通知了B、C两家公司，并将投标保证金退还给该两家公司。建设单位于7月31日向当地招标投标管理部门提交了该工程招标投标情况的书面报告。

问题：

1. 对于必须招标的项目，在哪些情况下经有关主管部门批准可以采用邀请招标？
2. 该建设单位及评标委员会在招标工作中有哪些不妥之处？请逐一说明理由。

分析要点：

本案例主要考核必须招标的项目可以进行邀请招标的情形以及招标投标过程中若干时限规定和有关问题。

其中，特别需要注意的是开标时间、定标时间、投标有效期三者之间的关系。我国《招标投标法》规定，开标应当在招标文件确定的提交投标文件截止时间的同一时间公开进行。但何时定标、投标有效期到何时截止，有关法规并无直接规定。

《招标投标法》规定招标人应当确定投标人编制投标文件所需要的合理时间；但是，依法必须进行招标的项目，自招标文件开始发出之日起至投标人提交投标文件截止之日止，最短不得少于20日。

《招标投标法实施条例》规定资格预审文件或者招标文件的发售期不得少于5日；招标人可以对已发出的资格预审文件或者招标文件进行必要的澄清或者修改，澄清或者修改的内容可能影响资格预审申请文件或者投标文件编制的，招标人应当在提交资格预审申请文件截止时间至少3日前，或者投标截止时间至少15日前，以书面形式通知所有获取资格预审文件或者招标文件的潜在投标人，不足3日或者15日的，招标人应当顺延提交资格预审申请文件或者投标文件的截止时间。

《房屋建筑和市政基础设施工程施工招标投标管理办法》规定："招标人应当在投标有效期截止时限30日前确定中标人。投标有效期应当在招标文件中载明"。《工程建设项目施工招标投标办法》规定："招标文件应当规定一个适当的投标有效期，以保证招标人有足够的时间完成评标和与中标人签订合同。投标有效期从投标人提交投标文件截止之日起计算"。《房屋建筑和市政基础设施工程施工招标投标管理办法》和《工程建设项目施工招标投标办法》还规定："招标人和中标人应当在投标有效期内并在自中标通知书发出之日起三十日内，按照招标文件和中标人的投标文件订立书面合同。"因此，考虑开标后评标委员会的评标时间、中标候选人公示的时间，再加上《招标投标法》规定的从确定中标人至完成签约的最多30天的许可时间，30天的投标有效期肯定不足。

关于投标保证金数额的规定，2012年2月1日起施行的《招标投标法实施条例》（2019年3月2日修订）规定，投标保证金不得超过招标项目估算价的百分之二。投标保证金有效期应当与投标有效期一致。

答案：

问题1：

答：《招标投标法实施条例》规定，国有资金占控股地位或者主导地位的依法必须进行招标的项目，应当公开招标；但有下列情形之一的，可以邀请招标：

（1）技术复杂、有特殊要求或者受自然环境限制，只有少量潜在投标人可供选择；

（2）采用公开招标方式的费用占项目合同金额的比例过大。

《工程建设项目施工招标投标办法》进一步规定，对于必须招标的项目，有下列情形之一的，经批准可以进行邀请招标：

（1）项目技术复杂或有特殊要求，或者受自然地域环境限制，只有少量潜在投标人可供选择；

（2）涉及国家安全、国家秘密或抢险救灾，适宜招标但不宜公开招标的；

（3）采用公开招标方式的费用占项目合同金额的比例过大。

问题2：

答：该建设单位在招标工作中有下列不妥之处：

（1）停止出售招标文件的时间不妥，因为自招标文件出售之日起至停止出售之日止，最短不得少于 5 日。

（2）规定的投标有效期截止时间不妥，确定投标有效期应考虑评标、定标、公示中标候选人、处理可能的异议和签订合同所需的时间。考虑到依法必须进行招标的项目，招标人应当自收到评标报告之日起 3 日内公示中标候选人，公示期不得少于 3 日，招标人和中标人应当自中标通知书发出之日起 30 日内订立书面合同等时间规定，即便评标可以在评标当日完成，30 日的投标有效期也肯定不足。一般项目的投标有效期宜为 60~90 天。

（3）“在评标过程中，建设单位决定将评标方法改为经评审的最低投标价法”不妥，因为评标委员会应当按照招标文件确定的评标标准和方法进行评标。

（4）“评标委员会根据修改后的评标方法，确定评标结果的排名顺序”不妥，因为评标委员会应当按照招标文件确定的评标标准和方法（即综合评估法）进行评标。

（5）“建设单位指定 D 公司作为 A 公司的分包单位”不妥，因为招标人不得直接指定分包人。

（6）“建设单位于 7 月 28 日将中标结果通知 B、C 两家公司（未中标人）”不妥，因为中标人确定后，招标人应当在向中标人发出中标通知的同时将中标结果通知所有未中标的投标人。

（7）“建设单位于 7 月 28 日将投标保证金退还给 B、C 两家公司”不妥，招标人最迟应当在与中标人签订合同后五日内，向中标人和未中标的投标人退还投标保证金及银行同期存款利息。

（8）“建设单位于 7 月 31 向当地招标投标管理部门提交该工程招标投标情况的书面报告”不妥，因为招标人应当自确定中标人之日起 15 日内，向有关行政监督部门提交招标投标情况的书面报告。

【案例三】

背景：

某省属高校投资建设一幢建筑面积为 30000m^2 的普通教学楼，拟采用工程量清单以公开招标方式进行施工招标。业主委托某造价咨询企业编制招标文件和最高投标限价（该项目的最高投标限价为 9500 万元）。

咨询企业编制招标文件和最高投标限价过程中，发生如下事件：

事件 1：为了响应业主对潜在投标人择优选择的高要求，咨询企业的项目经理在招标文件中设置了以下几项内容：

（1）投标人资格条件之一为：投标人近 5 年必须承担过高校教学楼工程；

（2）投标人近5年获得过鲁班奖、本省省级质量奖等奖项作为加分条件；

（3）项目的投标保证金为50万元，且投标保证金必须从投标企业的基本账户转出；

（4）中标人的履约保证金为最高投标限价的10%。

事件2：项目经理认为招标文件中的合同条款是基本的粗略条款，只需将政府有关管理部门出台的施工合同示范文本添加项目基本信息后附在招标文件中即可。

事件3：在招标文件编制人员研究本项目的评标办法时，项目经理认为所在咨询企业以往代理的招标项目更常采用综合评估法，遂要求编制人员采用综合评估法。

事件4：为控制投标报价的价格水平，咨询企业和业主商定，以代表省内先进水平的A施工企业的企业定额作为主要依据，编制了本项目的最高投标限价。此外，由于某分项工程使用了一种新型材料，定额及造价信息均无该材料消耗量和价格的信息。编制人员按照理论计算法计算了材料净用量，并以此净用量乘以向材料生产厂家询价确认的材料出厂价格，得到该分项工程综合单价中新型材料的材料费。

事件5：该咨询企业技术负责人在审核项目成果文件时发现项目工程量清单中存在漏项，要求作出修改。项目经理解释认为第二天需要向委托人提交成果文件且合同条款中已有关于漏项的处理约定，故不用修改。

事件6：该咨询企业的负责人认为最高投标限价不需保密，因此，又接受了某拟投标人的委托，为其提供该项目的投标报价咨询。

问题：

1. 针对事件1，逐一指出咨询企业项目经理为响应业主要求提出的（1）~（4）项内容是否妥当，并说明理由。

2. 针对事件2~6，分别指出相关人员的行为或观点是否正确或妥当，并说明理由。

分析要点：

本案例主要考核国有资金投资建设项目施工招标过程中一些典型事件的处理，涉及招标资格条件设定、加分条件、投标保证金、履约保证金、最高投标限价编制、合同条款设置、评标方法选择等内容。

《招标投标法实施条例》规定：招标人不得以不合理的条件限制、排斥潜在投标人或者投标人。招标人有下列行为之一的，属于以不合理条件限制、排斥潜在投标人或者投标人：①就同一招标项目向潜在投标人或者投标人提供有差别的项目信息；②设定的资格、技术、商务条件与招标项目的具体特点和实际需要不相适应或者与合同履行无关；③依法必须进行招标的项目以特定行政区域或者特定行业的业绩、奖项作为加分条件或者中标条件；④对潜在投标人或者投标人采取不同的资格审查或者评标标准；⑤限定或者指定特定的专利、商标、品牌、原产地或者供应商；⑥依法必须进行招标的项目非法限定潜在投标人或者投标人的所有制形式或者组织形式；⑦以其他不合理条件限制、排斥潜在投标人或投标人。

招标人设有最高投标限价的，应当在招标文件中明确最高投标限价或者最高投标限价的计算方法。招标人不得规定最低投标限价。

合同条款是招标文件的重要组成部分，应参照示范文本并结合该项目特点、业主的要求及实际情况等编制项目合同条款。

本案例还考核了综合单价中材料费的确定方法，这属于造价工程师必须掌握的定额原理基础知识。

材料费等于材料消耗量乘以材料单价，材料消耗量等于材料净用量与材料损耗量之和，材料单价等于材料原价（出厂价格）、材料运杂费、运输损耗费、采购及保管费之和。

综合单价中的材料费=材料消耗量×材料单价

材料消耗量=材料净用量+材料损耗量

材料单价=材料原价（出厂价格）+材料运杂费+运输损耗费+采购及保管费

答案：

问题1：

答：

内容（1）不妥当，普通教学楼工程不属于技术复杂、有特殊要求的工程，要求特定行业的业绩（要求有高校教学楼工程业绩）作为资格条件属于以不合理条件限制、排斥潜在投标人。

内容（2）对获得过鲁班奖的企业加分妥当，鲁班奖属于全国性奖项，获得该奖可反映企业的实力。

内容（2）对获得过本省省级质量奖项的企业加分不妥当，因为以特定区域的奖项作为加分条件属于以不合理条件限制、排斥潜在投标人或投标人。

内容（3）妥当，项目投标保证金50万元未超过招标项目估算价（最高投标限价）的2%，“投标保证金必须从投标企业的基本账户转出”有利于防止投标人以他人名义投标。

内容（4）不妥当，履约保证金不得超过中标合同金额的10%。

问题2：

答：

事件2，项目经理的观点错误，合同条款是投标人报价的依据，咨询机构应参照示范文本并结合该项目特点、业主的要求及实际情况等编制项目合同条款，招标文件应附完整的合同条款。

事件3，项目经理的要求不妥，项目采用何种评标方法应结合项目的特点、目标要求等条件确定。

事件4，以A施工企业的企业定额为依据编制项目的最高投标限价不妥，应按照《建设工程工程量清单计价规范》GB 50500-2013规定编制最高投标限价。

编制人员确定综合单价中新型材料费的方法不正确。

材料费=材料消耗量×材料单价

其中，材料消耗量=材料净用量+材料损耗量

材料单价=材料原价（出厂价格）+材料运杂费+运输损耗费+采购及保管费

事件5，项目经理的观点不妥，漏项可能造成合同履行期间的价款调整或纠纷，还可能造成承包人不平衡报价，发现漏项，项目经理应及时组织修改。

事件6，“又接受某拟投标人的委托”的做法错误，咨询企业接受招标人委托编制某项目招标文件和最高投标限价后，不得再就同一项目接受拟投标人委托编制投标报价或提供咨询。

【案例四】

背景：

某政府投资项目，主要分为建筑工程、安装工程和装修工程三部分，项目总投资额为5000万元，其中，只有暂估价为80万元的设备属于招标人提供，由招标人采购。

招标文件中，招标人对投标有关时限的规定如下：

（1）投标截止时间为自招标文件停止出售之日起第16日上午9：00整；

（2）接受投标文件的最早时间为投标截止时间前72h；

（3）若投标人要修改、撤回已提交的投标文件，须在投标截止时间24h前提出；

（4）投标有效期从发售招标文件之日开始计算，共90d。

并规定，建筑工程应由具有一级以上资质的企业承包，安装工程和装修工程应由具有二级以上资质的企业承包，招标人鼓励投标人组成联合体投标。

在参加投标的企业中，A、B、C、D、E、F为建筑公司，G、H、J、K为安装公司，L、N、P为装修公司，除了K公司为二级企业外，其余均为一级企业，上述企业分别组成联合体投标，各联合体具体组成见表4-1。

表4-1 各联合体的组成表

投标人	联合体编号						
	Ⅰ	Ⅱ	Ⅲ	Ⅳ	Ⅴ	Ⅵ	Ⅶ
联合体组成	A，L	B，C	D，K	E，H	G，N	F，J，P	E，L

在上述联合体中，某联合体协议中约定：若中标，由牵头人与招标人签订合同，然后将该联合体协议送交招标人；联合体所有与业主的联系工作以及内部协调工作均由牵头人负责；各成员单位按投入比例分享利润并向招标人承担责任，且需向牵头人支付各自所承担合同额部分1%的管理费。

问题：

1. 该项目暂估价为 80 万元的设备采购是否可以不招标？说明理由。

2. 分别指出招标人对投标有关时限的规定是否正确，说明理由。

3. 根据《招标投标法》的规定，按联合体的编号，判别各联合体的投标是否有效？若无效，说明原因。

4. 指出上述联合体协议内容中的错误之处，说明理由或写出正确做法。

分析要点：

本案例考核必须招标的工程范围和规模标准、与投标有关的时限以及联合体投标的有关问题。

关于必须进行招标的规定：

（1）《招标投标法》规定，凡在中华人民共和国境内进行下列工程建设项目，包括项目的勘察、设计、施工、监理以及与工程建设有关的重要设备、材料等的采购，必须进行招标：

① 大型基础设施、公用事业等关系社会公共利益、公众安全的项目。

② 全部或者部分使用国有资金投资或国家融资的项目。

③ 使用国际组织或者外国政府贷款、援助资金的项目。

（2）国家发展改革委《必须招标的工程项目规定》（2018 年第 16 号令）规定：

全部或者部分使用国有资金投资或者国家融资的项目包括：①使用预算资金 200 万元人民币以上，并且该资金占投资额 10%以上的项目；②使用国有企业事业单位资金，并且该资金占控股或者主导地位的项目。

使用国际组织或者外国政府贷款、援助资金的项目包括：①使用世界银行、亚洲开发银行等国际组织贷款、援助资金的项目；②使用外国政府及其机构贷款、援助资金的项目。

上述所规定范围内的项目，其勘察、设计、施工、监理以及与工程建设有关的重要设备、材料等的采购达到下列标准之一的，必须招标：

1）施工单项合同估算价在 400 万元人民币以上；

2）重要设备、材料等货物的采购，单项合同估算价在 200 万元人民币以上；

3）勘察、设计、监理等服务的采购，单项合同估算价在 100 万元人民币以上。

同一项目中可以合并进行的勘察、设计、施工、监理以及与工程建设有关的重要设备、材料等的采购，合同估算价合计达到前款规定标准的，必须招标。

（3）《进一步做好〈必须招标的工程项目规定〉和〈必须招标的基础设施和公用事业项目范围规定〉实施工作的通知》（发改办法规〔2020〕770号）规定，《必须招标的工程项目规定》（2018年第16号令）第二条至第四条及《必须招标的基础设施和公用事业项目范围规定》（发改法规规〔2018〕843号）第二条规定范围的项目，其施工、货物、服务采购的单项合同估算价未达到16号令第五条规定规模标准的，该单项采购由采购人依法自主选择采购方式，任何单位和个人不得违法干涉；其中，涉及政府采购的，按照政府采购法律法规规定执行。

（4）《中华人民共和国政府采购法实施条例》规定：

使用财政性资金采购的采购项目，适用政府采购法及《中华人民共和国政府采购法实施条例》；

政府采购工程依法不进行招标的，应当依照政府采购法和本条例规定的竞争性谈判或者单一来源采购方式采购。

本案例所涉及的有关投标的时限中，投标截止时间和投标有效期的表述与法律规定的原文不同，需要作简单的分析。对于接受投标文件的时间，法律并无规定，招标文件之所以作出这样的规定，是为了避免投标人过早提交投标文件，从而影响投标文件的质量，并增加招标人组织招标的工作量。

关于联合体投标，特别需要注意的是《建筑法》与《招标投标法》规定的区别。《建筑法》规定：两个以上不同资质等级的单位实行联合共同承包的，应当按照资质等级低的单位的业务许可范围承揽工程；而《招标投标法》则规定：由同一专业的单位组成的联合体，按照资质等级低的单位确定资质等级。虽然《招标投标法》对由不同专业的单位组成的联合体资质如何确定没有明确规定，但根据推理分析，可理解为按照联合体协议约定的各成员单位实际承包的工程内容所要求的资质等级加以认定。由此可以确定，联合体Ⅲ的投标有效。另外，联合体牵头人负责联合体投标和合同实施阶段的主办、协调工作，是否要向联合体其他成员收费，法律并无规定，故该联合体协议约定“各成员单位需向牵头人支付各自所承担合同额部分1%的管理费”并无不当。

答案：

问题1：

答：该设备采购不需要招标，因为该项目为政府投资项目，但单项采购金额不属于必须招标的范围。

问题2：

答：

（1）投标截止时间的规定正确，因为自招标文件开始出售至停止出售的时间最短不得少于 5 日，5+16＝21＞20，故满足自招标文件开始出售至投标截止不得少于 20 日的规定；

（2）接受投标文件最早时间的规定正确，因为有关法规对此没有限制性规定；

（3）修改、撤回投标文件时限的规定不正确，因为在投标截止时间前均可修改、撤回投标文件；

（4）投标有效期从发售招标文件之日开始计算的规定不正确；投标有效期应从投标截止时间开始计算。

问题 3：

答：

（1）联合体Ⅰ的投标无效，因为投标人不得参与同一项目下不同的联合体投标（L 公司既参加联合体Ⅰ投标，又参加联合体Ⅶ）。

（2）联合体Ⅱ的投标有效。

（3）联合体Ⅲ的投标有效。

（4）联合体Ⅳ的投标无效，因为投标人不得参与同一项目下不同的联合体投标（E 公司既参加联合体Ⅳ投标，又参加联合体Ⅶ投标）。

（5）联合体Ⅴ的投标无效，因为缺少建筑公司（或 G、N 公司分别为安装公司和装修公司），若其中标，主体结构工程必然要分包，而主体结构工程分包是违法的。

（6）联合体Ⅵ的投标有效。

（7）联合体Ⅶ的投标无效，因为投标人不得参与同一项目下不同的联合体投标（E 公司和 L 公司均参加了两个联合体投标）。

问题 4：

答：

（1）由牵头人与招标人签订合同错误，应由联合体各方共同与招标人签订合同。

（2）与招标人签订合同后才将联合体协议送交招标人错误，联合体协议应当与投标文件一同提交给招标人。

（3）各成员单位按投入比例向业主承担责任错误，联合体各方应就中标项目向招标人承担连带责任。

【案例五】

背景：

国有资金投资依法必须公开招标的某建设项目，采用工程量清单计价方式进行施工招标，最高投标限价为3568万元，其中暂列金额280万元。招标文件中规定：

（1）投标有效期为90d，投标保证金有效期与其一致。

（2）投标报价不得低于企业平均成本。

（3）近三年施工完成或在建的合同价超过3000万元的类似工程项目不少于3个。

（4）合同履行期间，综合单价在任何市场波动和政策变化下均不得调整。

（5）缺陷责任期为3年，期满后退还预留的质量保证金。

（6）招标工程量清单中给出的“计日工表（局部）”，见表4-2。

表4-2　**计日工表**

工程名称：×××　标段：×××　第×页 共×页

编号	项目名称	单位	暂定数量	实际数量	综合单价（元）	合价（元）	
						暂定	实际
一	人工						
1	建筑与装饰工程普工	工日	1		120		
2	混凝土工、抹灰工、砌筑工	工日	1		160		
3	木工、模板工	工日	1		180		
4	钢筋工、架子工	工日	1		170		
人工小计							
二	材料						
……	……	……	……				

投标过程中，投标人F在开标前1h口头告知招标人，撤回了已提交的投标文件，要求招标人3d内退还其投标保证金。

投标人A发现分部分项工程量清单中某分项工程特征描述和图纸不符。

除F外还有A、B、C、D、E五个投标人参加了投标，其总报价分别为：3489万元、3470万元、3358万元、3209万元、3542万元。

评标过程中，评标委员会发现投标人B的暂列金额按260万元计取，且对招标清单中的材料暂估单价均下调5%后计入报价；发现投标人E报价中混凝土梁的综合单价为700元/m^3，招标清单工程量为520m^3，其投标清单合价为36400元。其他投标人的投标文件均符合要求。

招标文件中规定的评分标准如下：商务标中的总报价评分60分，有效报价的算术平均数为评标基准价，报价等于评标基准价者得满分（60分），在此基础上，报价比评标基准价每下降1%，扣1分；每上升1%，扣2分。

问题：

1. 请逐一分析招标文件中规定的（1）~（6）项内容是否妥当，并对不妥之处分别说明理由。

2. 请指出投标人F行为的不妥之处，并说明理由。

3. 针对某分项工程特征描述和图纸不符，投标人A应如何处理？

4. 针对投标人B、投标人E的报价，评标委员会应分别如何处理？并说明理由。

5. 计算各有效报价投标人的总报价得分。如果按照评定分离的定标方法，评标委员会应该如何向招标人推荐或确定中标人？

6. 评标工作于11月1日结束并于当天确定中标人。11月2日招标人向当地主管部门提交了评标报告；11月10日招标人向中标人发出中标通知书；12月1日双方签订了施工合同；12月3日招标人将未中标结果通知给另两家投标人，并于12月9日将投标保证金退还给未中标人。请指出评标结束后招标人的工作有哪些不妥之处并说明理由。

（计算结果保留两位小数）

分析要点：

本案例考核招标文件的内容和评标时综合评分法的运用。

对于问题1，要依据招标投标法和相关法规，对背景资料给出的条件进行分析。

对于问题2，要求熟悉投标程序和要求。

对于问题3，要求熟悉分项工程特征描述和图纸不符处理程序和要求。

对于问题4，要求依据工程量清单投标报价的规则进行分析。

对于问题5，要求在熟练掌握综合评分法的前提下，能正确计算得出各投标人的报价得分。

对于问题6，要求熟悉招标人向主管部门提交的书面报告、发出中标通知书、通知未中标人和退还未中标人的投标保证金的规定。

在解题中还需注意以下问题：

一是投标保证金有效期和投标有效期的概念和区别。

二是企业个别成本不是企业平均成本。

三是缺陷责任期一般为6个月、12个月、24个月，最长不超过24个月。

四是投标人撤回已提交的投标文件，应当在投标截止时间前书面通知招标人。招标人已收取投标保证金的，应当自收到投标人书面撤回通知之日起5d内退还。

五是招标文件的暂列金额在投标时，不能更改，材料暂估价应当按照招标清单中的材料暂估单价计入综合单价。

六是“计日工表”中暂定数量应根据工程项目的实际需求预测填写，以利于投标人报价和计入投标总价评标。“计日工表”中的综合单价应由投标人进行自主报价。

七是若分项工程特征描述和图纸不符，投标人可以书面形式要求招标人在规定时间前澄清，若投标人未要求招标人澄清或者招标人不予澄清或修改，投标人应以分部分项工程量清单的项目特征为准，确定分部分项工程综合单价。

八是评定分离，按照《住房和城乡建设部关于进一步加强房屋建筑和市政基础设施工程招标投标监管的指导意见》，评标委员会对投标文件的技术、质量、安全、工期的控制能力等因素提供技术咨询建议，向招标人推荐合格的中标候选人。由招标人按照科学、民主决策原则，建立健全内部控制程序和决策约束机制，根据报价情况和技术咨询建议，择优确定中标人。

答案：

问题 1：

答：

（1）妥当；

（2）不妥，投标报价不得低于企业个别成本，不是企业平均成本。

（3）妥当；

（4）不妥；国家法律、法规、政策、市场波动等变动影响合同价款的风险，应在合同中约定，当由发包人承担时，应当约定综合单价调整因素及幅度，还有调整办法。

（5）不妥；缺陷责任期最长不超过 24 个月。

（6）不妥；“计日工表”中的各种人工暂定数量均为 1，不妥。暂定数量应根据工程项目的实际需求预测填写，以利于投标人报价和计入投标总价评标。

“计日工表”中已填写人工综合单价是不妥的。综合单价应由投标人进行自主报价。

问题 2：

答：口头告知招标人，撤回了已提交的投标文件不妥，要求招标人 3d 内退还其投标保证金不妥。撤回了已提交的投标文件应采用书面形式，招标人应当自收到投标人书面撤回通知之日起 5d 内退还其投标保证金。

问题 3：

答：投标人 A 可以书面形式要求招标人在规定时间前澄清，若投标人未要求招标人澄清或者招标人不予澄清或修改，投标人应以分部分项工程量清单的项目特征为准，确定分部分项工程综合单价。

问题4：

答：

将B投标人按照废标处理，属于未实质性对招标文件进行响应，暂列金额应按280万元计取，材料暂估价应当按照招标清单中的材料暂估单价计入综合单价。

将E投标人按照废标处理，E报价中混凝土梁的综合单价为700元/m^3合理，其投标清单合价为36400元计算错误，应当以单价为准修改总价。

混凝土梁的总价为700×520=364000（元），364000-36400=327600=32.76（万元），修正后E投标人报价为3542+32.76=3574.76（万元），超过了最高投标限价3568万元，按照废标处理。

问题5：

解：

评标基准价=(3489+3358+3209)÷3=3352(万元)

A投标人：3489÷3352=104.09%，得分60-(104.09-100)×2=51.82

C投标人：3358÷3352=100.18%，得分60-(100.18-100)×2=59.64

D投标人：3209÷3352=95.73%，得分60-(100-95.73)×1=55.73

按照评定分离的定标方法，评标委员会对投标文件的技术、质量、安全、工期的控制能力等因素提供技术咨询建议，向招标人推荐合格的中标候选人。由招标人按照科学、民主决策原则，建立健全内部控制程序和决策约束机制，根据报价情况和技术咨询建议，择优确定中标人。定标的方法包括：排名定标法、抽签定标法、价格竞争定标法、票决定标法、票决抽签定标法和集体议事法。

问题6：

解：

（1）招标人向主管部门提交的书面报告内容不妥，应提交招标投标活动的书面报告而不仅仅是评标报告。

（2）招标人仅向中标人发出中标通知书不妥，还应同时将中标结果通知未中标人。

（3）招标人通知未中标人时间不妥，应在向中标人发出中标通知书的同时通知未中标人。

（4）退还未中标人的投标保证金时间不妥，招标人最迟应当在书面合同签订后5d内向中标人和未中标的投标人退还投标保证金及银行同期存款利息。

【案例六】

背景：

某施工单位决定参与某工程的投标。在基本确定技术方案后，为提高竞争能力，对其中某关键技术措施拟定了三个方案进行比选。若以 C 表示费用（费用单位为万元），T 表示工期（时间单位为周），则方案一的费用为 $C_1=100+4T$；方案二的费用为 $C_2=150+3T$；方案三的费用为 $C_3=250+2T$。

经分析，这种技术措施的三个比选方案对施工网络进度计划的关键线路均没有影响。各关键工作可压缩的时间及相应增加的费用见表 4-3。

在问题 2 和问题 3 的分析中，假定所有关键工作压缩后不改变关键线路。

表 4-3　　各关键工作可压缩时间及相应增加的费用表

项目	关键工作				
	A	C	E	H	M
可压缩时间（周）	1	2	1	3	2
压缩单位时间增加的费用（万元/周）	3.5	2.5	4.5	6.0	2.0

问题：

1. 若仅考虑费用和工期因素，请分析这三种方案的适用情况。

2. 若该工程的合理工期为 60 周，该施工单位相应的估价为 1653 万元。为了争取中标，该施工单位投标应报工期和报价各为多少？

3. 若招标文件规定，评标采用“经评审的最低投标价法”，且规定，施工单位自报工期小于 60 周时，工期每提前 1 周，其总报价降低 2 万元作为经评审的报价，则施工单位的自报工期应为多少？相应的经评审的报价为多少？若该施工单位中标，则合同价为多少？

4. 如果该工程的施工网络进度计划如图 4-1 所示，在不改变该网络进度计划中各工作逻辑关系的条件下，压缩哪些关键工作可能改变关键线路？压缩哪些关键工作不会改变关键线路？为什么？

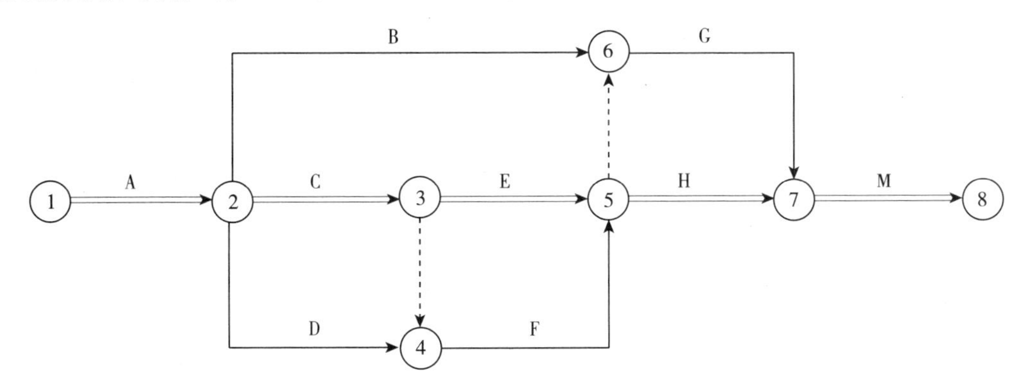

图 4-1　施工网络进度计划图

分析要点：

本案例主要考核技术方案的比选、工期和报价的关系、经评审的投标价、关键线路压缩等有关问题。

问题 1 采用的技术经济分析方法是工程领域常用的基本方法，在实践中关键在于要能运用适当的方法（如线性回归分析方法）建立费用函数的数学模型。在本题的解题过程中，不需要直接比较方案一和方案三（或者说，比较方案一和方案三没有意义），从三个方案费用函数曲线之间的关系可以清楚地看出这一点。

问题 2 相对而言较为简单，也是常见的压缩工期类的问题。

问题 3 是"经评审的最低投标价"的具体运用。所谓"经评审的投标价"，涉及多种因素，可以将价格以外的因素转化为价格来评价，其中最容易实现这种转化的就是工期。工期较长的最低报价未必是"经评审的最低投标价"，而工期较短的较高报价却可能是"经评审的最低投标价"。需要注意的是，如果没有问题 2 的铺垫而直接解问题 3，很可能出现的错误是忽略压缩工期所减少的技术方案本身的费用。还需要注意的是，"经评审的投标价"是招标人选择中标人的依据，不同于投标人的实际报价，也不同于合同价。

问题 4 是考核对关键线路和关键工作的正确理解。如果有具体的数据通过计算来确定关键线路是否变化，容易得出正确的结论；而像本题这样的定性分析，却不容易得出正确的结论。一般笼统地说，"压缩关键工作的持续时间可能改变关键线路"，可以认为是正确的。但是，这样的表述其实是不严谨的，应当进行深入的具体分析。

答案：

问题 1：

解：令 $C_1=C_2$，即 $100+4T=150+3T$，解得 $T=50$（周）。

因此，当工期小于等于 50 周时，应采用方案一；当工期大于等于 50 周时，应采用方案二。

再令 $C_2=C_3$，即 $150+3T=250+2T$，解得 $T=100$（周）。

因此，当工期小于等于 100 周时，应采用方案二；当工期大于等于 100 周时，应采用方案三。

综上所述，当工期小于等于 50 周时，应采用方案一；当工期大于等于 50 周且小于等于 100 周时，应采用方案二；当工期大于等于 100 周时，应采用方案三。

问题 2：

解：由于工期为 60 周时应采用方案二，相应的费用函数为 $C_2=150+3T$，所以，对每压缩 1 周时间所增加的费用小于 3 万元的关键工作均可以压缩，即应对关键工作 C 和 M 进行压缩。

则自报工期应为：60−2−2=56（周）

相应的报价为：1653−(60−56)×3+2.5×2+2.0×2=1650（万元）

问题3：

解：由于工期每提前1周，可降低经评审的报价为2万元，所以对每压缩1周时间所增加的费用小于5万元的关键工作均可压缩，即应对关键工作A、C、E、M进行压缩。

则自报工期应为：60−1−2−1−2=54（周）

相应的经评审的报价为：1653−(60−54)×(3+2)+3.5+2.5×2+4.5+2.0×2=1640（万元）

则合同价为：1640+(60−54)×2=1652（万元）

问题4：

答：压缩关键工作C、E、H可能改变关键线路，因为如果这三项关键工作的压缩时间超过非关键线路的总时差，就会改变关键线路。

压缩关键工作A、M不会改变关键线路，因为工作A、M是所有线路（包括关键线路和非关键线路）的共有工作，其持续时间缩短则所有线路的持续时间都相应缩短，不改变原非关键线路的时差。

【案例七】

背景：

某承包商参与某高层商用办公楼土建工程的投标（安装工程由业主另行招标）。为了既不影响中标，又能在中标后取得较好的收益，决定采用不平衡报价法对原估价作适当调整，具体数字见表4-4。

表4-4　　**报价调整前后对比表**　　单位：万元

阶段	桩基围护工程	主体结构工程	装饰工程	总　价
调整前（投标估价）	1480	6600	7200	15280
调整后（正式报价）	1600	7200	6480	15280

现假设桩基围护工程、主体结构工程、装饰工程的工期分别为4个月、12个月、8个月，为计算现值方便，假定贷款月利率i为1%，现值系数见表4-5，并假设各分部工程每月完成的工作量相同且能按月度及时收到工程款（不考虑工程款结算所需要的时间）。

表4-5 现值系数表

系数	n			
	4	8	12	16
$(P/A, 1\%, n)$	3.9020	7.6517	11.2551	14.7179
$(P/F, 1\%, n)$	0.9610	0.9235	0.8874	0.8528

问题：

1. 该承包商所运用的不平衡报价法是否恰当？为什么？

2. 采用不平衡报价法后，该承包商所得工程款的现值比原估价增加多少（以开工日期为折现点）？

分析要点：

本案例考核不平衡报价法的基本原理及其运用。首先，要明确不平衡报价法的基本原理是在估价（总价）不变的前提下，调整分项工程的单价，所谓“不平衡报价”是相对于单价调整前的“平衡报价”而言。通常对前期工程、工程量可能增加的工程（由于图纸深度不够）、计日工等，可将原估单价调高，反之则调低。其次，要注意单价调整时不能畸高畸低，一般来说，单价调整幅度不宜超过±10%，只有对承包商具有特别优势的某些分项工程，才可适当增大调整幅度。

本案例要求运用工程经济学的知识，定量计算不平衡报价法所取得的收益。因此，要能熟练运用资金时间价值的计算公式和现金流量图。

计算中涉及两个现值公式，即：

一次支付现值公式 $P=F(P/F, i, n)$

等额年金现值公式 $P=A(P/A, i, n)$

上述两公式的具体计算式应掌握，在不给出有关表格的情况下，应能使用计算器正确计算。本案例背景资料中给出了有关的现值系数表（见表4-5）供计算时选用，目的在于使答案简明且统一。

答案：

问题1：

答：恰当。因为该承包商是将属于前期工程的桩基围护工程和主体结构工程的单价调高，而将属于后期工程的装饰工程的单价调低，可以在施工的早期阶段收到较多的工程款，从而可以提高承包商所得工程款的现值；而且，这三类工程单价的调整幅度均在±10%以内，属于合理范围。

问题2：

解1：

计算单价调整前后的工程款现值。

1. 单价调整前的工程款现值

桩基围护工程每月工程款 $A_1=1480/4=370$（万元）

主体结构工程每月工程款 $A_2=6600/12=550$（万元）

装饰工程每月工程款 $A_3=7200/8=900$（万元）

则，单价调整前的工程款现值：

$$PV_0=A_1(P/A,1\%,4)+A_2(P/A,1\%,12)(P/F,1\%,4)+A_3(P/A,1\%,8)(P/F,1\%,16)$$
$$=370\times3.9020+550\times11.2551\times0.9610+900\times7.6517\times0.8528$$
$$=1443.74+5948.88+5872.83$$
$$=13265.45(\text{万元})$$

2. 单价调整后的工程款现值

桩基围护工程每月工程款 $A'_1=1600/4=400$（万元）

主体结构工程每月工程款 $A'_2=7200/12=600$（万元）

装饰工程每月工程款 $A'_3=6480/8=810$（万元）

则，单价调整后的工程款现值：

$$PV'=A'_1(P/A,1\%,4)+A'_2(P/A,1\%,12)(P/F,1\%,4)+A'_3(P/A,1\%,8)(P/F,1\%,16)$$
$$=400\times3.9020+600\times11.2551\times0.9610+810\times7.6517\times0.8528$$
$$=1560.80+6489.69+5285.55$$
$$=13336.04(\text{万元})$$

3. 两者的差额

$PV'-PV_0=13336.04-13265.45=70.59$（万元）

因此，采用不平衡报价法后，该承包商所得工程款的现值比原估价增加70.59万元。

解2：

先按解1计算 A_1、A_2、A_3 和 A'_1、A'_2、A'_3，则两者的差额：

$$PV'-PV_0=(A'_1-A_1)(P/A,1\%,4)+(A'_2-A_2)(P/A,1\%,12)(P/F,1\%,4)+(A'_3-A_3)(P/A,1\%,8)(P/F,1\%,16)$$
$$=(400-370)\times3.9020+(600-550)\times11.2551\times0.9610+(810-900)\times7.6517\times0.8528$$
$$=70.58(\text{万元})$$

【案例八】

背景：

某市重点工程项目计划投资4000万元，采用工程量清单方式公开招标。经资格预审后，确定A、B、C共3家合格投标人。该3家投标人分别于10月13日~14日领取了招标文件，同时按要求递交投标保证金50万元、购买招标文件费500元。

招标文件规定：投标截止时间为10月31日，投标有效期截止时间为12月30日，投标保证金有效期截止时间为次年1月30日。招标人对开标前的主要工作安排为：10月16日~17日，由招标人分别安排各投标人踏勘现场；10月20日，举行投标预备会，会上主要对招标文件和招标人能提供的施工条件等内容进行答疑，考虑各投标人所拟定的施工方案和技术措施不同，将不对施工图做任何解释。各投标人按时递交了投标文件，所有投标文件均有效。

评标办法规定，商务标权重60分（包括总报价20分、分部分项工程综合单价10分、其他内容30分），技术标权重40分。

（1）总报价的评标方法是，评标基准价等于各有效投标总报价的算术平均值下浮2个百分点。当投标人的投标总价等于评标基准价时得满分，投标总价每高于评标基准价1个百分点时扣2分，每低于评标基准价1个百分点时扣1分。

（2）分部分项工程综合单价的评标方法是，在清单报价中按合价大小抽取5项（每项权重2分），分别计算投标人综合单价报价平均值，投标人所报综合单价在平均值的95%~102%范围内得满分，超出该范围的，每超出1个百分点扣0.2分。

各投标人总报价和抽取的异形梁C30混凝土综合单价见表4-6。

表4-6　投标数据表

指标	投标人		
	A	B	C
总报价（万元）	3179.00	2998.00	3213.00
异形梁C30混凝土综合单价（元/m^3）	456.20	451.50	485.80

除总报价之外的其他商务标和技术标指标评标得分见表4-7。

表4-7　投标人部分指标得分表

指标	投标人		
	A	B	C
商务标（除总报价之外）得分	32	29	28
技术标得分	30	35	37

问题：

1. 在该工程开标之前所进行的招标工作有哪些不妥之处？说明理由。

2. 列式计算总报价和异形梁 C30 混凝土综合单价的报价平均值，并计算各投标人得分（计算结果保留两位小数）。

3. 列式计算各投标人的总得分，根据总得分的高低确定第一中标候选人。

4. 评标工作于 11 月 1 日结束并于当天确定中标人。11 月 2 日招标人向当地主管部门提交了评标报告；11 月 10 日招标人向中标人发出中标通知书；12 月 1 日双方签订了施工合同；12 月 3 日招标人将未中标结果通知给另两家投标人，并于 12 月 9 日将投标保证金退还给未中标人。请指出评标结束后招标人的工作有哪些不妥之处并说明理由。

分析要点：

本案例主要考核招标投标程序和工程量清单计价模式下评标方法。

问题 1 和问题 4 主要考试招标投标程序，主要依据招标投标法实施细则。

问题 2 和问题 3 主要考核综合评标法。

答案：

问题 1：

答：

（1）要求投标人领取招标文件时递交投标保证金不妥，应在投标截止前递交。

（2）投标保证金有效期截止时间不妥，应与投标有效期截止时间为同一时间。

（3）投标截止时间不妥，从招标文件发出到投标截止时间不能少于 20 日。

（4）踏勘现场安排不妥，招标人不得单独或者分别组织任何一个投标人进行现场踏勘。

（5）投标预备会上对施工图纸不做任何解释不妥，因为招标人应就图纸进行交底和解释。

问题 2：

答：

（1）总报价平均值 $=(3179+2998+3213)/3=3130$（万元）

评分基准价 $=3130\times(1-2\%)=3067.4$（万元）

（2）异形梁 C30 混凝土综合单价报价平均值 $=(456.20+451.50+485.80)/3$

$=464.50$（元/m^3）

总报价和 C30 混凝土综合单价评分见表 4-8。

表 4-8　　部分商务标指标评分表

评标项目		投标人		
		A	B	C
总报价评分	总报价（万元）	3179.00	2998.00	3213.00
	总报价占评分基准价百分比（%）	103.64	97.74	104.75
	扣分	7.28	2.26	9.50
	得分	12.72	17.74	10.50
C30混凝土综合单价评分	综合单价（元/m^3）	456.20	451.50	485.80
	综合单价占平均值（%）	98.21	97.20	104.59
	扣分	0	0	0.52
	得分	2.00	2.00	1.48

问题3：

解：

投标人A的总得分：30+12.72+32=74.72（分）

投标人B的总得分：35+17.74+29=81.74（分）

投标人C的总得分：37+10.50+28=75.50（分）

所以，第一中标候选人为B投标人。

问题4：

答：

（1）招标人向主管部门提交的书面报告内容不妥，应提交招标投标活动的书面报告而不仅仅是评标报告。

（2）招标人仅向中标人发出中标通知书不妥，还应同时将中标结果通知未中标人。

（3）招标人通知未中标人时间不妥，应在向中标人发出中标通知书的同时通知未中标人。

（4）退还未中标人的投标保证金时间不妥，招标人最迟应当在书面合同签订后5日内向中标人和未中标的投标人退还投标保证金及银行同期存款利息。

（5）“评标工作于11月1日结束并于当天确定中标人”不妥，应当公示期满后无异议，才能确定中标人。

（6）“11月2日招标人向当地主管部门提交了评标报告”不妥，据《中华人民共和国招标投标法》，依法必须进行招标的项目，招标人应当自确定中标人之日起15日内，向有关行政监督部门提交招标投标情况的书面报告，确定中标人肯定在评标报告公示期之后，故至少应在11月4日之后的15日内向当地主管部门提交招投标活动的书面报告。

【案例九】

背景：

某环湖截污工程 PPP 项目属于生态建设与环境保护新建项目，项目物有所值评价和财政承受能力论证工作已经完成，项目所在市人民政府批准同意项目实施方案和采购方案，项目已具备采购条件，项目按照 PPP+EPC 方式进行项目建设招标，中标社会资本方同时也将成为项目工程建设 EPC 总承包人。项目采购范围为该环湖截污工程 PPP 项目的投融资、前期工作、勘察、设计（方案设计、初步设计及施工图设计）、施工、采购、运营管理维护和移交工作。考虑项目中生态塘库工艺和技术多样，根据相关规定，拟分两阶段进行招标。项目对通过资格审查的申请人通过开展两阶段招标确定中标社会资本方，第一阶段方案设计分值权重 10%；第二阶段最终技术方案和商务报价分值权重 90%，评审小组按照两阶段分值累加后由高到低的顺序推荐预中标候选人。即第一阶段，投标人按照要求提交不带报价项目设计方案（纸质版和电子版），并由投标人制作 15min PPT（演示文稿）进行设计思路讲解，由评审小组进行评审、量化打分；第二阶段，评审小组对设计方案进行评审后，确定主设计方案，提出细化、统一的技术要求，并向第一阶段提交设计方案的投标人提供采购文件，投标人根据采购文件要求编制包括最终技术方案和商务报价的响应文件，由评审小组进行评审、量化打分。

在投标人资格条件方面，除了投标人资产状况、财务要求、业绩要求和投融资能力方面提出要求，特别在履行合同所必需的设备和专业技术能力方面进行了约定，包括投标人资质和项目经理：要求拟派的项目经理须具有国家注册一级建造师（专业为市政公用工程）及具有高级技术职称，同时具备近五年污水收集处理工程（含排水管网工程）、环境治理工程投融资或设计或施工或运营维护等相关业绩。

考虑项目建设模式为 PPP+EPC 方式，项目接受联合体投标，资格预审采用百分制综合评标法。

第一阶段约定，投标人需提交详细的方案设计文件。经过评审，招标人将对投标人提交的合格方案设计文件进行一次性补偿，补偿金额 5 万元/每份。

不参加第一阶段设计方案投标的投标人，不得参加第二阶段最终技术方案和商务报价的投标。

问题：

1. 该工程可以采用两阶段招标吗？说明理由。

2. 该工程对投标人资质设置要求方面应该如何考虑？

3. 由于项目采用 PPP+EPC 模式进行建设，承包人如果是联合体投标，对于联合体投标成员在招标文件中可以提出哪些要求？

4. 本项目第一阶段招标中，招标人设置设计方案补偿合理吗？目的是什么？

分析要点：

本案例主要考核两阶段招标，招标投标程序、方法和投标人资质。

问题 1 和问题 4 主要考核两阶段招标投标程序，主要依据《招标投标法实施条例》。

问题 2 和问题 3 主要考核复杂项目招标时，在招标文件中对投标人资质和能力要求条件的设置。

答案：

问题 1：

答：根据《招标投标法实施条例》规定“对技术复杂或者无法精确拟定技术规格的项目，招标人可以分两阶段进行招标。第一阶段，投标人按照招标公告或者投标邀请书的要求提交不带报价的技术建议，招标人根据投标人提交的技术建议确定技术标准和要求，编制招标文件。第二阶段，招标人向在第一阶段提交技术建议的投标人提供招标文件，投标人按照招标文件的要求提交包括最终技术方案和投标报价的投标文件”。由于工程存在工艺和技术方案多样，在技术方案不定的情况下开展采购招标活动，各投标人商务报价可能出现很大偏差，需要先确定合理、明确的技术方案，项目选择两阶段招标方式选择承包人是允许和合理的。

问题 2：

答：由于承包人是 EPC 工程总承包，因此在资质要求方面应：同时具有与工程规模相适应的工程设计资质和施工资质，或者由具有相应资质的设计单位和施工单位组成联合体。

问题 3：

答：联合体成员最好不超过（含）4 家，由具有独立法人地位的实体组成，应体现投融资、建设、运营优势，提交联合体协议并注明牵头人及各方拟承担的工作和责任。

问题 4：

答：项目第一阶段招标中，招标人设置设计方案补偿合理。由于存在工艺和技术多样，在技术方案不定的情况下开展，可以通过第一阶段招标选择合适的项目技术方案，由于每个投标人的方案可能从不同的角度进行，各有优劣，可以通过补偿的方式约定：设计成果文件的署名权由各投标人所有，所有权归采购人所有，另有约定的除外；支付补偿费之后采购人不再归还各投标人提交的有效方案设计成果文件，并有权使用方案设计成果内容的合理要素；各投标人提交的方案设计成果应保持原创性，不得包含任何侵犯第三方知识产权的材料，否则由此产生的后果由投标人承担。

通过方案整合、优化，在第二阶段招标时，提出相对成熟或主导的技术方案，便于投标人在此基础上报价，方便评标。

【案例十】

背景：

某工业厂房项目的招标人经过多方了解，邀请了 A、B、C 三家技术实力和资信俱佳的投标人参加该项目的投标。

在招标文件中规定：评标时采用最低综合报价（相当于经评审的最低投标价）中标的原则，但最低投标价低于次低投标价 10%的报价将不予考虑。工期不得长于 18 个月，若投标人自报工期少于 18 个月，在评标时将考虑其给招标人带来的收益，折算成综合报价后进行评标。若实际工期短于自报工期，每提前 1 天奖励 1 万元；若实际工期超过自报工期，每拖延 1 天罚款 2 万元。

A、B、C 三家投标人投标书中与报价和工期有关的数据汇总于表 4-9。

假定：为方便计算现值，贷款月利率 i 假定为 1%，现值系数见表 4-10，各分部工程每月完成的工作量相同，在评标时考虑工期提前给招标人带来的收益为每月 40 万元。

表 4-9　投标参数汇总表

投标人	基础工程		上部结构工程		安装工程		安装工程与上部结构工程搭接时间（月）
	报价（万元）	工期（月）	报价（万元）	工期（月）	报价（万元）	工期（月）	
A	400	4	1000	10	1020	6	2
B	420	3	1080	9	960	6	2
C	420	3	1100	10	1000	5	3

表 4-10　现值系数表

系数	n													
	2	3	4	5	6	7	8	9	10	12	13	14	15	16
(P/A,1%,n)	1.970	2.941	3.902	4.853	5.795	6.728	7.625	8.566	9.471	—	—	—	—	—
(P/F,1%,n)	0.980	0.971	0.961	0.952	0.942	0.933	0.923	0.914	0.905	0.887	0.879	0.870	0.861	0.853

在项目投标及评标过程中发生了以下事件：

事件 1：投标人 A 在对设计图纸和工程量清单复核时发现分部分项工程量清单中某分项工程的特征描述与设计图纸不符。

事件 2：投标人 B 采用不平衡报价的策略，对前期工程和工程量可能减少的工程适度提高了报价，对暂估价材料采用了与最高投标限价中相同材料的单价计入了综合单价。

事件 3：投标人 C 结合自身情况，并根据过去类似工程投标经验数据，认为该工程投高标的中标概率为 0.3，投低标的中标概率为 0.6。投高标中标后，经营效果可分为好、中、差三种可能，其概率分别为 0.3、0.6、0.1，对应的损益值分别为 500 万元、400 万元、250 万元；投低标中标后，经营效果同样可分为好、中、差三种可能，其概率分别为 0.2、0.6、0.2，对应的损益值分别为 300 万元、200 万元、100 万元。编制投标文件以及参加投标的相关费用为 3 万元。经过评估，投标人 C 最终选择了投低标。

事件 4：评标中评标委员会成员普遍认为招标人规定的评标时间不够。

问题：

1. 我国《招标投标法》对中标人的投标应当符合的条件是如何规定的？

2. 若不考虑资金的时间价值，应选择哪家投标人作为中标人？如果该中标人与招标人签订合同，则合同价为多少？

3. 若考虑资金的时间价值，应选择哪家投标人作为中标人？

4. 事件 1 中，投标人 A 应当如何处理？分部分项工程的特征应该如何描述？事件 2 中，投标人 B 的做法是否妥当？并说明理由。事件 3 中，投标人 C 选择投低标是否合理？并通过计算说明理由。事件 4，招标人应当如何处理？并说明理由。

分析要点：

本案例考核我国《招标投标法》关于中标人投标应当符合的条件的规定以及最低投标价格中标原则的具体运用。

明确规定允许最低投标价格中标是《招标投标法》与我国过去招标投标有关法规的重要区别之一，符合一般项目招标人的利益。但招标人在运用这一原则时，需把握两个前提：一是中标人的投标应当满足招标文件的实质性要求，二是投标价格不得低于成本。本案例背景资料隐含了这两个前提。

本案例并未直接采用最低投标价格中标原则，而是将工期提前给招标人带来的收益折算成综合报价，以综合报价最低者（即经评审的最低投标价）中标，并分别从不考虑资金时间价值和考虑资金时间价值的角度进行定量分析，其中前者较为简单和直观，而后者更符合一般投资者（招标人）的利益和愿望。

在解题时需注意以下几点：

一是各投标人自报工期的计算，应扣除安装工程与上部结构工程的搭接时间；

二是在搭接时间内现金流量应叠加，在现金流量图上一定要标明，但在计算年金现值时，并不一定要把搭接期独立开来计算；

三是在求出年金现值后再按一次支付折成现值的时点，尤其不要将各投标人报价折现的时点相混淆；

四是经评审的投标价只是选择中标人的依据，既不是投标价，也不是合同价。

关于评标时间，我国相关法规并无对评标时间的统一规定。招标人应当根据项目规模和技术复杂程度等因素合理确定评标时间。超过三分之一的评标委员会成员认为评标时间不够的，招标人应当适当延长。

答案：

问题 1：

答：我国《招标投标法》第四十一条规定，中标人的投标应当符合下列条件之一：

（1）能够最大限度地满足招标文件中规定的各项综合评价标准；

（2）能够满足招标文件的实质性要求，并且经评审的投标价格最低；但是投标价格低于成本的除外。

问题 2：

解：

1. 计算各投标人的综合报价（即经评审的投标价）。

（1）投标人 A 的总报价为：$400+1000+1020=2420$（万元）

总工期为：$4+10+6-2=18$（月）

相应的综合报价 $P_A=2420$（万元）

（2）投标人 B 的总报价为：$420+1080+960=2460$（万元）

总工期为：$3+9+6-2=16$（月）

相应的综合报价 $P_B=2460-40\times(18-16)=2380$（万元）

（3）投标人 C 的总报价为：$420+1100+1000=2520$（万元）

总工期为：$3+10+5-3=15$（月）

相应的综合报价 $P_C=2520-40\times(18-15)=2400$（万元）

因此，若不考虑资金的时间价值，投标人 B 的综合报价最低，应选择其作为中标人。

2. 合同价为投标人 B 的投标价 2460 万元。

问题 3：

解 1：

1. 计算投标人 A 综合报价的现值

基础工程每月工程款 $A_{1A}=400/4=100$（万元）

上部结构工程每月工程款 $A_{2A}=1000/10=100$（万元）

安装工程每月工程款 $A_{3A}=1020/6=170$（万元）

其中，第 13 和第 14 月的工程款为：$A_{2A}+A_{3A}=100+170=270$（万元）。

则投标人 A 的综合报价的现值为：

$$PV_A=A_{1A}(P/A,1\%,4)+A_{2A}(P/A,1\%,8)(P/F,1\%,4)+(A_{2A}+A_{3A})(P/A,1\%,2)(P/F,1\%,12)+A_{3A}(P/A,1\%,4)(P/F,1\%,14)$$

$$=100\times3.902+100\times7.625\times0.961+270\times1.970\times0.887+170\times3.902\times0.870$$

$$=2171.86\text{（万元）}$$

2. 计算投标人 B 综合报价的现值

基础工程每月工程款 $A_{1B}=420/3=140$（万元）

上部结构工程每月工程款 $A_{2B}=1080/9=120$（万元）

安装工程每月工程款 $A_{3B}=960/6=160$（万元）

工期提前每月收益 $A_{4B}=40$（万元）

其中，第 11 和第 12 月的工程款为：$A_{2B}+A_{3B}=120+160=280$（万元）。

则投标人 B 的综合报价的现值为：

$$PV_B=A_{1B}(P/A,1\%,3)+A_{2B}(P/A,1\%,7)(P/F,1\%,3)+(A_{2B}+A_{3B})(P/A,1\%,2)(P/F,1\%,10)+A_{3B}(P/A,1\%,4)(P/F,1\%,12)-A_{4B}(P/A,1\%,2)(P/F,1\%,16)$$

$$=140\times2.941+120\times6.728\times0.971+280\times1.970\times0.905+160\times3.902\times0.887-40\times1.970\times0.853$$

$$=2181.44\text{（万元）}$$

3. 计算投标人 C 综合报价的现值

基础工程每月工程款 $A_{1C}=420/3=140$（万元）

上部结构工程每月工程款 $A_{2C}=1100/10=110$（万元）

安装工程每月工程款 $A_{3C}=1000/5=200$（万元）

工期提前每月收益 $A_{4C}=40$（万元）

其中，第 11 至第 13 月的工程款为：$A_{2C}+A_{3C}=110+200=310$（万元）。

则投标人 C 的综合报价的现值为：

$$PV_C=A_{1C}(P/A,1\%,3)+A_{2C}(P/A,1\%,7)(P/F,1\%,3)+(A_{2C}+A_{3C})(P/A,1\%,3)(P/F,1\%,10)+A_{3C}(P/A,1\%,2)(P/F,1\%,13)-A_{4C}(P/A,1\%,3)(P/F,1\%,15)$$

$$=140\times2.941+110\times6.728\times0.971+310\times2.941\times0.905+200\times1.970\times0.879-40\times2.941\times0.861=2200.49\text{（万元）}$$

因此，若考虑资金的时间价值，投标人 A 的综合报价最低，应选择其作为中标人。

解 2：

1. 计算投标人 A 综合报价的现值

先按解 1 计算 A_{1A}、A_{2A}、A_{3A}，则投标人 A 综合报价的现值为：

$$PV_A = A_{1A}(P/A,1\%,4) + A_{2A}(P/A,1\%,10)(P/F,1\%,4) + A_{3A}(P/A,1\%,6)(P/F,1\%,12)$$

$$= 100\times3.902 + 100\times9.471\times0.961 + 170\times5.795\times0.887$$

$$= 2174.19\text{（万元）}$$

2. 计算投标人 B 综合报价的现值

先按解 1 计算 A_{1B}、A_{2B}、A_{3B}，则投标人 B 综合报价的现值为：

$$PV_B = A_{1B}(P/A,1\%,3) + A_{2B}(P/A,1\%,9)(P/F,1\%,3) + A_{3B}(P/A,1\%,6)(P/F,1\%,10) - A_{4B}(P/A,1\%,2)(P/F,1\%,16)$$

$$= 140\times2.941 + 120\times8.566\times0.971 + 160\times5.795\times0.905 - 40\times1.970\times0.853$$

$$= 2181.75\text{（万元）}$$

3. 计算投标人 C 综合报价的现值

先按解 1 计算 A_{1C}、A_{2C}、A_{3C}，则投标人 C 综合报价的现值为：

$$PV_C = A_{1C}(P/A,1\%,3) + A_{2C}(P/A,1\%,10)(P/F,1\%,3) + A_{3C}(P/A,1\%,5)(P/F,1\%,10) - A_{4C}(P/A,1\%,3)(P/F,1\%,15)$$

$$= 140\times2.941 + 110\times9.471\times0.971 + 200\times4.853\times0.905 - 40\times2.941\times0.861$$

$$= 2200.44\text{（万元）}$$

因此，若考虑资金的时间价值，投标人 A 的综合报价最低，应选择其作为中标人。

问题 4：

答：

事件 1 中，投标人应在招标答疑时将发现的分部分项工程量清单中项目特征描述与设计图纸不符的内容向招标人提出。招标人如果修改招标文件清单中的项目特征描述，投标人应按照修改后的清单编制清单报价。如果招标人不修改招标文件清单中的项目特征描述，投标人应按照招标工程量清单项目特征报价，结算时按实际调整。

分部分项工程量清单项目特征应按《计价规范》附录中规定的项目特征，结合拟建工程项目的实际予以描述。

事件 2 中，招标人 B 对前期工程报高价妥当，对工程量可能减少的工程报高价不妥，应当报低价；对材料暂估价按照最高投标限价中的相同单价计入综合单价不妥，应当按照招标文件中规定的单价计入综合单价。

事件 3 中，不合理，因为投高标的收益期望值为：

$$0.3\times(0.3\times500 + 0.6\times400 + 0.1\times250) - 3 = 121.5\text{（万元）}$$

投低标的收益期望值为：

$$0.6\times(0.2\times300+0.6\times200+0.2\times100)-3=117.0\text{（万元）}$$

投高标收益期望值大，所以投标人 C 应当投高标。

事件 4 中，招标人应当延长评标时间，根据相关法规超过 1/3 评标委员会人员认为评标时间不够，招标人应当延长评标时间。

【案例十一】

背景：

我国西部地区某世界银行贷款项目采用国际公开招标，共有 A、C、F、G、J 五家投标人参加投标。

招标公告中规定：2016 年 6 月 1 日起发售招标文件。

招标文件中规定：2016 年 8 月 31 日为投标截止日，投标有效期到 2016 年 10 月 31 日为止；允许采用不超过 3 种的外币报价，但外汇金额占总报价的比例不得超过 30%；评标采用经评审的最低投标价法，评标时对报价统一按人民币计算。

招标文件中的工程量清单按我国《计价规范》编制。

各投标人的报价组成见表 4-11，中国银行公布的 2016 年 7 月 18 日至 9 月 4 日的外汇牌价见表 4-12，投标人 C 对部分结构工程的报价见表 4-13。

计算结果保留两位小数。

表 4-11　各投标人报价汇总表　单位：万元

投标人	人民币	美元	欧元	日元
A	50894.42	2579.93	—	—
C	43986.45	1268.74	1859.58	—
F	49993.84	780.35	1498.21	—
G	51904.11	—	2225.33	—
J	49389.79	499.37	—	197504.76

表 4-12　外汇牌价

币种	日期						
	7.18–7.24	7.25–7.31	8.1–8.7	8.8–8.14	8.15–8.21	8.22–8.28	8.29–9.4
美元	6.6590	6.6588	6.6499	6.6488	6.6470	6.6420	6.6418
欧元	7.6709	7.6678	7.5079	7.5065	7.5021	7.5012	7.5002
日元	0.0668	0.0665	0.0663	0.0655	0.0664	0.0664	0.0663

表 4-13　　投标人 C 部分结构工程报价单

序号	项目编码	项目名称	工程数量	单位	单价（元/单位）	合价（元）
15	（略）（下同）	带形基础 C40	863.00	m^3	474.65	409622.95
16		满堂基础 C40	3904.00	m^3	471.42	1540423.68
18		设备基础 C30	40.00	m^3	415.98	16639.20
31		矩形柱 C50	138.54	m^3	504.76	69929.45
35		异形柱 C60	16.46	m^3	536.03	8823.05
41		矩形梁 C40	269.00	m^3	454.02	132131.38
47		矩形梁 C30	54.00	m^3	413.91	22351.14
51		直形墙 C50	606.00	m^3	472.69	286450.14
61		楼板 C40	1555.00	m^3	45.11	701460.50
71		直形楼梯	217.00	m^2	117.39	25473.63
91		预埋铁件	1.78	t		
101		钢筋（网、笼）制作、运输、安装	13.71	t	4998.96	68535.74

问题：

1. 各投标人的报价按人民币计算分别为多少？其外汇占总报价的比例是否符合招标文件的规定？

2. 评标时，由于技术标评审花费了较多时间，因此，招标人以书面形式要求所有投标人延长投标有效期。投标人 F 要求调整报价，而投标人 A 拒绝延长投标有效期。对此，招标人应如何处理？说明理由。

3. 投标人 C 对部分结构工程的报价如表 4-17 所示，请指出其中的不当之处，并说明应如何处理？

4. 如果评标委员会认为投标人 C 的报价可能低于其个别成本，应当如何处理？

分析要点：

本案例主要考核在多种货币报价时对投标价的换算和在工程量清单计价模式条件下对投标价的审核，还涉及投标有效期的延长和对低于成本报价的确认。

在投标人以多种货币报价时，一般都要换算成招标人规定的同一货币进行评标。在这种情况下，主要涉及两个问题：一是采用什么时间的汇率，二是对外汇金额占总报价比例的限制。对于多种货币之间的换算汇率，世界银行贷款项目和FIDIC合同条件都规定，除非在合同条件第二部分（即专用条件）中另有说明，应采用投标文件递交截止日期前28d当天由工程施工所在国中央银行决定的通行汇率；而我国《评标委员会和评标方法暂行规定》规定："以多种货币报价的，应当按照中国银行在开标日公布的汇率中间价换算成人民币。"本案例的问题1就是针对这两者之间的区别设计的，投标人C的报价如果按我国有关法规的规定是符合招标文件规定的，而按世界银行贷款项目的规定则是不符合招标文件规定的。

在工程量清单计价模式条件下对投标价的审核，要注意用数字表示的数额与用文字表示的数额的一致性，单价和工程量的乘积与相应合价的一致性，有无报价漏项等问题。在本案例中，仅涉及后两个问题。我国《工程建设项目施工招标投标办法》规定，用数字表示的数额与用文字表示的数额不一致时，以文字数额为准；单价与工程量的乘积与总价（该法规原文如此，实际应为"合价"）之间不一致时，以单价为准。若单价有明显的小数点错位，应以总价为准，并修改单价。另外，若投标人对工程量清单中列明的某些项目没有报价（即漏项），不影响其投标文件的有效性，招标人可以认为投标人已将该项目的费用并入其他项目报价，即使今后该项目的实际工程量大幅增加，也不支付相应的工程款。

需要注意的是，《招标投标法》规定投标人的报价不得低于其成本，否则将被作为废标处理。然而如何识别投标人的报价是否低于其成本是实践工作中的难题，评标委员会发现某投标人的报价明显低于其他投标人的报价或者在设有标底时明显低于标底时不能简单认为其投标报价低于成本，而应当按照《评标委员会和评标方法暂行规定》，要求该投标人作出书面说明并提供相关证明材料。投标人不能合理说明或者不能提供相关证明材料的，由评标委员会认定该投标人以低于成本报价竞标，其投标应作废标处理。

答案：

问题1：

解：

1. 各投标人按人民币计算的报价分别为：

投标人A：50894.42+2579.93×6.6499=68050.70（万元）

投标人C：43986.45+1268.74×6.6499+1859.58×7.5079=66384.98（万元）

投标人F：49993.84+780.35×6.6499+1498.21×7.5079=66431.50（万元）

投标人G：51904.11+2225.33×7.5079=68611.67（万元）

投标人J：49389.79+499.37×6.6499+197504.76×0.0663=65805.12（万元）

将以上计算结果汇总于表 4-14。

表 4-14　　各投标人报价汇总表　　单位：万元

投标人	人民币	美元	欧元	日元	总　价
A	50894. 42	2579. 93	—	—	68050. 70
C	43986. 45	1268. 74	1859. 58	—	66384. 98
F	49993. 84	780. 35	1498. 21	—	66431. 50
G	51904. 11	—	2225. 33	—	68611. 67
J	49389. 79	499. 37	—	197504. 76	65805. 12

2. 计算各投标人报价中外汇所占的比例：

投标人 A：(68050. 70-50894. 42)/68050. 70=25. 21%

投标人 C：(66384. 98-43986. 45)/66384. 98=33. 74%

投标人 F：(66431. 50-49993. 84)/66431. 50=24. 74%

投标人 G：(68611. 67-51904. 11)/68611. 67=24. 35%

投标人 J：(65805. 12-49389. 79)/65805. 12=24. 95%

由以上计算结果可知，投标人 C 报价中外汇所占的比例超过 30%，不符合招标文件的规定，而其余投标人报价中外汇所占的比例均符合招标文件的规定。

问题 2：

答：我国《工程建设项目施工招标投标办法》规定，在原投标有效期结束前，出现特殊情况的，招标人可以书面形式要求所有投标人延长投标有效期。投标人同意延长的，不得要求或被允许修改其投标文件的实质性内容，但应相应延长其投标保证金的有效期；投标人拒绝延长的，其投标失效，但投标人有权收回其投标保证金。因延长有效期造成投标人损失的，招标人应当给予补偿。因此，投标人 F 的报价不得调整，但应补偿其延长投标保证金有效期所增加的费用；投标人 A 的投标文件按失效处理，不再评审，但应退还其投标保证金。

问题 3：

答：投标人 C 的报价表中有下列不当之处：

1. 满堂基础 C40 的合价 1540423. 68 元错误，其单价合理，故应以单价为准，将其合价修改为 1840423. 68 元；

2. 矩形梁 C40 的合价 132131. 38 元数值错误，其单价合理，故应以单价为准，将其合价修改为 122131. 38 元；

3. 楼板C40的单价45.11元/m^3显然不合理，参照矩形梁C40的单价454.02元/m^3和楼板C40的合价701460.50元可以看出，该单价有明显的小数点错位，应以合价为准，将原单价修改为451.10元/m^3；

4. 对预埋铁件未报价，这不影响其投标文件的有效性，也不必作特别的处理，可以认为承包商C已将预埋铁件的费用并入其他项目（如矩形柱和矩形梁）报价，今后工程款结算中将没有这一项目内容。

问题4：

答：根据我国《评标委员会和评标方法暂行规定》，在评标过程中，评标委员会发现投标人C的报价明显低于其他投标报价或者在设有标底时明显低于标底，使得其投标报价可能低于其个别成本的，应当要求投标人C作出书面说明并提供相关证明材料。投标人C不能合理说明或者不能提供相关证明材料的，由评标委员会认定投标人C以低于成本报价竞标，其投标应作废标处理。

【案例十二】

背景：

我国西南地区某污水处理项目拟采用国际公开招标，初步确定由世界银行提供贷款，截至2022年4月5日，国内部分的建设资金尚在落实中，建设项目方案设计完成，等待审批，按照项目建设的一般程序，设计方案审批通过，才能进行初步设计。项目贷款方为项目建设单位，也是项目招标人。

项目实施中，招标人有如下行为：

（1）2022年4月5日，项目招标人向世界银行提供项目总采购公告，以便安排在联合国出版的《发展商务报》上刊出。招标人拟准备在2022年5月5日发售招标文件。

（2）用于拟建项目是一个大而复杂的工程，招标人拟进行资格预审，以确定投标人是否有资格进行投标和确定投标人是否有资格享受国家或地区的优惠待遇。

（3）假定经过资格预审后，符合标准的合格承包商有20家。招标人按照这些合格承包商2021年各自签订的所有工程合同金额大小排序，通知前10名购买招标文件。

（4）招标人委托一家招标代理机构编制了招标文件，未报世界银行批准，在合理时间进行公开发售。

假设项目招标文件有如下规定：

（1）投标文件必须寄交某邮政信箱。

（2）开标时一般允许提问或解释，但不允许记录和录音。

（3）投标截止期后收到的标书，尤其是宣读标书后收到的标书，不论出于何种原因，都拒绝，作为废标处理。

问题：

1. 按照世界银行国际公开招标程序，招标人的行为哪些是错误的，并说明正确做法。
2. 招标文件的规定，哪些是错误的，并说明原因。
3. 项目总采购公告是否为投标邀请书？
4. 请简单描述公开开标的变通办法“两个信封制度”？

分析要点：

本案例主要考核世界银行贷款项目国际工程招标投标的流程、惯例和开标办法。

在国际工程中，通过招标投标选择承包商是最重要的发包方式，许多国际机构都制定了招标投标程序，其中世界银行的招标投标程序最为完善、最有影响、适用范围也最大。

世界银行贷款项目采购程序包括：①发布总采购公告；②资格预审和资格定审；③准备招标文件；④发布具体合同招标广告（投标邀请书）；⑤开标；⑥评标；⑦授予合同或拒绝所有投标；⑧合同谈判和签订合同。

在发布总采购公告时，项目的资金来源已初步确定，包括初步确定由世界银行提供贷款，本国配套资金也已基本落实，项目初步设计已经完成，项目评估已经确定须以国际竞争性招标方法进行采购的那部分设备和工程。总采购通告需及早送交世界银行，最迟不应迟于招标文件已经准备好、将向投标人公开发售之前60天，安排免费在联合国出版的《发展商务报》上刊登。

工程的招标是否要资格预审，由借款人和世界银行充分协商后，在贷款协定中明确规定。资格预审首先确定投标人是否有投标资格，在有优惠待遇的情况下，也可确定其是否有资格享受本国或地区优惠待遇。资格预审预先规定评审标准及合格要求，并将合同的规模和合格要求通知愿意参加预审的承包商或供应商。经过评审后，凡符合标准的，都应准予投标，而不应限定预审合格的投标人的数量。

需要注意的是，招标文件的各项条款应符合《采购指南》的规定。世界银行虽然并不“批准”招标文件，但需其表示“无意见”（No objection）后招标文件才可以公开发售。

对于世界银行贷款项目国际工程招标，除了总采购通告外，借款人应将具体合同的投标机会及时通知国际社会。需要及时刊登具体合同的招标广告，即投标邀请书。与总采购通告有所不同，这类具体合同招标广告不要求，但鼓励刊登在联合国《发展商务报》上。至少应刊登在借款人国内广泛发行的一种报纸上；如有可能，也应刊登在官方公报上。

对于投标，提交标书的方式不得加以限制（如规定必须寄交某邮政信箱），以免延误。应该允许投标人亲自或派代表投交标书。开标时间一般应是投标截止时间或紧接在截止时间之后。开标应做出记录，列明到会人员及宣读的有关标书的内容。如果世界银行有要求，还应将记录的副本送交世界银行。开标时一般不允许提问或作任何解释，但允许记录和录音。

在投标截止期以后收到的标书，尤其是已经开始宣读标书以后收到的标书，不论出于何种原因，都应加以拒绝。

世界银行贷款项目采用国际竞争性招标方法时必须遵循公开开标的程序。公开开标也有变通办法，例如“两个信封制度”（Two envelope system），即要求投标书的技术性部分密封装入一个信封，而将报价装入另一个密封信封。第一次开标会时先开启技术性标书的信封；然后将各投标人的标书交评标委员会评比，视其是否在技术方面符合要求。如标书在技术上不符合要求，即通知该标书的投标人。技术上不符合要求的标书，其第二个信封不再开启。第二次开标会时再将技术上符合要求的标书报价公开读出。

答案：

问题1：

解：

（1）错误，项目招标人应在项目的资金来源已初步确定，项目初步设计已经完成，项目评估已经确定须以国际竞争性招标进行采购，总采购公告再送交世界银行，并且最迟不应迟于招标文件已经准备好、将向投标人公开发售之前60天。

（2）正确。

（3）错误，应通知所有合格的承包商购买招标文件。

（4）错误，需要将招标文件提交世界银行备案审查，世界银行表示“无意见”后招标文件才可以公开发售。

问题2：

答：

（1）错误，提交标书的方式不得加以限制（如规定必须寄交某邮政信箱），以免延误。允许投标人亲自或派代表投交标书。

（2）错误，开标应做出记录。如果世界银行有要求，还应将记录的副本送交世界银行。开标时一般不允许提问或作任何解释，但允许记录和录音。

（3）正确。

问题3：

答：项目总采购公告不是投标邀请书。项目总采购公告是世界银行及其他国际开发机构所要求的，目的是使所有合格而且有能力、符合要求的投标人不受歧视地能有公平的投标机会，同时使业主或购货人能进一步了解市场供应情况，有助于经济、有效地达到采购的目的。

投标邀请书是具体合同的招标广告。

问题4：

答：两个信封制度是公开开标的一种变通形式，要求投标书的技术性部分密封装入一个信封，报价装入另一个密封信封。第一次开标会时先开启技术性标书的信封；然后将各投标人的标书交评标委员会评比，评审是否在技术方面符合要求。如标书在技术上不符合要求，即通知该标书的投标人。技术上不符合要求的标书，其第二个信封不再开启。第二次开标会时再将技术上符合要求的标书报价公开读出。

第五章　工程合同价款管理

本章基本知识点：

1. 工程合同价款的约定与调整起因；
2. 工程变更的处理；
3. 工程现场签证的处理；
4. 工程索赔的内容与分类；
5. 工程索赔成立的条件与证据；
6. 工程索赔程序；
7. 工程索赔文件的组成；
8. 工程索赔的计算；
9. 工程合同争议的处理。

【案例一】

背景：

某建设单位（甲方）拟建造一栋 $3600m^2$ 的职工住宅，采用工程量清单招标方式由某施工单位（乙方）承建。甲乙双方签订的施工合同摘要如下：

一、协议书中的部分条款

1. 合同工期

计划开工日期：2021 年 10 月 16 日；计划竣工日期：2022 年 9 月 30 日；

工期总日历天数：330d（扣除春节放假 18d）。

2. 质量标准

工程质量符合：甲方规定的质量标准。

3. 签约合同价与合同价格形式

签约合同价：人民币（大写）陆佰捌拾玖万元（￥6890000. 00 元），

其中：①安全文明施工费为签约合同价 5%；②暂列金额为签约合同价 5%。

合同价格形式：总价合同。

4. 项目经理

承包人项目经理：在开工前由承包人采用内部竞聘方式确定。

5. 合同文件构成

本协议书与下列文件一起构成合同文件：

①中标通知书；②投标函及投标函附录；③专用合同条款及其附件；④通用合同条款；⑤技术标准和要求；⑥图纸；⑦已标价工程量清单；⑧其他合同文件。

上述文件互相补充和解释，如有不明确或不一致之处，以上述顺序作为优先解释顺序（合同履行过程中另行约定的除外）。

二、专用条款中有关合同价款的条款

1. 合同价款及其调整

本合同价款除如下约定外，不得调整。

（1）当工程量清单项目工程量的变化幅度在15%以外时，合同价款可作调整。

（2）当材料价格上涨超过5%时，调整相应分项工程价款。

2. 合同价款的支付

（1）工程预付款：于开工之日支付合同总价的10%作为预付款。工程实施后，预付款从工程后期进度款中扣回。

（2）安全文明施工费：发包人在开工后28d内预付安全文明施工费总额的50%，其余部分与进度款同期支付。

（3）工程进度款：基础工程完成后，支付合同总价的10%；主体结构三层完成后，支付合同总价的20%；主体结构全部封顶后，支付合同总价的20%；工程基本竣工时，支付合同总价的30%。为确保工程如期竣工，乙方不得因甲方资金的暂时不到位而停工和拖延工期。

（4）竣工结算：工程竣工验收后，进行竣工结算。结算时按工程结算总额的3%扣留工程质量保证金。在保修期（50年）满后，质量保证金及其利息扣除已支出费用后的剩余部分退还给乙方。

三、补充协议条款

在上述施工合同协议条款签订后，甲乙双方又接着签订了补充施工合同协议条款。摘要如下：

补1. 木门窗均用水曲柳板包门窗套；

补2. 铝合金窗90系列改用42型系列某铝合金厂产品；

补3. 挑阳台均采用42型系列某铝合金厂铝合金窗封闭。

问题：

1. 该合同签订的条款有哪些不妥之处？如有，应如何修改？

2. 工程合同实施过程中，出现哪些情况可以调整合同价款？简述出现合同价款调增事项后，承发包双方的处理程序。

3. 对合同中未规定的承包商义务，合同实施过程中又必须进行的工程内容，承包商应如何处理？

分析要点：

本案例主要涉及建设工程施工合同的基本构成和工程合同价款的约定、支付、调整等内容。涉及合同条款签订中易发生争议的若干问题；施工过程中出现合同未规定的承包商义务，但又必须进行的工程内容，承包商如何处理；以及工程质量保证金的扣留与返还等问题。主要依据文件包括：《建设工程施工合同（示范文本）》GF-2021-0201、《计价规范》和《关于印发〈建设工程质量保证金管理暂行办法〉的通知》（建质〔2017〕138号）、《建筑工程施工质量验收统一标准》GB 50300-2013等。

问题1：

答：该合同条款存在的不妥之处及其修改：

（1）工期总日历天数约定不妥。应按日历天数约定，不扣除节假日时间。

（2）工程质量为甲方规定的质量标准不妥。本工程是住宅楼工程，目前对该类工程尚不存在其他可以明示的企业或行业的质量标准。因此，不应以甲方规定的质量标准作为该工程的质量标准，而应以《建筑工程施工质量验收统一标准》中规定的质量标准作为该工程的质量标准。

（3）安全文明施工费和暂列金额为签约合同价的一定比例不妥。应约定人民币金额。

（4）承包人在开工前采用内部竞聘方式确定项目经理不妥。应明确为投标文件中拟订的项目经理。如果项目经理人选发生变动，应该征得监理人和（或）甲方同意。

（5）针对工程量变化幅度和材料上涨幅度调整工程价款的约定不妥。应根据《建设工程工程量清单计价规范》的有关规定，全面约定工程价款可以调整的内容和调整方法。

（6）工程预付款预付额度和时间不妥。根据《建设工程工程量清单计价规范》的规定：

1）包工包料工程的预付款的支付比例不得低于签约合同价（扣除暂列金额）的10%，不宜高于签约合同价（扣除暂列金额）的30%。

2）承包人应在签订合同或向发包人提供与预付款等额的预付款保函（如有）后向发包人提交预付款支付申请。发包人应对在收到支付申请的7d内进行核实后向承包人发出预付款支付证书，并在签发支付证书后的7d内向承包人支付预付款。

3）应明确约定工程预付款的起扣点和扣回方式。

（7）工程价款支付条款约定不妥。“基本竣工时间”不明确，应修订为具体明确的时间；“乙方不得因甲方资金的暂时不到位而停工和拖延工期”条款显失公平，应说明甲方资金不到位在什么期限内乙方不得停工和拖延工期，逾期支付的利息如何计算。

（8）质量保修期（50 年）不妥，应按《建设工程质量管理条例》的有关规定进行修改。地基与基础、主体结构为设计的合理使用年限；防水、保温工程为 5 年；其他工程（水、电、装修等）为 2 年或 2 期。

（9）工程质量保证金返还时间不妥。根据国家建设部、财政部颁布的《关于印发〈建设工程质量保证金管理暂行办法〉的通知》的规定，在施工合同中双方约定的工程缺陷责任期一般为 1 年，最长不超过 2 年。缺陷责任期满后，承包人向发包人申请返还保证金，发包人应于 14d 内进行核实，核实后 14d 内将保证金返还承包人。

（10）补充施工合同协议条款不妥。在补充协议中，不仅要补充工程内容，而且要说明工期和合同价款是否需要调整，若需调整则如何调整。

问题 2：

答：根据《建设工程工程量清单计价规范》的规定，下列事项（但不限于）发生，发承包双方应当按照合同约定调整合同价款：

①法律法规变化；②工程变更；③项目特征描述不符；④工程量清单缺项；⑤工程量偏差；⑥物价变化；⑦暂估价；⑧计日工；⑨现场签证；⑩不可抗力；⑪提前竣工（赶工补偿）；⑫误期赔偿；⑬施工索赔；⑭暂列金额；⑮发承包双方约定的其他调整事项。

出现合同价款调增事项后的 14d 内，承包人应向发包人提交合同价款调增报告并附上相关资料，若承包人在 14d 内未提交合同价款调增报告的，视为承包人对该事项不存在调整价款。

发包人应在收到承包人合同价款调增报告及相关资料之日起 14d 内对其核实，予以确认的应书面通知承包人。如有疑问，应向承包人提出协商意见。发包人在收到合同价款调增报告之日起 14d 内未确认也未提出协商意见的，视为承包人提交的合同价款调增报告已被发包人认可。发包人提出协商意见的，承包人应在收到协商意见后的 14d 内对其核实，予以确认的应书面通知发包人。如承包人在收到发包人的协商意见后 14d 内既不确认也未提出不同意见的，视为发包人提出的意见已被承包人认可。

问题 3：

答：首先应及时与甲方协商，确认该部分工程内容是否由乙方完成。如果需要由乙方完成，则双方应商签补充合同协议，就该部分工程内容明确双方各自的权利义务，并对工程计划做出相应的调整；如果由其他承包商完成，乙方也要与甲方就该部分工程内容的协作配合条件及相应的费用等问题达成一致意见，以保证工程的顺利进行。

【案例二】

背景：

某海滨城市为发展旅游业，经批准兴建一座三星级大酒店。该项目甲方于××年10月10日分别与某建筑工程公司（乙方）和某外资装饰工程公司（丙方）签订了主体建筑工程施工合同和装饰工程施工合同。

合同约定主体建筑工程施工于当年11月10日正式开工。合同日历工期为2年5个月。因主体工程与装饰工程分别为两个独立的合同，由两个承包商承建，为保证工期，当事人约定：主体与装饰施工采取立体交叉作业，即主体完成三层，装饰工程承包商立即进入装饰作业。为保证装饰工程达到三星级水平，业主委托某监理公司实施“装饰工程监理”。

在工程施工1年6个月时，甲方要求乙方将竣工日期提前2个月，双方协商修订施工方案后达成协议。

该工程按变更后的合同工期竣工，经验收后投入使用。

在该工程投入使用3年2个月后，乙方因甲方少付工程款起诉至法院。诉称：甲方于该工程验收合格后签发了竣工验收报告，并已开张营业。在结算工程款时，甲方本应付工程总价款1600万元人民币，但只付1400万元人民币。特请求法庭判决被告支付剩余的200万元及拖期的利息。

在庭审中，被告答称：原告主体建筑工程施工质量有问题，如：大堂、电梯间门洞、大厅墙面、游泳池等主体施工质量不合格。因此，装修商进行返工，并提出索赔，经监理工程师签字报业主代表认可，共支付18.1万美元，折合人民币125万元。此项费用应由原告承担。另还有其他质量问题，并造成客房、机房设备、设施损失计人民币75万元。共计损失200万元人民币，应从总工程款中扣除，故支付乙方主体工程款总额为1400万元人民币。

原告辩称：被告称工程主体不合格不属实，并向法庭呈交了业主及有关方面签字的合格竣工验收报告及业主致乙方的感谢信等证据。

被告又辩称：竣工验收报告及感谢信，是在原告法定代表人宴请我方时，提出为了企业晋级的情况下，我方代表才签的字。此外，被告代理人又向法庭呈交业主被装饰工程公司提出的索赔18.1万美元（经监理工程师和业主代表签字）的清单56件。

原告再辩称：被告代表发言纯系戏言，怎能以签署竣工验收报告为儿戏，请求法庭以文字为证。又指出：如果真的存在被告所说的情况，被告应当在装饰施工前通知我方修理。

原告最后请求法庭关注：从签发竣工验收报告到起诉前，乙方向甲方多次以书面方式提出结算要求。在长达 3 年多的时间里，甲方从未向乙方提出过工程存在质量问题。

问题：

1. 原、被告之间的合同是否有效？
2. 如果在装修施工时，发现主体工程施工质量有问题，甲方应采取哪些正当措施？
3. 对于乙方因工程款纠纷的起诉和甲方因工程质量问题的反诉，法院应否予以保护？

分析要点：

该案例主要考核如何依法进行建设工程合同纠纷的处理。该案例所涉及的法律法规有：《中华人民共和国民法典》、《建设工程施工合同（示范文本）》GF-2021-0201、《建设工程质量管理条例》等。

答案：

问题 1：

答：合同双方当事人符合建设工程施工合同主体资格的要求，双方意思表达真实，合同订立形式与内容合法，所以原告、被告之间的合同有效。

问题 2：

答：如果在装修施工过程中，发现主体工程施工质量有问题时，业主应及时通知承包商进行修理。承包商不派人修理，业主可委托其他人员修理，修理费用从扣留的保修费用内支付。

问题 3：

答：根据《中华人民共和国民法典》之规定，向人民法院请求保护民事权利的诉讼时效期为 3 年，从当事人知道或应当知道权利被侵害时起算。本工程虽然已投入使用 3 年 2 个月，但乙方自签发竣工验收报告后至起诉前，多次以书面方式提出结算要求（每次提出要求均导致诉讼时效期中断），所以乙方的诉讼权利应予保护；而甲方在直至庭审前的 3 年多时间里，一直未就质量问题提出异议，已超过诉讼时效期，所以，甲方的反诉权利不予保护。

【案例三】

背景：

某新建特大型装配式钢结构预制构件生产厂房建设项目，采用可研批准后的 EPC 方式发包。招标内容包括方案设计、初步设计、施工图设计、采购、施工及工程保修等。招标文件要求承包人在投标之前完成施工现场踏勘。确定某承包人为中标人后，发承包双方依据《建设项目工程总承包合同（示范文本）》GF-2020-0216 签订了 EPC 工程总承包固定总价合同（约定主要工程材料、设备、人工价格与招标时基期价相比，波动幅度 10%以内不调整），并定于当年 5 月 1 日开工。

开工后，承包人在土方工程施工中遇到了业主提供的基础材料里没有列出的孤石和更多坚硬的岩层，使开挖工作变得困难。尽管承包人采用克服困难的合理措施继续施工，但实际生产率比原计划降低，导致影响工期 0.5 个月。由于施工进度减慢，当地迎来雨季，赶上数天季节性大雨，随后转为特大暴雨并导致山洪暴发，造成现场临时道路、管网和甲乙方施工现场办公用房等设施以及已施工的部分基础被冲坏，施工设备损坏，运进现场的部分材料被冲走，已入场的乙方购买的部分构件和部品发生损坏，乙方数名施工人员受伤。雨后，承包人用了很多工时进行清理和修复。为此，承包人准备对以上事件提出索赔。

问题：

1. 上述事件的索赔能否成立？为什么？

2. 在装配式建筑工程总承包项目施工中，通常可以提供的索赔证据有哪些？在申请索赔时，承包人应提供的索赔文件有哪些？

3. 在随后的施工中又发现了较有价值的出土文物，造成承包人部分施工人员和机械窝工，同时承包人为保护文物付出了一定的措施费用。请问承包方应如何处理此事？

4. 由于工期延误太久，发包人指示赶工，承包人决定制定赶工计划加快施工，施工期间由于原材料价格上涨，导致预制构件价格上涨，构件采购成本比预期超出 5%。承包人提出：赶工费用由承包人自己承担，而预制构件上涨费用向发包人申请索赔，请问承包人这样的做法合理吗？

分析要点：

该案例主要涉及装配式建筑项目工程总承包固定总价合同背景下索赔成立的条件与索赔责任的划分，索赔的内容与证据，索赔文件的内容与形式、施工中发现出土文物等情况的处理；还涉及承包人依据《建设项目工程总承包合同（示范文本）》GF-2020-0216 的规定，规范化处理变更问题的工作内容与方法等。

《建设项目工程总承包合同（示范文本）》GF-2020-0216 中通用条款 17.4 不可抗力后果的承担约定：

不可抗力导致的人员伤亡、财产损失、费用增加和（或）工期延误等后果，由合同当事人按以下原则承担：

（1）永久工程，包括已运至施工现场的材料和工程设备的损害，以及因工程损害造成的第三人人员伤亡和财产损失由发包人承担；

（2）承包人提供的施工设备的损坏由承包人承担；

（3）发包人和承包人各自承担其人员伤亡及其他财产损失；

（4）因不可抗力影响承包人履行合同约定的义务，已经引起或将引起工期延误的，应当顺延工期，由此导致承包人停工的费用损失由发包人和承包人合理分担，停工期间必须支付的现场必要的工人工资由发包人承担；

（5）因不可抗力引起或将引起工期延误，发包人指示赶工的，由此增加的赶工费用由发包人承担；

（6）承包人在停工期间按照工程师或发包人要求照管、清理和修复工程的费用由发包人承担。

不可抗力引起的后果及造成的损失由合同当事人按照法律规定及合同约定各自承担。不可抗力发生前已完成的工程应当按照合同约定进行支付。

答案：

问题1：

答：

（1）对于土方施工遇到孤石和坚硬岩石索赔的情况处理：

《建设项目工程总承包合同（示范文本）》GF-2020-0216规定，发包人承担基础资料错误造成的责任；招标文件要求承包人在提交投标之前完成施工现场踏勘，但孤石和坚硬岩石属于不可预见的困难，是有经验的承包人在施工现场遇到的不可预见的自然物质条件。承包人遇到不可预见的困难时，应采取克服不可预见的困难的合理措施继续施工，并及时通知工程师同时抄送发包人。通知应载明不可预见困难的内容、承包人认为不可预见的理由以及承包人制定的处理方案。工程师应当及时发出指示，指示构成变更的，按合同约定的变更与调整条款执行。承包人因采取合理措施而增加的费用和（或）延误的工期由发包人承担。

（2）对于天气条件变化引起的索赔应分两种情况处理：

1）对于前期的季节性大雨这是一个有经验的承包人预先能够合理估计的因素，应在合同工期内考虑，由此造成的工期延长和费用损失不能给予补偿。

2）对于后期特大暴雨引起的山洪暴发不能视为一个有经验的承包人预先能够合理估计的因素，应按不可抗力处理，承包人向发包人提出索赔。根据合同通用条款约定，属于发包方提供的道路和管线被冲坏，应由发包方承担；属于自行接引的道路和管线被冲坏，应由承包方承担；被冲坏的发包方施工现场办公用房以及已施工的部分基础、被冲走的部分材料、工程清理和修复作业等经济损失以及停工期间必须支付的现场必要的工人工资由发包人承担；承包人在停工期间按照工程师或发包人要求照管、清理和修复工程的费用由发包人承担。因不可抗力损坏的施工设备、受伤的施工人员以及由此造成的设备闲置，损坏的承包方施工现场办公用房等经济损失应由承包方承担；工期应予顺延。

问题 2：

答：

可以提供的索赔证据有：

（1）招标文件、工程合同及附件、工程图纸、地质勘探报告、技术规范等；

（2）工程各项有关发包人要求，变更图纸，变更施工指令等；

（3）工程各项经业主或监理工程师签认的签证；

（4）工程各项往来信件、指令、信函、通知、答复等；

（5）工程各项会议纪要；

（6）施工计划及现场实施情况记录；

（7）施工日报及工长工作日志、备忘录；

（8）工程送电、送水、道路开通、封闭的日期及数量记录；

（9）工程停水、停电和干扰事件影响的日期及恢复施工的日期；

（10）工程预付款、进度款拨付的数额及日期记录；

（11）工程图纸、图纸变更、交底记录的送达份数及日期记录；

（12）工程有关施工部位的照片及录像等；

（13）工程现场气候记录，有关天气的温度、风力、降雨雪量等；

（14）工程验收报告及各项技术鉴定报告等；

（15）工程材料采购、订货、运输、进场、验收、使用等方面的凭据；

（16）工程会计核算资料；

（17）国家、省、市有关影响工程造价、工期的文件、规定等。

承包人应提供的索赔文件有：

（1）索赔通知；

（2）索赔报告；

（3）索赔证据与详细计算书等附件。

问题 3：

答：

发现出土文物后，承包人应采取合理有效的保护措施，防止任何人员移动或损坏上述物品，立即报告有关政府行政管理部门，并通知监理人。同时，就由此增加的费用和延误的工期向工程师提出索赔要求，并提供相应的计算书及其证据。

问题 4：

答：

因不可抗力引起或将引起工期延误，发包人指示赶工的，由此增加的赶工费用由发包人承担。承包人制定赶工计划以及赶工增加的成本由其自行承担是不合理的。

预制构件价格上涨向发包人索赔是不合理的。因为双方签订的 EPC 工程总承包合同属于固定总价合同，材料价格上涨 5%的幅度低于合同约定的 10%波动幅度，应该是承包人在投标时可以预见的，因此材料价格上涨的损失应由总承包人承担。

【案例四】

背景：

2021 年 12 月 29 日，某工程项目发承包双方签订了工程施工合同，合同价 4800 万元，管理费和利润为人材机费用之和的 18%，规费和税金为人材机费用与管理费利润总和之和的 16%。合同工期为 2022 年 3 月 1 日至 2022 年 12 月 31 日。

该工程如期开工后，发生如下两个事件：

事件一：突发公共卫生安全事件

2022 年 4 月 15 日工程所在地出现突发公共卫生事件，当地政府作出突发公共卫生事件二级响应的决定，工程被迫停工。停工期间，工地现场留有看护人员两名，平均日工资为 150 元；承包人自有的甲、乙、丙施工机械发生闲置，机械台班费分别为 860 元/d、340 元/d、120 元/d。10d 后突发公共卫生事件得到有效控制，事态明显好转，当地政府发布允许当地工程项目复工通知。工程复工后，由于工作人员需执行突发公共卫生事件的防护工作导致施工降效，承发包双方经核实确认降效时段为 2022 年 4 月 26 日至 2022 年 4 月 30 日，人机综合降效 30%。因施工降效导致人机费用增加 120000 元。鉴于工期延误时间较长，发包人要求承包人尽快制定赶工方案，弥补工期损失，由发包人支付赶工费用。之后承包人提交的赶工方案被批准，确认赶工工期为 10d。降效赶工期间，人机增加费和技术措施费共计 240000 元。

为进一步节约工期，实现可视化交底，发包人要求承包人将 BIM 技术应用到工程中，完成项目三维建模，施工场地布置建模和施工进度模拟，增加该项工作内容的费用为 55000 元。

事件二：持续高温

由于项目所在地夏季温度偏高，并时常伴随极端高温天气出现，因此合同中规定施工期间出现白天的平均气温高于 42℃或者当日最高温度超过 45℃的天气条件为专门恶劣的气候条件，如果专门恶劣的气候条件持续时间超过两天，第三天承包人可以按照发生紧急情况处理。

7 月 21 日工程所在地出现极端高温情况，白天平均气温高达 44.1℃，考虑到施工人员高温作业存在危险，承包人在未通知监理的情况下于 7 月 22 日一早下达暂停施工的指令。白天平均气温超过 42℃的天气状况一直持续到了 8 月 2 日。停工期间，工地现场看护人员两名，平均日工资为 150 元；承包人自有的甲、乙、丙施工机械再次发生闲置。

8 月 3 日，极度恶劣的高温天气情况有所好转，发承包双方宣布 8 月 3 日复工，但当地气温依旧在 40℃左右，因此承包方规定每日的上午 11 点至下午 4 点不进行施工作业，该规定一直进行到 8 月 30 日，8 月 31 日开始气温下降，恢复到正常施工状态。承发包双方经核实确认高温降效时段为 2022 年 8 月 3 日至 2022 年 8 月 30 日，人机综合降效 25%。因施工降效导致人机费用增加 80000 元。高温工作期间，承包方采购了药品和防暑降温的物品，共计 28300 元。

根据工程所在地相关文件规定，因专门恶劣的气候条件停工期间，永久工程、已运至施工现场的材料、工程设备、周转性材料的损坏由发包人承担；承包人在施工场地的施工机械设备损坏及机械停滞台班等停工损失由承包人承担。增加的工程费用，只计取规费和税金，不计取管理费和利润。

2022 年 10 月 31 日，承包人提交了事件二的工期索赔报告如下：

（1）专门恶劣的气候条件影响的工期，2022.7.22—2022.8.2，10+2＝12（d）。

（2）施工降效影响的工期，28×25%＝7（d）。

工期索赔合计：12+7＝19（d）。

问题：

1. 请计算事件一应予批准的工期索赔为多少天？

2. 请指出承包人对事件二的工期索赔计算不合理之处，并简单说明理由。应予批准的工期索赔为多少天？

3. 请说明事件一和事件二是否可以进行费用索赔？费用索赔总额为多少元？

分析要点：

该案例涉及的主要知识点为突发公共卫生事件引起的索赔责任划分、专门恶劣的气候条件、紧急情况下的暂停施工和暂定施工后的复工等几种情况下的索赔分析。

突发公共卫生事件应界定为不可预见、无法避免的不可抗力事件。按照突发公共卫生事件的影响范围、危害程度等，突发公共卫生事件应急响应分为Ⅰ级、Ⅱ级、Ⅲ级、Ⅳ级四个等级。Ⅱ级响应由省人民政府决定启动Ⅱ级应急响应，并向各有关单位发布启动相关应急程序的命令。它的发生是双方不能控制与克服的自然干扰事件，影响到了合同的正常履行，并且会造成工期延长、费用增加。因此，承包人可以就突发公共卫生事件造成的工期和费用损失事实，根据合同条款、法律法规、政府的有关规定等积极主张工期索赔和费用索赔。

针对突发公共卫生事件引起的停工、施工降效等均可以申请工期索赔。工期索赔计算的起止时点为从启动突发公共卫生事件响应时间开始，到实际复工时间为止。若发包人要求承包人赶工，工期索赔的时间应减去赶工工期（在降效当日不赶工的降效影响工期可以进行索赔，而在降效当日赶工的降效影响工期则不予索赔），发包人要求赶工的，自然要承担因此而增加的费用。

不可预见的突发公共卫生事件的费用索赔有以下几点：①停工期间留在施工场地的看护人员的费用由发包人承担；②永久工程、已运至施工现场的材料、工程设备、周转性材料的损坏由发包人承担；③材料包装与运输增加费、材料采购合同解除损失费由发包人承担；④停工、复工的技术措施费由发包人承担；⑤突发公共卫生事件防控措施费符合《建设工程工程量清单计价规范》GB 50500-2013 的 3. 1. 5 款措施项目中不可竞争性费用的特征，双方应遵照执行（强制性）；⑥停工期间机械设备闲置费用由承包人承担；⑦承发包双方各自承担无法律法规和政策文件规定的其他各自损失。

事件二属于专门恶劣的气候条件。根据《建设工程施工合同（示范文本）》GF-2021-0201 的规定，专门恶劣的气候条件是指有经验的承包人在签订合同时不可预见的，对合同履行造成实质性阻碍的，但尚未构成不可抗力事件的恶劣气候条件。合同当事人在专用合同条款中对专门恶劣的气候条件和紧急情况进行了约定，因此按合同条款的规定来处理专门恶劣的气候条件和因紧急情形需暂停施工的具体情况。因紧急情形需暂停施工时，如果监理人未及时下达暂停施工指示的，承包人可先暂停施工，并及时通知监理人。并且，承包人因采取合理措施而增加的费用和（或）延误的工期由发包人承担。

答案：

问题 1：

答：

（1）突发公共卫生事件属于不可抗力，因此影响的工期顺延：4 月 15 日—4 月 25 日：共计 11d；

（2）4 月 26 日—4 月 30 日为施工降效时段，施工降效影响的工期：5×30% = 1. 5d；

（3）双方确认的赶工工期：10d；

共计：11+1. 5-10 = 2. 5d。

事件一应予批准的工期索赔为 2. 5d。

问题 2：

答：

（1）工期索赔计算不合理之处及其理由：

双方合同对于专门恶劣的气候条件的处理进行了规定，合同表明在专门恶劣的气候条件持续两天后才可以按照紧急情况进行停工，因此索赔的工期应从 7 月 23 日起计算。

（2）应予批准的工期索赔：

1）专门恶劣的气候条件影响的工期，2022.7.23–2022.8.2，9+2=11（d）；

2）施工降效影响的工期，28×25%=7（d）；

共计：11+7=18（d）。

事件二应予批准的工期索赔为 18d。

问题 3：

事件一：费用索赔计算

（1）停工期间看护人员工资：2×150×11=3300（元）；

（2）突发公共卫生事件下停工期间机械设备闲置费用由承包人自行承担，不予索赔；

（3）因施工降效增加人机费用：120000 元；

（4）赶工期间的人机增加费和技术措施费：240000 元；

（5）发包人要求承包人应用 BIM 技术增加的费用：55000 元。

事件一费用索赔合计：(3300+120000+240000+55000)×(1+16%)=418300×1.16=485228（元）。

事件二：费用索赔计算

（1）停工期间看护人员工资：2×150×11=3300（元）；

（2）专门恶劣的气候条件停工期间机械设备闲置费用由承包人自行承担，不予索赔；

（3）因施工降效增加人机费用：80000 元；

（4）承包方采购的药品和防暑降温物品等必要的防暑措施费：28300 元。

事件二费用索赔合计：(3300+80000+28300)×(1+16%)=111600×1.16=129456（元）。

【案例五】

背景：

某工程项目采用了固定总价合同。工程招标文件参考资料中提供的用砂地点距工地 4km。但是开工后，检查该砂质量不符合要求，承包商只得从另一距工地 20km 的供砂地点采购。而在一个关键工作面上又发生了 5 项临时停工事件：

事件 1：5 月 20 日至 5 月 26 日承包商的施工设备出现了从未出现过的故障；

事件 2：应于 5 月 24 日交给承包商的后续图纸直到 6 月 10 日才交给承包商；

事件3：6月7日到6月12日施工现场下了罕见的特大暴雨；

事件4：6月11日到6月14日的该地区的供电全面中断；

事件5：钢材价格波动上涨，施工现场钢材储备紧张，因缺少钢材导致6月16日至6月17日停工，且后续购入钢材比预计的成本高出50万元。

问题：

1. 承包商的索赔要求成立的条件是什么？

2. 由于供砂距离的增大，必然引起费用的增加，承包商经过仔细认真计算后，在业主指令下达的第3天，向业主的造价工程师提交了将原用砂单价每1m^3提高5元人民币的索赔要求。该索赔要求是否成立？为什么？

3. 若承包商对因业主原因造成窝工损失进行索赔时，要求设备窝工损失按台班价格计算，人工的窝工损失按日工资标准计算是否合理？如不合理应怎样计算？

4. 承包商按规定的索赔程序针对上述5项临时停工事件向业主提出了索赔，试说明每项事件工期和费用索赔能否成立？为什么？

5. 试计算承包商应得到的工期和费用索赔是多少（如果费用索赔成立，则业主按2万元人民币/d补偿给承包商）？

6. 在业主支付给承包商的工程进度款中是否应扣除因设备故障引起的竣工拖期违约损失赔偿金？为什么？

分析要点：

首先，要弄清工程索赔的概念，工程索赔成立的条件，施工进度拖延和费用增加的责任划分与处理原则与方法，以及竣工拖期违约损失赔偿金的处理原则与方法。

其次，该案例签订的是固定总价合同，采用总价合同的，除合同约定可以调整的情形外，合同总价一般不予调整。

最后，确定出现共同延误情况下的工期和（或）费用损失由谁承担，要看谁的责任事件（或风险事件）发生在先，如果是业主的责任事件（或风险事件）发生在先，则共同延误期间的工期和（或）费用损失由业主承担，反之由承包商承担。

答案：

问题1：

答：承包商的索赔要求成立必须同时具备如下四个条件：

（1）与合同相比较，已造成了实际的额外费用和（或）工期损失；

（2）造成费用增加和（或）工期损失的原因不是由于承包商的过失；

（3）造成的费用增加或工期损失不是应由承包商承担的风险；

（4）承包商在事件发生后的规定时间内提出了索赔的书面意向通知和索赔报告。

问题2：

答：

因供砂距离增大提出的索赔不能被批准，原因是：

（1）承包商应对自己就招标文件的解释负责；

（2）承包商应对自己报价的正确性与完备性负责；

（3）作为一个有经验的承包商可以通过现场踏勘确认招标文件参考资料中提供的用砂质量是否合格，若承包商没有通过现场踏勘发现用砂质量问题，其相关风险应由承包商承担。

问题3：

答：

不合理。因窝工闲置的设备按折旧费或停滞台班费或租赁费计算，不包括运转费部分；人工费损失应考虑这部分工作的工人调做其他工作时工效降低的损失费用；一般用工日单价乘以一个测算的降效系数计算这一部分损失，而且只按成本费用计算，不包括利润。

问题4：

答：

事件1：工期和费用索赔均不成立，因为设备故障属于承包商应承担的风险。

事件2：工期和费用索赔均成立，因为延误图纸属于业主应承担的责任。

事件3：特大暴雨属于双方共同的风险，工期索赔成立，设备和人工的窝工费用索赔不成立。

事件4：工期和费用索赔均成立，因为停电属于业主应承担的风险。

事件5：工期和费用索赔均不成立，因为缺少材料导致停工是承包人应承担的风险。该案例签订的是固定总价合同，材料价格波动应是承包人在投标时可以预见的，这也是承包人应当承担的商业风险。

问题5：

答：

事件2：5月27日至6月9日，工期索赔14d，费用索赔14d×2万/d=28（万元）。

事件3：6月10日至6月12日，工期索赔3d。

事件4：6月13日至6月14日，工期索赔2d，费用索赔2d×2万/d=4（万元）。

合计：工期索赔19d，费用索赔32万元。

问题6：

答：

业主不应在支付给承包商的工程进度款中扣除竣工拖期违约损失赔偿金。因为设备故障引起的工程进度拖延不等于竣工工期的延误。如果承包商能够通过施工方案的调整将延误的工期补回，不会造成工期延误。如果承包商不能通过施工方案的调整将延误的工期补回，将会造成工期延误。所以，工期提前奖励或拖期罚款应在竣工时处理。

【案例六】

背景：

某厂（甲方）与某建筑公司（乙方）订立了某工程项目施工合同，同时与某降水公司订立了工程降水合同。甲乙双方合同规定：采用单价合同，每一分项工程的实际工程量增加（或减少）超过招标文件中工程量的15%以上时调整单价；工作B、E、G作业使用的施工机械甲一台，台班费为600.00元/台班，其中台班折旧费为360.00元/台班；工作F、H作业使用的施工机械乙一台，台班费为400.00元/台班，其中台班折旧费为240.00元/台班。施工网络进度计划如图5-1所示（单位：d），图中：箭线上方字母为工作名称，箭线下方数据为持续时间，双箭线为关键线路。假定除工作F按最迟开始时间安排作业外，其余各项工作均按最早开始时间安排作业。

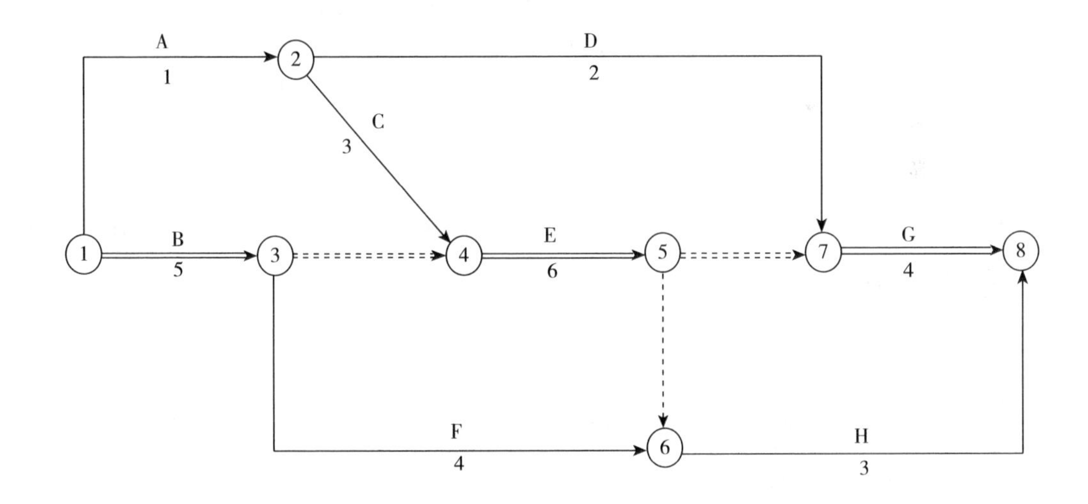

图5-1　施工网络进度计划

甲乙双方合同约定8月15日开工。工程施工中发生如下事件：

事件1：降水方案错误，致使工作D推迟2d，乙方人员配合用工5个工日，窝工6个工日；

事件2：8月23日至8月24日，因供电中断停工2d，造成全场性人员窝工36个工日；

事件3：因设计变更，工作E工程量由招标文件中的300m^3增至350m^3，超过了15%；合同中该工作的全费用单价为110.00元/m^3，经协商调整后全费用单价为100.00元/m^3；

事件4：为保证施工质量，乙方在施工中将工作B原设计尺寸扩大，增加工程量15m^3，该工作全费用单价为128.00元/m^3；

事件5：在工作D、E均完成后，甲方指令增加一项临时工作K，且应在工作G开始前完成。经核准，完成工作K需要1d时间，消耗人工10工日、施工机械丙1台班(500.00元/台班)、材料费2200.00元。

问题：

1. 如果乙方就工程施工中发生的5项事件提出索赔要求，试问工期和费用索赔能否成立？说明其原因。

2. 每项事件工期索赔各是多少？总工期索赔多少天？

3. 工作E结算价应为多少？

4. 假设人工工日单价为80.00元/工日，合同规定：窝工人工费补偿按45.00元/工日计算；窝工机械费补偿按台班折旧费计算；因增加用工所需综合税费为人工费的60%；工作K的综合税费为人工、材料、机械费用的28%；人工和机械窝工补偿综合税费（包括部分管理费、规费和税金）为人工、材料、机械费用的16%。试计算除事件3外合理的费用索赔总额。

分析要点：

本案例考核合同的计价及价格调整方式，索赔的分类，索赔事件的责任划分，工期索赔、费用索赔的计算及应用网络进度计划技术处理工程索赔的方法。

问题1的解答要求逐项事件说明乙方的工期和（或）费用索赔能否成立，是什么原因造成的，属于谁的责任。

问题2的解答要求根据问题1的分析结果，确定每项可索赔事件的工期索赔天数，能够列式计算的应列出计算式。

问题3的解答要求理解单价合同计价方式下，单价调整的方法，正确列出计算式计算。全费用单价是指完成单位合格产品所需要的人材机费、管理费、利润、规费和税金等全部费用。

问题4的解答要求列式计算，注意区分各种可索赔事件的费用索赔的不同计算方法，特别是费用索赔的取费基数不同。工程造价取费基数分为三种：①以人工费为基数；②以人工费加机械费之和为基数；③以人材机费用之和为基数。按现行清单计价的规定，人工和机械窝工费用也要计取规费和税金。此外，对于工期索赔成立的事件，在计算窝工费用索赔时也应适当计取现场管理费。因为，工期延长必然导致现场管理费用的增加。本案例中给出的人工和机械窝工补偿综合税费包含了部分现场管理费、规费和税金。

答案：

问题1：

答：

事件1：工期索赔不成立，费用索赔成立，因为降水工程由甲方另行发包，是甲方应承担的责任，费用损失应由甲方承担，但是延误的时间（2d）没有超过工作D的总时差（8d），不影响工期。

事件2：工期和费用索赔成立，因为供电中断是甲方应承担的风险，延误的时间（2d）将导致工期延长。

事件3：工期和费用索赔成立，因为设计变更是甲方的责任，由设计变更引起的工程量增加将导致费用增加和工作E作业时间的延长，且工作E为关键工作。

事件4：工期和费用索赔不成立，因为保证施工质量的技术措施费应已包括在合同价中。

事件5：工期和费用索赔成立，因为由甲方指令增加工作引起的费用增加和工期延长，是甲方的责任。

问题2：

解：

事件2：工期索赔2d。

事件3：工期索赔（350−300）/(300/6)=1（d）。

事件5：工期索赔1d。

总计工期索赔：4d。

问题3：

解：

按原单价结算的工程量：300×(1+15%)=345（m^3）

按新单价结算的工程量：350−345=5（m^3）

总结算价=3450×110.00+5×100.00=38450.00（元）

问题4：

解：

事件1：6×45.00×(1+16%)+5×80.00×(1+60%)=953.20（元）

事件2：(36×45.00+2×360.00+2×240.00)×(1+16%)=3271.20（元）

事件5：（10×80.00+1×500.00+2200.00）×（1+28%）+1×360.00×（1+16%）

=4897.60（元）

费用索赔合计：953.20+3271.20+4897.60=9122.00（元）

【案例七】

背景：

某建筑公司（承包方）与某建设单位（发包方）签订了建筑面积为2100m² 的单层工业厂房的施工合同，合同工期为20周。承包方按时提交了施工方案和施工网络进度计划，如图5-2和表5-1所示，并获得工程师代表的批准。该项工程中各项工作的计划资金需用量由承包方提交，经工程师代表审查批准后，作为施工阶段投资控制的依据。

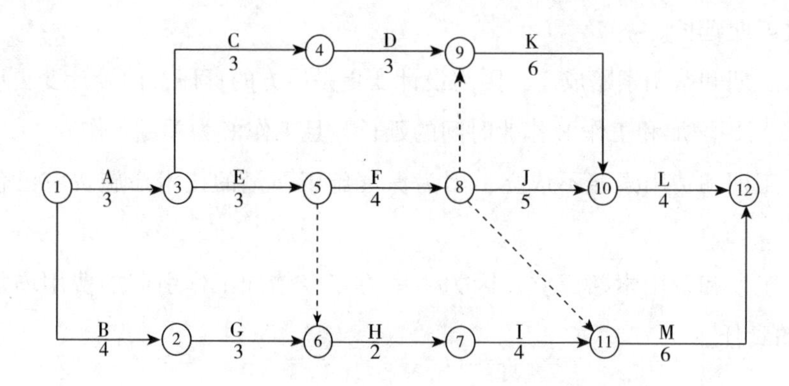

图5-2 某工程施工网络进度计划

表5-1 网络进度计划工作时间及费用

项目	工作名称												
	A	B	C	D	E	F	G	H	I	J	K	L	M
持续时间（周）	3	4	3	3	3	4	3	2	4	5	6	4	6
资金用量（万元）	10	12	8	15	24	28	22	16	12	26	30	23	24

实际施工过程中发生了如下几项事件：

（1）在工程进行到第9周结束时，检查发现A、B、C、D、E、G工作均全部完成，F和H工作实际完成的资金用量分别为14万元和8万元。且前9周各项工作已完工程的实际投资与计划投资均相符。

（2）在随后的施工过程中，J工作由于施工质量问题，工程师代表下达了停工令使其暂停施工，并进行返工处理1周，造成返工费用2万元；M工作因发包方要求的设计变更，使该工作因施工图纸晚到，推迟2周施工，并造成承包方因停工和机械闲置而损失

1.2万元。为此承包方向发包方提出了3周工期索赔和3.2万元的费用索赔。

问题：

1. 试绘制该工程的早时标网络进度计划，根据第9周末的检查结果标出实际进度前锋线，分析D、F和H三项工作的进度偏差；到第9周末的实际累计资金用量是多少？

2. 如果后续施工按计划进行，试分析发生的进度偏差对计划工期产生什么影响？其总工期是否大于合同工期？

3. 试重新绘制第10周开始至完工的早时标网络进度计划。

4. 承包方提出的索赔要求是否合理？并说明原因。

5. 合理的工期索赔、费用索赔是多少？

分析要点：

本案例主要考核网络进度计划的编制与应用，分析进度偏差对工期的影响以及由此引起的工期索赔和费用索赔。

问题1要求掌握时标网络进度计划的绘制和实际进度前锋线的标注方法，借助实际进度前锋线分析确定D、F、H三项工作是否产生了进度偏差和计算到第9周末时实际累计资金用量。

问题2要求将D、F、H三项工作的进度偏差代入网络进度计划中，并计算出考虑上述偏差情况下的工期；将该工期与原计划工期和合同工期对比，即可作出判断。

问题3要求绘制出第10周以后的早时标网络进度计划，并作为分析问题5的依据。

问题4要求首先明确承包方提出的索赔要求是否合理，然后对造成工期拖延和费用损失的责任加以说明。

问题5要求正确分析出工期索赔和费用索赔的数值。

答案：

问题1：

答：该工程早时标网络进度计划及第9周末的实际进度前锋线如图5-3所示。

通过对图5-3的分析：

D工作进度正常；F工作进度拖后1周；H工作进度拖后1周。

第9周末的实际累计投资额为10+12+8+15+24+14+22+8=113（万元）。

问题2：

答：通过分析可知：

F工作的进度拖后1周，影响工期，因为该工作在关键线路上，导致工期延长1周，总工期将大于合同工期1周。

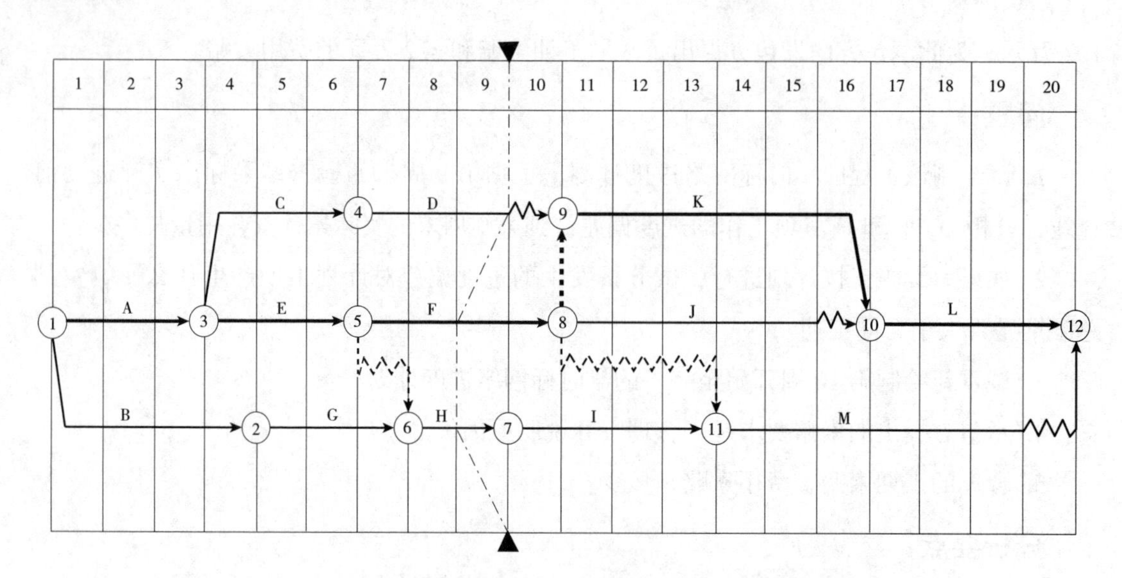

图5-3 早时标网络进度计划（图中粗箭线表示关键线路）

H工作的进度拖后1周，不影响工期，因为该工作不在关键线路上，有1周的总时差，拖后的时间没有超过总时差。

问题3：

答：重新绘制的第10周开始至完工的早时标网络进度计划如图5-4所示。

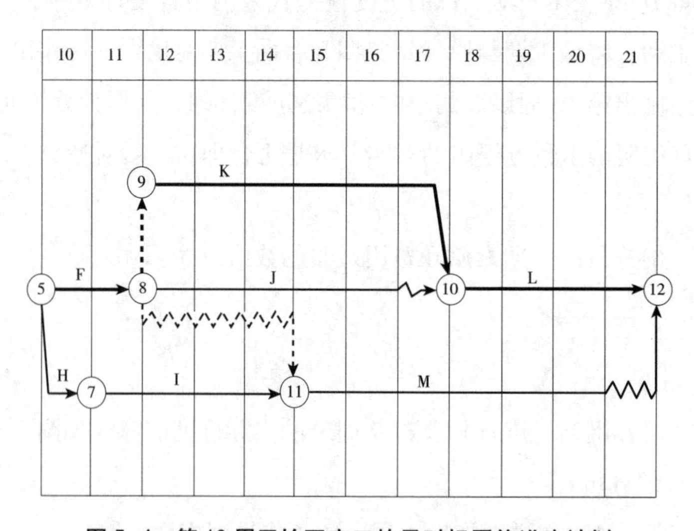

图5-4 第10周开始至完工的早时标网络进度计划

问题4：

答：承包方提出的索赔要求不合理。因为J工作由于施工质量问题造成返工，其责任在承包方；而M工作造成的损失属于非承包方的责任。故承包方仅能就设计变更使M工作造成的损失向发包方提出索赔。

问题5：

答：

（1）M工作本身拖延时间为2周，而根据图5-4的分析M工作的总时差1周。由此可知M工作的拖延使计划工期又延长1周，实际工期达到22周。可索赔工期为1周。

（2）费用索赔为M工作因停工和机械闲置造成的损失1.2万元。

【案例八】

背景：

某施工单位（乙方）与某建设单位（甲方）签订了建造无线电发射试验基地施工合同。合同工期为38d。由于该项目急于投入使用，在合同中规定，工期每提前（或拖后）1d奖励（或罚款）5000元（含税费）。乙方按时提交了施工方案和施工网络进度计划（如图5-5所示），并得到甲方代表的批准。

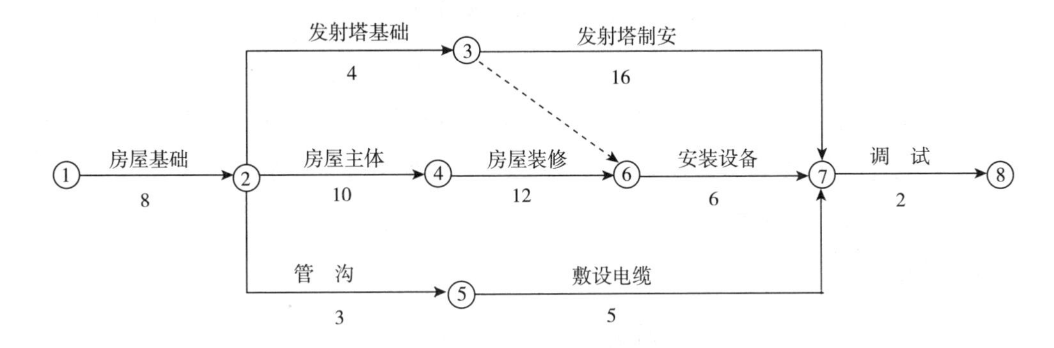

图5-5　发射塔试验基地工程施工网络进度计划（单位：d）

实际施工过程中发生了如下几项事件：

事件1：在房屋基坑开挖后，发现局部有软弱下卧层，按甲方代表指示乙方配合地质复查，配合用工为10个工日。地质复查后，根据经甲方代表批准的地基处理方案，增加人材机费用4万元，因地基复查和处理使房屋基础作业时间延长3d，人工窝工15个工日。

事件2：在发射塔基础施工时，因发射塔原设计尺寸不当，甲方代表要求拆除已施工的基础，重新定位施工。由此造成增加用工30工日，材料费1.2万元，机械台班费3000元，发射塔基础作业时间拖延2d。

事件3：在房屋主体施工中，因施工机械故障，造成工人窝工8个工日，该项工作作业时间延长2d。

事件4：在房屋装修施工基本结束时，甲方代表对某项电气暗管的敷设位置是否准确有疑义，要求乙方进行剥离检查。检查结果为某部位的偏差超出了规范允许范围，乙方根据甲方代表的要求进行返工处理，合格后甲方代表予以签字验收。该项返工及覆盖用工 20 个工日，材料费为 1000 元。因该项电气暗管的重新检验和返工处理使安装设备的开始作业时间推迟了 1d。

事件 5：在敷设电缆时，因乙方购买的电缆线材质量不合格，甲方代表令乙方重新购买合格线材。由此造成该项工作多用人工 8 个工日，作业时间延长 4d，材料损失费 8000 元。

事件 6：鉴于该工程工期较紧，经甲方代表同意乙方在安装设备作业过程中采取了加快施工的技术组织措施，使该项工作作业时间缩短 2d，该项技术组织措施人材机费用为 6000 元。

其余各项工作实际作业时间和费用均与原计划相符。

问题：

1. 在上述事件中，乙方可以就哪些事件向甲方提出工期补偿和（或）费用补偿要求？为什么？

2. 该工程的实际施工天数为多少天？可得到的工期补偿为多少天？工期奖励（或罚款）金额为多少？

3. 假设工程所在地人工费标准为 98 元/工日，应由甲方给予补偿的窝工人工费补偿标准为 58 元/工日；该工程综合取费率为人材机费用的 26%（人员窝工综合取费为窝工人工费 15%）。则在该工程结算时，乙方应该得到的索赔款为多少？

分析要点：

该案例以实际工程网络进度计划及其实施过程中发生的若干事件为背景，考核对工程索赔成立的条件，施工进度拖延和费用增加的责任划分与处理原则，利用网络分析法处理工期索赔、工期奖罚的方法。除此之外，增加了建筑安装工程费用计算的简化方法。建筑安装工程费用的计算方法一般是首先计算人材机费用，然后以人材机费用为基数，根据有关规定计算管理费、利润、规费和税金等。本案例为简化起见，将人材机费用以外的管理费、利润、规费和税金等费用处理成以人材机费用为基数的一个综合费率，人员窝工综合取费包括现场管理费、规费和税金。

答案：

问题 1：

答：

事件 1 可以提出工期补偿和费用补偿要求，因为地质条件变化属于甲方应承担的责任，且该项工作位于关键线路上。

事件 2 可以提出费用补偿要求，不能提出工期补偿要求，因为发射塔设计位置变化是甲方的责任，由此增加的费用应由甲方承担，但该项工作的拖延时间（2d）没有超出其总时差（8d）。

事件3不能提出工期和费用补偿要求，因为施工机械故障属于乙方应承担的责任。

事件4不能提出工期和费用补偿要求，因为乙方应该对自己完成的产品质量负责。甲方代表有权要求乙方对已覆盖的分项工程剥离检查，检查后发现质量不合格，其费用由乙方承担；工期也不补偿。

事件5不能提出工期和费用补偿要求，因为乙方应该对自己购买的材料质量和完成的产品质量负责。

事件6不能提出补偿要求，因为通过采取施工技术组织措施使工期提前，可按合同规定的工期奖罚办法处理，因赶工而发生的施工技术组织措施费应由乙方承担。

问题2：

答：

（1）通过对图5-5的分析，该工程施工网络进度计划的关键线路为①—②—④—⑥—⑦—⑧，计划工期为38d，与合同工期相同。将图5-5中所有各项工作的持续时间均以实际持续时间代替，计算结果表明：关键线路不变（仍为①—②—④—⑥—⑦—⑧），实际工期为42d。

（2）将图5-5中所有由甲方负责的各项工作持续时间延长天数加到原计划相应工作的持续时间上，计算结果表明：关键线路亦不变（仍为①—②—④—⑥—⑦—⑧），工期为41d。41-38=3（d），所以，该工程可补偿工期天数为3d。

（3）工期罚款金额为：[42-(38+3)]×5000=5000（元）

问题3：

解：

（1）由事件1引起的索赔款：

(10×98+40000)×(1+26%)+15×58×(1+15%)=52635.30（元）

（2）由事件2引起的索赔款：

(30×98+12000+3000)×(1+26%)=22604.40（元）

所以，乙方应该得到的索赔款为：52635.30+22604.40=75239.70（元）

【案例九】

背景：

某工程项目业主通过工程量清单招标确定某承包商为该项目中标人，并签订了工程合同，工期为16d。该承包商编制的初始网络进度计划，如图5-6所示，图中箭线上方字母为工作名称，箭线下方括号外数字为持续时间（单位：d），括号内数字为总用工日数（人工工资标准均为 80 元/工日，窝工补偿标准均为 45 元/工日）。

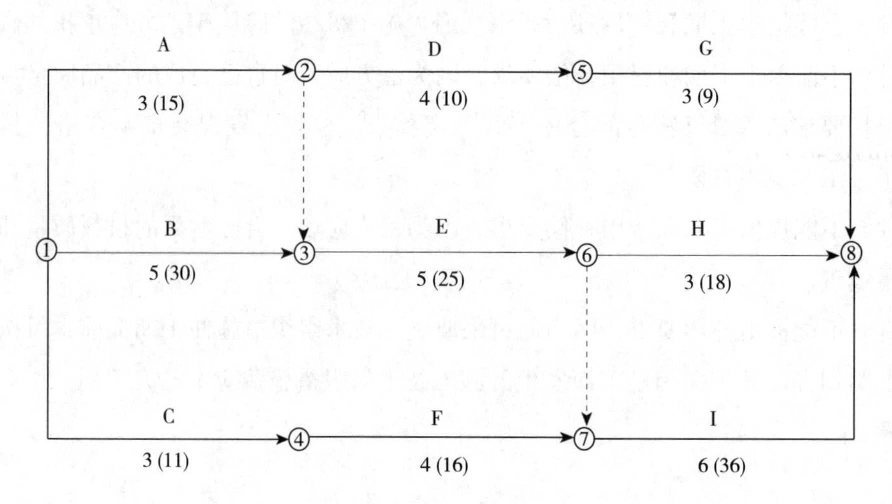

图 5-6　初始网络进度计划

由于施工工艺和组织的要求，工作 A、D、H 需使用同一台施工机械（该种施工机械运转台班费 800 元/台班，闲置台班费 550 元/台班），工作 B、E、I 需使用同一台施工机械（该种施工机械运转台班费 600 元/台班，闲置台班费 400 元/台班），工作 C、E 需由同一班组工人完成作业，为此该计划需做出相应的调整。

问题：

1. 请对图 5-6 所示的进度计划做出相应的调整，绘制出调整后的施工网络进度计划，并指出关键线路。

2. 试分析工作 A、D、H 的最早开始时间、最早完成时间。如果该三项工作均以最早开始时间安排作业，该种施工机械需在现场多长时间？闲置多长时间？若尽量使该种施工机械在现场的闲置时间最短，该三项工作的开始作业时间如何安排？

3. 承包商使机械在现场闲置时间最短的合理安排得到监理人的批准。在施工过程中，由于设计变更，致使工作 E 增加工程量，作业时间延长 2d，增加用工 10 个工日，材料费用 2500 元，增加相应的措施人材机费用 900 元；因工作 E 作业时间的延长，致使工作 H、I 的开始作业时间均相应推迟 2d；由于施工机械故障，致使工作 G 作业时间延长 1d，增加用工 3 个工日，材料费用 800 元。因业主原因的某项工作延误致使其紧后工作开始时间的推迟，需给予人工窝工补偿。如果该工程管理费按人工、材料、机械费之和的 7%（其中现场管理费为 4%）计取，利润按人工、材料、机械费和管理费之和的 4.5%计取，规费按人工、材料、机械费和管理费、利润之和的 6%计取，增值税税率为 9%。试问：承包商应得到的工期和费用索赔是多少？

分析要点：

本案例考核了工程网络施工进度计划的调整、施工机械时间利用分析与优化和工程量清单计价条件下工程变更和索赔的处理方法等内容。

在对双代号工程网络施工进度计划进行调整时，要注意利用虚工作来正确表达各项工作之间的逻辑关系。

在分析施工机械时间利用情况时，需要掌握各项工作时间参数的概念与分析计算方法，以及在时差范围内，施工机械时间的调整方法。

当发生索赔事件后，除了要合理分析计算该索赔事件直接涉及的工作的时间和费用索赔之外，还要分析该索赔事件对后续工作有无影响。本案例根据题意，因设计变更致使工作 E 作业时间延长后，还要分析工作 E 作业时间延长对后续工作 H、I 的影响。

在处理工程量清单计价条件下工程变更和索赔问题时，需要掌握建筑安装工程费用的构成和工程量清单计价的基本方法。根据《计价规范》的规定，工程费用计算方法可简化为：工程费用 = ∑计价项目费用×（1+规费率）×（1+税金率）。

计价项目应该包括分部分项工程项目、措施项目和其他项目等部分，相应费用应包括人工费、材料费、机械使用费、管理费、利润及风险等费用。

由窝工引起的人工窝工费用和机械闲置费用索赔额应计取现场管理费、规费和税金。

答案：

问题 1：

答：根据施工工艺和组织的要求，对初始网络进度计划做出调整后的网络进度计划如图 5-7 所示。关键线路为图中粗线所示。

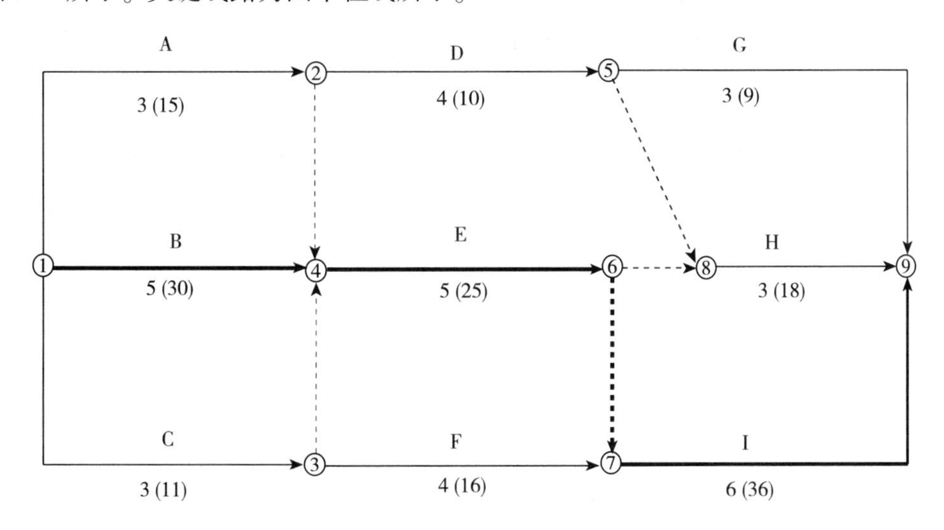

图 5-7　调整后的施工网络进度计划

问题 2：

答：

（1）根据图 5-7 所示的施工网络进度计划，工作 A、D、H 的最早开始时间分别为 0、3、10，工作 A、D、H 的最早完成时间分别为 3、7、13。

（2）如果该三项工作均以最早开始时间开始作业，该种施工机械需在现场时间由工作 A 的最早开始时间和工作 H 的最早完成时间确定为：13-0=13（d）；

在现场工作时间为：3+4+3=10（d）；在现场闲置时间为：13-10=3（d）。

（3）若使该种施工机械在现场的闲置时间最短，则应令工作 A 的开始作业时间为 2（即第 3 天开始作业），令工作 D 的开始作业时间为 5 或 6（即工作 A 完成后可紧接着开始工作 D 或间隔 1d 后开始工作 D），令工作 H 按最早开始时间开始作业，这样，该种机械在现场时间为 11d，在现场工作时间仍为 10d，在现场闲置时间为：11-10=1（d）。

问题 3：

答：

（1）工期索赔 2d。

因为只有工作 I（该工作为关键工作）的开始作业时间推迟 2d 导致工期延长，且该项拖延是甲方的责任；工作 H（该工作为非关键工作，总时差为 3d）的开始作业时间推迟 2d 不会导致工期延长；由于施工机械故障致使工作 G 作业时间延长 1d，其责任不在甲方。

（2）费用索赔 9595.84 元，包括：

1）工作 E 费用索赔=（分项工程人材机费用+措施人材机费用）×（1+管理费率）×（1+利润率）×（1+规费率）×（1+税率）

=（10×80.00+2500+2×600+900）×（1+7%）×（1+4.5%）×（1+6%）×（1+9%）=6976.32（元）

2）工作 H 费用索赔=（人工费用增加+机械费用增加）×（1+现场管理费率）×（1+规费率）×（1+税率）

=（18/3×2×45.00+2×550）×（1+4%）×（1+6%）×（1+9%）

=1970.65（元）

3）工作 I 费用索赔=人工费用增加×（1+现场管理费率）×（1+规费率）×（1+税率）

=36/6×2×45.00×（1+4%）×（1+6%）×（1+9%）

=648.87（元）

费用索赔合计=6976.32+1970.65+648.87=9595.84（元）

【案例十】

背景：

某施工单位（乙方）与建设单位（甲方）签订了某工程施工总承包合同，合同约定：工期600d，工期每提前（或拖后）1d奖励（或罚款）1万元（含税费）。经甲方同意乙方将电梯和设备安装工程分包给具有相应资质的专业承包单位（丙方）。分包合同约定：分包工程施工进度必须服从施工总承包进度计划的安排，施工进度奖罚约定与总承包合同的工期奖罚相同；因发生甲方的风险事件导致的工人窝工和机械闲置费用，只计取规费、税金。因甲方的责任事件导致的工人窝工和机械闲置，除计取规费、税金外，还应补偿现场管理费，补偿标准约定为500元/d。乙方按时提交了施工网络进度计划，如图5-8所示（时间单位：d)，并得到了批准。

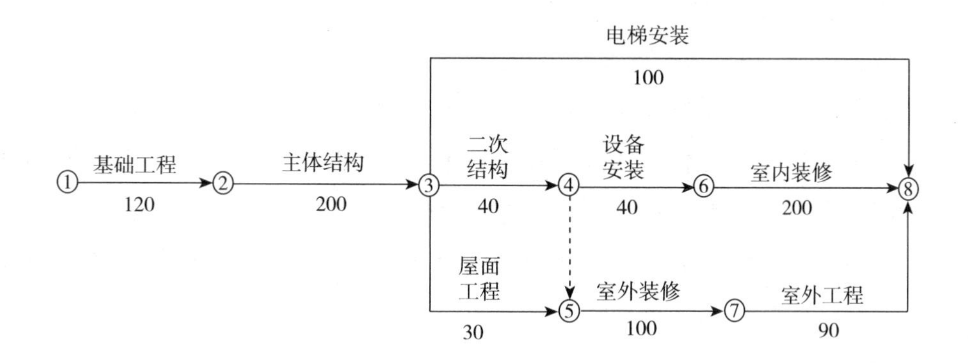

图5-8 某工程施工总承包网络进度计划

施工过程中发生了以下事件：

事件1：7月25日至26日基础工程施工时，由于特大暴雨引起洪水突发，导致现场无法施工，基础工程专业队30名工人窝工，天气转好后，27日该专业队全员进行现场清理，所用机械持续闲置3个台班（台班费：800元/台班)，28日乙方安排基础作业队修复被洪水冲坏的部分基础12m^3（综合单价：480元/m^3)。

事件2：8月7日至10日主体结构施工时，乙方租赁的大模板未能及时进场，随后的8月9日至12日，工程所在地区供电中断，造成40名工人持续窝工6d，所用机械持续闲置6个台班（台班费：900元/台班)。

事件3：屋面工程施工时，乙方的劳务分包队伍人员未能及时进场，造成施工时间延长8d。

事件4：设备安装过程中，甲方采购的制冷机组因质量问题退换货，造成丙方12名工人窝工3d，租赁的施工机械闲置3d（租赁费600元/d），设备安装工程完工时间拖延3d。

事件5：因甲方对室外装修设计的效果不满意，要求设计单位修改设计，致使图纸交付拖延，使室外装修作业推迟开工10d，窝工50个工日，租赁的施工机械闲置10d（租赁费700元/d）。

事件6：应甲方要求，乙方在室内装修施工中，采取了加快施工的技术组织措施，使室内装修施工时间缩短了10d，技术组织措施人材机费用8万元。

其余各项工作未出现导致作业时间和费用增加的情况。

问题：

1. 从工期控制的角度看，该工程中的哪些工作是主要控制对象？

2. 乙方可否就上述每项事件向甲方提出工期和（或）费用索赔？请简要说明理由。

3. 丙方因制冷机组退换货导致的工人窝工和租赁设备闲置费用损失应由谁给予补偿？

4. 工期索赔多少天？实际工期为多少天？工期奖（罚）款是多少元？

5. 假设工程所在地人工费标准为80元/工日，窝工人工费补偿标准为50元/工日；机械闲置补偿标准为正常台班费的60%；该工程管理费按人工、材料、机械费之和的6%计取，利润按人工、材料、机械费和管理费之和的4.5%计取，规费按人工、材料、机械费和管理费、利润之和的6%计取，增值税为9%。试问：承包商应得到的费用索赔是多少？

分析要点：

该案例按照清单计价模式，以工程网络进度计划及其实施过程中发生的若干事件为背景，涉及了处理工期和费用索赔问题的方法。分析和求解该案例需注意：

问题1的解答需要掌握网络进度计划关键线路与工期的确定方法。从工期控制的角度来看，位于关键线路上的工作为工期控制的主要对象（即为关键工作）。

问题2的解答首先要分析每项事件的责任方，只有业主方的责任事件或者是业主方的风险事件发生导致的工期和（或）费用增加，承包商才有理由向业主提出索赔。

问题3的解答应注意合同关系，丙方（分包商）的损失只能由乙方（总承包商）补偿。因为丙方与乙方有合同关系，对于分包合同来讲，制冷机组质量问题是乙方的风险事件。

问题4的解答应采用网络分析法，计算计划工期、实际工期和处理工期索赔和工期奖罚问题。

问题5的求解需注意可进行索赔事件的费用索赔计算方法和取费基数。还需要注意，责任事件是指自身不当行为等导致的工程工期和（或）费用的损失，是通过自身努力可以避免其发生的事件；风险事件是指非自身不当行为等导致的工程工期和（或）费用的损失，是非自身能够避免的事件，如本案例发生的洪水突发、地区停电等。

答案：

问题1：

答：

该工程进度计划的关键线路：①—②—③—④—⑥—⑧。从工期控制的角度看，位于关键线路上的基础工程、主体结构、二次结构、设备安装、室内装修工作为主要控制对象。

问题2：

答：

事件1：可以提出工期和费用索赔；因为洪水突发属于不可抗力，是甲、乙双方的共同风险，由此引起的场地清理、修复被洪水冲坏的部分基础的费用应由甲方承担，且基础工程为关键工作，延误的工期顺延。

事件2：可以提出工期和费用索赔；因为供电中断是甲方的风险，由此导致的工人窝工和机械闲置费用应由甲方承担，且主体结构工程为关键工作，延误的工期顺延。

事件3：不可以提出工期和费用索赔；因为劳务分包队伍人员未能及时进场属于乙方的风险（或责任），其费用和时间损失不应由甲方承担。

事件4：可以提出工期和费用索赔，因为该设备由甲方购买，其质量问题导致费用损失应由甲方承担，且设备安装为关键工作，延误的工期顺延。

事件5：可以提出费用索赔，但不可以提出工期索赔，因为设计变更属于甲方责任，但该工作为非关键工作，延误的时间没有超过该工作的总时差。

事件6：不可以提出工期和费用索赔，因为通过采取技术组织措施使工期提前，可按合同规定的工期奖罚办法处理，因赶工而发生的施工技术组织措施费应由乙方承担。

问题3：

答：

丙方的费用损失应由乙方给予补偿。

问题4：

解：

（1）工期索赔：事件1索赔4d；事件2索赔2d；事件4索赔3d。

4+2+3=9（d）

（2）实际工期：关键线路上工作持续时间变化的有：基础工程增加4d；主体结构增加6d；设备安装增加3d；室内装修减少10d。

600+4+6+3−10＝603（d）

（3）工期提前奖励：[（600+9）−603]×1＝6（万元）

问题 5：

解：

事件 1 费用索赔：[30×80.00×(1+6%)×(1+4.5%)+12×480.00]×(1+6%)×(1+9%)＝9726.71（元）

事件 2 费用索赔：(40×2×50.00+2×900×60%)×(1+6%)×(1+9%)＝5869.43（元）

事件 4 费用索赔：(12×3×50.00+3×600+3×500)×(1+6%)×(1+9%)＝5892.54（元）

事件 5 费用索赔：(50×50.00+10×700+10×500)×(1+6%)×(1+9%)＝16753.30（元）

费用索赔合计：9726.71+5869.43+5892.54+16753.30＝38241.98（元）

【案例十一】

背景：

某产业园区 6 层框架结构综合楼项目，建筑面积 8000m²，钢筋混凝土独立柱基础，埋深为 2.4m，上设基础梁。施工合同约定钢材由建设单位供应。施工单位制定的基础工程施工方案为：分两个施工段组织施工，根据工期要求编制的基础工程双代号网络施工进度计划如图 5-9 所示。

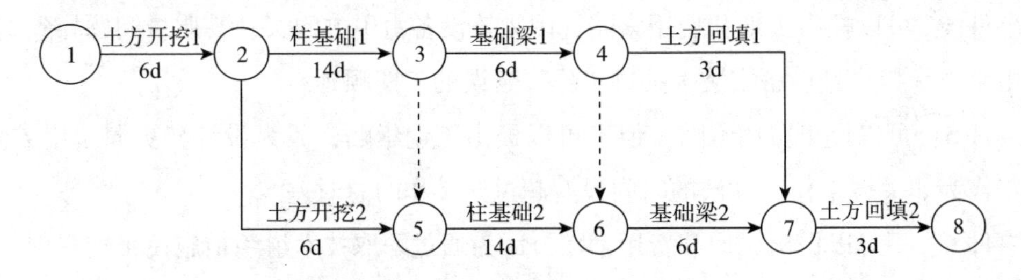

图 5-9 基础工程网络施工进度计划

假设每项工作均按最早时间安排作业，在工程施工中发生如下事件：

事件 1：土方 2 开挖施工中，发现局部地基持力层为软弱层，经处理作业时间延迟 9d。按照清单计价方法核算，该分项工程全费用增加 6 万元。

事件 2：基础梁 1 施工中，因钢材未及时进场，作业时间延迟 3d。按照清单计价方法核算，该分项工程全费用增加 2 万元。

事件 3：基础梁 2 施工时，因施工单位原因造成工程质量事故，返工处理致使作业时间延迟 5d。按照清单计价方法核算，该分项工程全费用增加 5 万元。

问题：

1. 指出基础工程网络施工进度计划的关键线路，并计算计划工期。

2. 针对本案例上述各事件，施工单位是否可以提出工期和（或）费用索赔，并分别说明理由。

3. 上述事件发生后，该基础工程网络进度计划的关键线路是否发生改变？如有改变，请指出实际的关键线路。该基础工程实际工期是多少天？可索赔工期多少天？

4. 计算承包商应得到的费用索赔是多少？

5. 在表5-2中以横道形式分别绘出该基础工程计划和实际施工进度。

表5-2　　基础工程计划和实际施工横道进度表

序号	分项工程	进度计划（d）																								
		2	4	6	8	10	12	14	16	18	20	22	24	26	28	30	32	34	36	38	40	42	44	46	48	50
1	土方开挖																									
2	柱基础																									
3	基础梁																									
4	土方回填																									

备注：计划施工进度用实线——表示，实际施工进度用虚线----表示。

分析要点：

本案例采用网络图和横道图两种形式表达施工进度计划，并依此考核工期索赔和费用索赔问题。

问题1的解答应根据总持续时间最长的线路为关键线路的原则，找出关键线路，并计算计划工期。

问题2的解答要求逐项事件说明施工单位的工期索赔是否成立，是什么原因造成的，属于谁的责任或风险。

问题3的解答要求根据问题2的分析结果，重新确定关键线路，并列式计算实际工期和工期索赔天数。

问题4的解答需要注意，该案例中的分项工程全费用包括人工、材料、机械费用和管理费、利润、规费及税金。

问题5的解答需要根据原始进度计划和施工过程中实际发生的事件，分别绘制计划和实际施工横道进度。

答案：

问题 1：

解：

关键线路为：①—②—③—⑤—⑥—⑦—⑧

计划工期为：6+14+14+6+3＝43（d）

问题 2：

答：

事件 1，可以提出工期索赔和费用索赔，因为提供地质资料有误是建设单位的责任，且延误的时间（9d）超过了该分项工程的总时差（8d）。

事件 2，可以提出费用索赔，但不可以提出工期索赔，因为虽然延误属建设单位的责任，但延误的时间（3d）未超过该分项工程的总时差（9d）。

事件 3，不可以提出工期索赔和费用索赔，发生工程质量事故是施工单位的责任。

问题 3：

答：

（1）将发生的三项事件导致的拖延时间均调整到相应分项工程的持续时间上，关键路线变更为：①—②—⑤—⑥—⑦—⑧。实际工期为：6+(6+9)+14+(6+5)+3＝49（d）。

（2）将可以提出工期索赔的事件 1 和事件 2 导致的拖延时间均调整到相应分项工程的持续时间上，重新确定的关键线路仍为：①—②—⑤—⑥—⑦—⑧。工期为：6+(6+9)+14+6+3＝44（d）。

（3）工期索赔天数为：44−43＝1（d）

问题 4：

解：

费用索赔总额为：(6+2)＝8（万元）

问题 5：

解：该基础工程计划和实际施工横道进度见表 5-3。

表 5-3　　基础工程计划和实际施工横道进度表

序号	分项工程	进度计划(d)																								
		2	4	6	8	10	12	14	16	18	20	22	24	26	28	30	32	34	36	38	40	42	44	46	48	50
1	土方开挖																									
2	柱基础																									

续表

序号	分项工程	进度计划(d)																								
		2	4	6	8	10	12	14	16	18	20	22	24	26	28	30	32	34	36	38	40	42	44	46	48	50
3	基础梁																									
4	土方回填																									

备注：计划施工进度用实线——表示，实际施工进度用虚线----表示。

【案例十二】

背景：

某施工承包商与某业主签订了某建筑工程项目施工承包合同。合同专用条款约定，采用综合单价形式计价；人工日工资标准为 80 元；管理费和利润为人工费用的 28%（人工窝工计取管理费为人工费用的 12%，不计取利润）；规费和增值税的综合费税率为人材机费用、管理费、利润之和的 16%。

承包商的项目经理部在开工前制定了施工方案，拟按三个施工段组织流水施工。施工过程划分及作业内容和每个施工段作业时间安排如表 5-4 所示，并编制了施工进度计划如表 5-5 所示。

表 5-4　　施工过程、作业内容与每个施工段作业时间

施工过程	作业内容	每个施工段作业时间(周)	说　明
Ⅰ	土方开挖、地基处理	2	1. Ⅲ、Ⅳ之间技术间歇时间不小于 2 周； 2. 钢筋由业主采购； 3. 水电设备工程实行专业分包，主要设备由业主采购
Ⅱ	基础施工、土方回填	2	
Ⅲ	地上承重结构	6	
Ⅳ	地上非承重结构	4	
Ⅴ	水电、装饰装修	4	

表 5-5　　施工进度计划

施工过程	施工进度(周)															
	2	4	6	8	10	12	14	16	18	20	22	24	26	28	30	32
Ⅰ																

续表

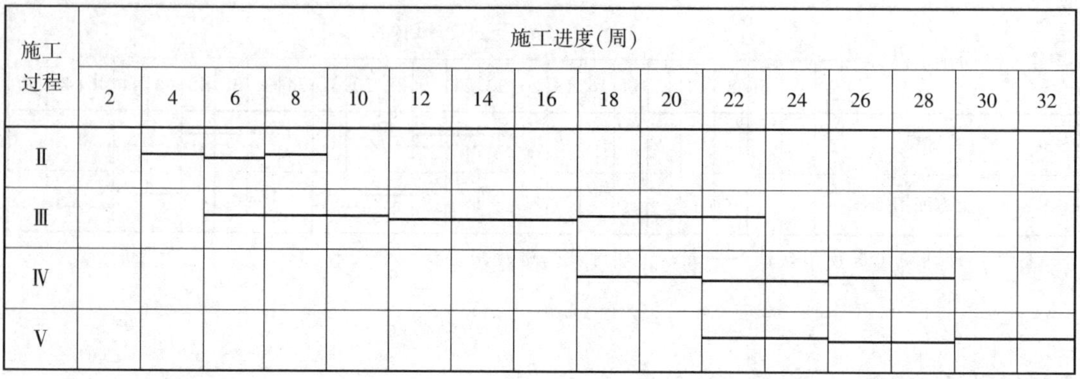

施工过程	施工进度(周)															
	2	4	6	8	10	12	14	16	18	20	22	24	26	28	30	32
Ⅱ																
Ⅲ																
Ⅳ																
Ⅴ																

总监理工程师批准了该施工方案，施工单位如期开工。施工过程中发生了如下几项事件：

事件 1：业主未能按合同约定提供充分的场地条件，使施工过程Ⅰ在第一、二施工段作业效率降低，作业时间比原计划分别延长 3d 和 2d，增加 A 种租赁机械作业 5 个台班（机械租赁费用为 900 元/台班），多用人工 50 个工日。

事件 2：施工劳务作业队伍人员数量不足，使施工过程Ⅱ在第一、二施工段作业时间比原计划均延长 2d，增加 B 种自有机械作业延长 4 个台班（机械费用为 800 元/台班）。

事件 3：业主提供的钢材进场时间比原计划时间推迟 7d，使施工过程Ⅲ在钢材进场后才开始作业，C、D 两种按原计划时间进场的机械均发生闲置（C 种机械租赁费用为 1200 元/台班、D 种自有机械费用为 700 元/台班），35 名工人也因此窝工。

事件 4：业主提供的某种主要设备进场验收时，发现型号与设计不符，因其退换货使施工过程Ⅴ在第一、二施工段作业时间比计划作业时间分别延长 7d、5d，设备安装专业工人窝工 30 个工日，同时影响到装饰装修作业效率，使装饰装修专业工人多用人工 40 个工日。

其他施工过程均按计划进行。

问题：

1. 根据表 5-5 分析，在不影响工期的前提下，哪些作业有机动时间？其机动时间分别为多少周？

2. 逐项分析每项事件发生后，工期拖延几天？承包商可否就每项事件向业主索赔工期和（或）费用？可以索赔工期为多少天？

3. 每项事件发生后，累计索赔工期和预计工期为多少天？

4. 如果自有机械闲置索赔标准为台班费的 60%，租赁机械闲置索赔标准为租赁台班费，工人窝工索赔标准为日工资的 50%，逐项计算每项事件可以索赔的费用为多少元？总计费用索赔为多少元？

分析要点：

工程施工进度计划有横道图和网络图两种基本形式。本案例为根据横道进度计划，处理工期和费用索赔的案例。对于该案例的分析求解，需要掌握如下几个要点：

1. 从工期控制的角度来讲，工程施工横道进度计划中，有的施工过程在有的施工段上的作业有机动时间，有的没有机动时间。没有机动时间的作业是工程进度控制的重点对象。

2. 每项施工过程在不同施工段上的作业，一般是由同一个作业队伍进行的。因此，同一项施工过程在前一施工段上的作业时间延误，将会导致在后一施工段的作业时间延误，但不会导致后一施工段作业的人工窝工和机械闲置。

3. 每个施工段上不同施工过程的作业，一般是由不同作业队伍进行的。因此，前一项施工过程作业时间延误，既可能导致后一项施工过程作业的时间延误，还可能会导致后一项施工过程作业的人工窝工和机械闲置。

4. 本案例中，计价项目包括分部分项工程项目、措施项目、其他项目；计价项目费用是指计价项目工程量与其综合单价的乘积，即：包括了计价项目的人工费、材料费、机械设备使用费和管理费、利润，并考虑一定风险费用，不包括规费和税金。费用索赔计算公式可简化为：

费用索赔额=计价项目费用×(1+综合费税率)

答案：

问题1：

答：在不影响工期的前提下，施工过程Ⅰ、Ⅱ在第二、三施工段上的作业（$Ⅰ_2$、$Ⅰ_3$、$Ⅱ_2$、$Ⅱ_3$）有机动时间，分别为：$Ⅰ_2$、$Ⅱ_2$ 机动时间为4周，$Ⅰ_3$、$Ⅱ_3$ 机动时间为8周。

问题2：

答：

(1) 每项事件发生后，工期拖延分析：

事件1：工期拖延3d；因为施工过程Ⅰ在第一施工段的作业时间拖延影响工期，在第二施工段的作业时间拖延没有超过机动时间，不影响工期。

事件2：工期拖延2d；因为施工过程Ⅱ在第一施工段的作业时间拖延影响工期，在第二施工段的作业时间拖延没有超过机动时间，不影响工期。

事件3：工期拖延2d；因为施工过程Ⅲ开始作业时间比原计划拖延7d，其中的5d是与事件1、事件2造成的作业时间拖延5d(3+2=5d）同时发生的。

事件4：工期拖延5d；因为事件3发生后，施工过程Ⅲ、Ⅳ在第三施工段的开始作业时间均推迟了7d，导致施工过程Ⅴ在第一、二施工段上有7d的机动时间，事件4发生后使施工过程Ⅴ作业时间延长12d(7+5=12d)，超过机动时间5d(12-7=5d)。

（2）每项事件发生后，可否索赔工期和（或）费用，可索赔工期分析：

事件1：可以向业主提出工期和费用索赔，因为这是由于业主未能完全履行合同约定义务的责任事件造成的，其时间和费用损失应由业主承担；可以索赔工期3d。

事件2：不可以向业主提出工期和（或）费用索赔，因为这是由于承包商责任事件造成的，其时间和费用损失应由承包商承担。

事件3：可以向业主提出工期和费用索赔，因为这是由于业主负责采购的钢材进场时间推迟造成的，其时间和费用损失应由业主承担；可以索赔工期2d。

事件4：可以向业主提出工期和费用索赔，因为这是由于业主负责采购的设备退换货造成的，其时间和费用损失应由业主承担；可以索赔工期5d。

问题3：

解：

每项事件发生后，累计预计工期和索赔工期分析：

预计工期、累计索赔工期分析过程见表5-6。

表5-6 **预计工期、索赔工期分析表**

序号	发生事件	工期拖延（d）	预计工期（d）	索赔工期（d）	累计索赔工期（d）
0	—	—	32×7=224	—	—
1	事件1	3	224+3=227	3	3
2	事件2	2	227+2=229	0	3
3	事件3	2	229+2=231	2	5
4	事件4	5	231+5=236	5	10

问题4：

解：

事件1费用索赔：

［5×900+50×80×(1+28%)］×(1+16%)=11159.20(元)

事件3费用索赔：

2×［(1200+700×60%)+35×80×50%×(1+12%)］×(1+16%)=7396.16(元)

事件4费用索赔：

［30×80×50%×(1+12%)+40×80×(1+28%)］×(1+16%)=6310.40(元)

总计费用索赔：11159.20+7396.16+6310.40=24865.76（元）

【案例十三】

背景：

某工程项目业主通过工程量清单招标确定某施工单位中标并签订了施工合同，工期为15个月。合同约定：管理费按人材机费用之和的10%计取，利润按人材机费用和管理费之和的6%计取，规费和税金为人材机费用、管理费与利润之和的13%；施工机械台班单价为1500元/台班，施工机械闲置补偿按施工机械台班单价的60%计取，人员窝工补偿为50元/工日，人工窝工补偿、施工待用材料损失补偿、机械闲置补偿不计取管理费和利润；措施费按分部分项工程费的25%计取。（各费用项目价格均不包含增值税可抵扣进项税额）

施工前，施工单位向项目监理机构提交并经确认的施工网络进度计划，如图5-10所示（每月按30d计）。

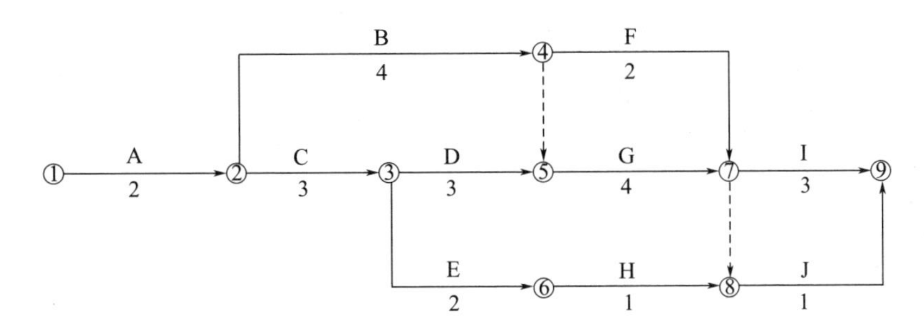

图5-10　施工网络进度计划（单位：月）

该工程施工过程中发生如下事件：

事件1：基坑开挖工作（A工作）施工过程中，遇到了持续10d的季节性大雨，在第11天，大雨引发了附近的山体滑坡和泥石流。受此影响，施工现场的施工机械、施工材料、已开挖边坡永久性支撑结构、施工办公设施等受损，部分施工人员受伤。

经施工单位和项目监理机构共同核实，该事件中，季节性大雨造成施工单位人员窝工180工日，机械闲置60个台班。山体滑坡和泥石流事件使A工作停工30d，造成施工机械损失8万元，施工待用材料损失24万元，边坡永久性支撑结构全部损失30万元，施工办公设施损失3万元，施工人员受伤损失2万元。修复实体工程发生人材机费用共21万元。灾后，施工单位及时向项目监理机构提出费用索赔和工期延期40d的要求。

事件2：基坑开挖工作（A工作）完成后验槽时，发现基坑底部部分土质与地质勘察报告不符。地勘复查后，设计单位修改了基础工程设计，由此造成施工单位人员窝工150工日，机械闲置20个台班，修改后的基础分部工程增加人材机费用25万元。监理工程师批准A工作增加工期30d。

事件3：E工作施工前，业主变更设计增加了一项K工作，K工作持续时间为2个月。根据施工工艺关系，K工作为E工作的紧后工作，为I、J工作的紧前工作。因K工作与原工程的工作内容和性质均不同，在已标价的工程量清单中没有适用也没有类似的项目，监理工程师编制了K工作的综合单价，经业主确认后，提交给施工单位作为结算的依据。

事件4：考虑到上述1~3项事件对工期的影响（事件1中季节性大雨时施工单位已经采取了赶工措施），业主与施工单位约定，工程项目仍按原合同工期15个月完成，实际工期比原合同工期每提前1个月，奖励施工单位30万元。施工单位对进度计划进行了调整，将D、G、I工作的顺序施工组织方式改变为分段流水作业组织方式以缩短施工工期，流水节拍见表5-7。

表5-7　　流水节拍　　（单位：月）

施工过程	流水段		
	①	②	③
D	1	1	1
G	1	2	1
I	1	1	1

问题：

1. 针对事件1，确定施工单位和业主在山体滑坡和泥石流事件中各自应承担损失的内容；列式计算施工单位可以获得的费用补偿数额；确定项目监理机构应批准的工期延期天数，并说明理由。

2. 事件2中，应给施工单位的窝工补偿和机械闲置费用为多少万元？修改后的基础分部工程增加的工程造价为多少万元？

3. 针对事件3，绘制批准A工作工期索赔和增加K工作后的施工网络进度计划；指出监理工程师做法的不妥之处，说明理由并写出正确做法。

4. 事件4中，按分段组织D、G、I工作流水施工的工期为多少个月？施工单位可获得的工期提前奖励金额为多少万元？

分析要点：

本案例考查了费用索赔和工期索赔的计算及其依据、网络进度计划的绘制、流水工期的计算等知识点。

事件1是季节性大雨转为山洪暴发，要明确季节性大雨不属于不可抗力范畴，大雨引发的山体滑坡和泥石流属于不可抗力范畴。本案例中施工单位应承担的损失有：施工机械损失，施工人员受伤损失，施工办公设施损失；业主应承担的损失有：施工待用材料损失，已开挖边坡永久性支撑结构损失，修复工作费用。

事件2是基础资料有误引起的索赔。发包人应当对提供相关资料的真实性、准确性和完整性负责。本项目发现基坑底部部分土质与地质勘察报告不符，地勘复查后设计单位修改了基础工程设计，应由发包人承担由此增加的费用和（或）延误的工期。

事件3是工程变更引起的索赔。发包人增加工程内容应承担相应的费用，如果因此延误工期，应予以顺延。工程变更导致增加的工程内容，在已标价工程量清单或预算书中无相同项目及类似项目单价的，按照合理的成本与利润构成的原则，由合同当事人按照约定变更合同价格。新增工作的综合单价应由施工单位提出，报业主确认后执行。

事件4求解的关键是流水步距、工期的计算，应根据流水施工原理确定相邻施工过程（或专业工作队）之间的流水步距并计算工期。本问题的难点在于I工作因受其紧前工作K的影响，其开始作业时间还应在按计算出的与G工作之间的流水步距基础上推迟1个月。

答案：

问题1：

解：

（1）施工单位应承担的损失有：施工机械损失，施工人员受伤损失，施工办公设施损失；业主应承担的损失有：施工待用材料损失，已开挖边坡永久性支撑结构损失，修复工作费用。

（2）施工单位可获得的费用补偿：

$(24+30)\times(1+13\%)+21\times(1+10\%)\times(1+6\%)\times(1+25\%)\times(1+13\%)=61.02+34.586=95.61$（万元）

（3）应批准工期延期：30d；理由：A为关键工作；持续10d的季节性大雨造成的工期延误风险由施工单位承担，工期不给予补偿；山体滑坡和泥石流作为不可抗力造成的30d工期延误，属于业主承担的风险，应给予工期补偿。

问题2：

解：

（1）补偿费用：$(150\times50+20\times1500\times60\%)\times(1+13\%)/10000=2.88$（万元）

（2）增加造价：$25\times(1+10\%)\times(1+6\%)\times(1+25\%)\times(1+13\%)=41.17$（万元）

问题3：

解：

（1）工期索赔和增加K工作后的网络进度计划调整结果，如图5-11所示。

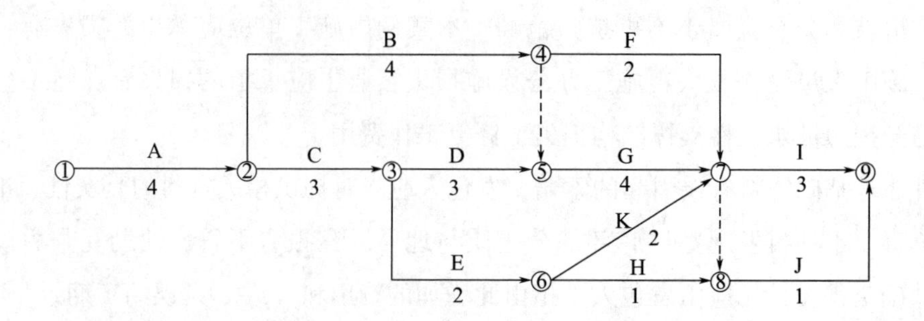

图5-11 网络进度计划调整结果

（2）不妥之处：监理工程师编制K工作的结算综合单价。

理由：因K工作为新增工作，已标价的工程量清单中没有适用也没有类似的变更工程项目，不属于由“监理或造价工程师暂定”的“争议解决”项目。

正确做法：由施工单位提出K工作的综合单价，报业主确认后调整。

问题4：

解：

（1）D、G、I工作之间的流水步距与工期

① D与G之间：

1，2，3

− 1，3，4

1，1，0，−4

流水步距为：max［1，1，0，−4］=1（月）

② G与I之间：

1，3，4

− 1，2，3

1，2，2，−3

流水步距为：max［1，2，2，−3］=2（月）

因K工作是I工作的紧前工作，受K工作影响，G工作与I工作之间的流水步距应增加1个月。

③ 工期：1+(2+1)+3=7（月）

（2）工期提前奖励

① A、C工作和流水工期合计为：(2+2)+3+7=14（月）

（或关键线路A→C→E→K→I为：14个月）

② 比原合同工期15个月提前1个月，故施工单位可获得工期提前奖励30万元。

【案例十四】

背景：

某机场航站楼土建工程现场签证单见表5-8。

表5-8　　现场签证单

编号：016　　日期：2022. 5. 4

<table>
<tr><td>工程名称</td><td>T4航站楼土建工程</td><td>建设单位</td><td>××机场有限公司</td></tr>
<tr><td>签证项目</td><td>土石方工程</td><td>监理单位</td><td>××监理有限责任公司</td></tr>
<tr><td>签证部位</td><td>基坑底部</td><td>施工单位</td><td>××建筑安装工程公司</td></tr>
<tr><td colspan="4">现场签证原因及主要内容（附 工程联络单）：
基坑开挖至设计基底标高（-5m）后，由建设单位、勘察设计单位、监理单位、施工单位共同进行验槽，在基底-5m以下局部，发现有地质勘察资料中没有载明的建筑垃圾，根据编号009的设计变更通知单，应将建筑垃圾清除，用其他部位的原挖方土料回填。
具体工程量如下：
1. 建筑垃圾（Ⅲ类土）挖掘与运输1500m^3；
2. 回填土1500m^3；
3. 建筑垃圾排放量1500m^3。</td></tr>
<tr><td rowspan="2">签证意见</td><td>建设单位</td><td>监理单位</td><td>施工单位</td></tr>
<tr><td>业主代表：×××
2022年5月4日</td><td>专业监理工程师：×××
总监理工程师：×××
2022年5月4日</td><td>已处理完毕。
专业工程师：×××
项目经理：×××
2022年5月4日</td></tr>
</table>

问题：

1. 请指出现场签证单中的不妥之处，并说明理由。

2. 试根据下列资料完成现场签证表和现场签证计算书：

乙方提出的施工方案：采用反铲挖掘机挖掘建筑垃圾（Ⅲ类土），自卸汽车运输（运距15km）；支设钢挡土板（疏撑，钢支撑），该方案得到甲方的批准后予以实施。甲乙双方认可的工程估价见表5-9。

表 5-9　　工程估价表　　单位：元

序号	项目名称	单位	人材机费合计	人工费	材料费	机械费
1	挖掘机挖掘建筑垃圾（Ⅲ类土），自卸汽车运输（运距15km）	1000m^3	32291.90	211.20	2165.70	29915.00
2	回填土	100m^3	1232.54	1034.88	—	197.66

该工程采用工程量清单计价，承包单位报价中，企业管理费率为20%、利润和风险率为18%（以上两项均以人工和机械费之和为取费基数），该地区，建筑垃圾排放费标准为3元/m^3，规费和税金综合费税率为16%。

分析要点：

现场签证单是甲乙双方结算的重要依据，现场签证管理注意的问题主要有：

1. 签证内容要明确，为造价调整提供详细的依据。如本题签证单中建筑垃圾（Ⅲ类土）挖运、回填土就缺少具体的施工方案。

2. 现场签证宜按照《计价规范》提供的形式编写，需要建设、监理、施工单位三方代表共同签字、盖章才能生效。

3. 现场签证必须注明发生时间，因为工程造价的计价依据是有时效性的。

4. 现场签证单的工程量要有计算过程和必需的图示说明。

工程签证工作不规范，往往导致不能顺利调整和结算工程造价。

答案：

问题1：

答：

（1）建筑垃圾挖运（Ⅲ类土）作业内容不明确，没有具体的施工方案，挖运机械选择、挖运方式、建筑垃圾处理式、运距等均没有说明。

（2）回填土作业内容不明确，没有具体的施工方案。

（3）签证单中没有说明变更发生的具体时间。在使用有时效性的计价依据时，容易引起争议。

（4）签证单中没有图示说明和工程量计算过程。

（5）签证单中没有监理、建设单位的签证意见。现场签证一般情况下需要建设、监理、施工单位三方共同签字、盖章才能生效。缺少任何一方都属于不规范的签证，不能作为结算的依据。

问题 2：

解：

（1）现场签证表，见表 5-10。

表 5-10　　现场签证表

工程名称：T1 航站楼土建工程　　标段：　　编号：016

<table>
<tr><td>施工单位</td><td>××建筑安装工程公司</td><td>日　期</td><td>2022. 5. 14</td></tr>
<tr><td colspan="4">致：××机场有限公司　　（发包人全称）
根据编号 009 的设计变更通知单，我方按要求完成此项工作应支付价款金额为（大写）
壹拾壹万零玖佰贰拾伍元整，（小写）110925. 00 元，请予核准。
附：1. 签证事由及原因：（见现场签证单）
2. 附图及计算式：（见现场签证计算书）
承包人（章）
承包人代表　×××
日　　期　2022. 5. 14</td></tr>
<tr><td colspan="2">复核意见：
你方提出的此项签证申请经复核：
□不同意此项签证，具体意见见附件。
□同意此项签证，签证金额的计算，由造价工程师复核。
监理工程师＿＿＿＿
日　　期＿＿＿＿</td><td colspan="2">复核意见：
□此项签证按承包人中标的计日工单价计算，金额为（大写）＿＿＿＿元，（小写）＿＿＿＿元。
□此项签证因无计日工单价，金额为（大写）＿＿＿＿元，（小写）＿＿＿＿元。
造价工程师＿＿＿＿
日　　期＿＿＿＿</td></tr>
<tr><td colspan="4">审核意见：
□不同意此项签证。
□同意此项签证，价款与本期进度款同期支付。
发包人（章）
发包人代表＿＿＿＿
日　　期＿＿＿＿</td></tr>
</table>

注：1. 在选择栏中的“□”内作标识“√”。

2. 本表一式四份，由承包人在收到发包人（监理人）的口头或书面通知后填写，发包人、监理人、造价咨询人、承包人各存一份。

（2）现场签证计算书，见表5-11。

表5-11 现场签证计算书

（一）建筑垃圾挖运：

1. 综合单价：[（211.20+29915.00）×（1+20%+18%）+2165.70]÷1000

=[30126.20×1.38+2165.70]÷1000=43.74（元/m^3）

2. 签证款：1500×43.74×（1+16%）=76107.60（元）

（二）回填土：

1. 综合单价：1232.54÷100×1.38=17.01（元/m^3）

2. 签证款：1500×17.01×（1+16%）=29597.40（元）

（三）建筑垃圾排放：

3×1500×（1+16%）=5220.00（元）

签证款合计：76107.60+29597.40+5220.00=110925.00（元）

【案例十五】

背景：

非洲某国一高新技术产业园建设项目，包括8栋生产和办公、生活建筑，业主为该国科技部，工程师为美国咨询公司，承包商为中国某工程承包公司。业主和承包商采用2017版FIDIC施工合同条件签订了该工程承包合同，合同额1.2亿美元，工期24个月。

在工程实施过程中发生了如下几项事件：

事件1：在该项目最先施工的工程基础开挖时，经验槽发现该场地大量膨胀土的影响，工程师提出考虑到报业主同意后向承包商下达基础结构形式变更指令。要求将所有建筑基础由筏板基础改为混凝土灌注桩基础。因需重新对基础进行设计，在图纸尚未完成前，承包商只能暂停施工19d，经工程师确认的承包商停工期间的经济损失为58.274万美元。在暂停施工前，承包商按原基础形式采购的定尺钢筋材料已入场20%，其余部分的30%已交定金，承包商对该两部分材料要求赔偿12.458万美元。经核查，工程师认定已入场的钢筋可以部分利用于变更后基础形式，该部分钢筋价值为6.3万美元。

事件2：在该项目大部分工程进入主体结构施工阶段时，遭遇强暴风雨，给现场造成较大破坏。部分在建工程柱、墙结构件折断，一栋已封顶工程的部分屋面结构材料被掀翻，部分已进场水泥等材料因遮护被破坏遭受雨淋浸泡，某工程塔式起重机因暴风导致吊臂折断等。在强暴风雨过后，承包商立即对现场进行清理，对部分受损工程予以修补，并对部分受损较严重的柱、墙结构件与工程师协商确定解决方案。为此，承包商按合同约定向工程师发出了关于该例外事件使其工期延长 10d 费用损失 85.476 万美元等要求。

事件 3：在该项目大部分工程陆续进入装饰施工阶段时，工地工人之间发生种族冲突引发械斗暴力事件。承包商紧急通知工程师，并采取应急措施，在业主的配合下，封存工地和将中方人员转移到安全的地方。该暴力事件发生 7d 后，事态逐渐平息。对此，承包商向工程师提出延长工期 7d 和经济损失补偿 96.42 万美元的要求，得到工程师现场确认。

问题：

1. 工程变更有哪两种？该案例中的变更属于何种变更？简述其变更程序。
2. 2017 版 FIDIC 合同条件下的工程变更引起索赔与 1999 版的有何不同？
3. FIDIC 合同条款对索赔时效有何要求？
4. 例外事件具有哪些特征？在国际工程中，哪些事件属于例外事件？
5. 承包商按合同工期向开户银行提交的保函费为 272 万美元，工期延长导致相应保函费增加。请计算该项目可获得的工期索赔多少天？费用索赔（包括保函费增加）总额为多少万美元？

分析要点：

在 2017 版 FIDIC 合同条件中，需要注意到变更和索赔的区分、例外事件（等同于国内的不可抗力，该案例中发生的强暴风雨和械斗暴力事件应属于例外事件）的认定。需要考生熟悉 FIDIC 合同中的各方权利和义务。

需要注意，按照 FIDIC 合同规定，承包商负责工地现场安全，业主负责工地外部安全，承包商要求业主在保证工地安全的情况下才会进驻工地。

答案：

问题 1：

答：

工程变更包括工程师指示变更和承包商建议变更，该案例的基础形式变更是工程师指示变更。工程师指示变更的程序如下：① 工程师发出书面变更指令；②承包商应当在收到工程师指令的 28d（或者承包商提请工程师同意的其他期限）内，针对变更工作的实施提交实施计划及建议；③工程师应当与双方当事人商定或作出决定顺延工期（如果有）和（或）调整合同价格。

问题 2：

答：

与 1999 年版《施工合同条件》不同的是，在明确构成工程变更的情况下，承包商当然享有工期顺延和调价的权利，无须再依据索赔程序发出索赔通知。

问题3：

答：

根据FIDIC施工合同条件第20.1款，按索赔程序进行索赔，并注意索赔的时效性。承包商的通知应尽快在承包商觉察或应已察觉该事件或情况后28d内发出。如果承包商未能在上述28d期限内发出索赔通知，则竣工时间不得延长，承包商也无权获得追加付款，而业主应免除有关该索赔的全部责任。

问题4：

答：

例外事件是项目实施过程中所面临的一类特殊风险，有四个基本特征：一方无法控制的；该方在签订合同前，不能对之进行合理预防的；发生后，该方不能合理避免或克服的；不能实质性归因于另一方的。包括战争、敌对行为、入侵、外敌行为；叛乱、恐怖主义、暴动、军事政变或内战；承包商或分包商等雇佣人员意外的雇员的罢工或停工；战争军火、爆炸物质、电离辐射或放射性污染，但可能因承包商使用此类军火、炸药、辐射或放射性引起的除外；自然灾害，如地震、海啸、火山活动、飓风或台风。

问题5：

解：

（1）工期索赔 = 19+10+7 = 36（d）

（2）保函费增加 $= 272 \times \frac{36}{365 \times 2} = 13.414$（万美元）

（3）索赔数额 = 58.274+(12.458−6.3)+85.476+96.42+13.414 = 259.742（万美元）

第六章　工程结算与决算

本章基本知识点：

1. 建筑安装工程价款结算方法；
2. 工程预付款及其计算；
3. 工程进度款的计算与支付；
4. 工程价款调整方法；
5. 竣工结算价的计算与竣工结算尾款的支付；
6. 资金使用计划编制及投资数据统计；
7. 投资偏差、进度偏差分析；
8. 工程利润水平分析；
9. 竣工决算的内容与编制；
10. 新增资产构成及其价值确定。

【案例一】

背景：

某施工单位承包某工程项目施工，与建设单位签订的关于工程价款的合同内容有：

1. 工程签约合同价 660 万元，建筑材料及设备费占施工产值的比重为 60%；

2. 工程预付款为签约合同价的 20%。工程实施后，工程预付款从未施工工程尚需的建筑材料及设备费相当于工程预付款数额时起扣，从每次结算工程价款中按材料和设备占施工产值的比重扣抵工程预付款，竣工前全部扣清；

3. 工程进度款逐月计算；

4. 工程质量保证金为建筑安装工程造价的 3%，竣工结算月一次扣留；

5. 按当地工程造价主管部门颁布的该工程施工年度工程价款结算文件的政策规定，该工程生产要素价格及其相关费用增加 39.6 万元（在竣工结算时一次性调整）。

工程各月实际完成产值（不包括调整部分），见表 6-1。

表6-1　　各月实际完成产值　　单位：万元

指标	月份					
	2	3	4	5	6	合计
完成产值	55	110	165	220	110	660

问题：

1. 通常工程竣工结算的前提是什么？

2. 工程价款结算的方式有哪几种？

3. 该工程的工程预付款、起扣点分别为多少万元？

4. 该工程2月至5月每月拨付工程款为多少万元？累计工程款为多少万元？

5. 6月份办理竣工结算，该工程结算总造价为多少万元？甲方应付工程结算款为多少万元？

分析要点：

本案例主要考核施工项目工程款结算方式与工程款按月结算的计算方法。业主向承包商支付的施工项目工程款应该包括：（1）项目开工前，业主提前支付的工程预付款；（2）项目施工过程中，按照合同约定的时点和方式支付的工程进度款；（3）项目竣工结算时支付的结算款。

本案例涉及的主要知识点包括：（1）工程预付款及其理论起扣点的计算；（2）根据实际施工进度按月结算工程进度款的计算；（3）工程价款调整和工程质量保证金、工程竣工结算款的计算等。

在求解工程结算与支付这类案例分析题时需要注意的是，按照现行《计价规范》的规定，分部分项工程费用、措施项目费用、其他项目费用及综合单价中均包含人材机费、管理费和利润，不包含规费和税金；但工程款、合同价包含规费和税金。

答案：

问题1：

答：工程竣工结算的前提条件是承包商按照合同规定的内容全部完成所承包的工程，并符合合同要求，经相关部门联合验收质量合格。

问题2：

答：工程价款的结算方式主要分为按月结算、按形象进度分段结算、竣工后一次结算、目标结算和双方约定的其他结算方式。

问题3：

解：工程预付款：660×20%＝132（万元）

起扣点：660−132/60%=440（万元）

问题4：

答：各月拨付工程款为：

2月：工程款55万元，累计工程款55万元

3月：工程款110万元，累计工程款=55+110=165（万元）

4月：工程款165万元，累计工程款=165+165=330（万元）

5月：工程款220−(220+330−440)×60%=154（万元）

累计工程款=330+154=484（万元）

问题5：

解：工程结算总造价：660+39.6=699.6（万元）

甲方应付工程结算款：

699.6−484−(699.60×3%)−132=62.612（万元）

【案例二】

背景：

某项工程项目业主与承包商签订了工程施工承包合同。合同中估算工程量为5300m³，全费用单价为180元/m³。合同工期为6个月。有关付款条款如下：

（1）开工前业主应向承包商支付估算合同总价20%的工程预付款；

（2）业主自第1个月起，从承包商的工程款中，按5%的比例扣留质量保证金；

（3）当实际完成工程量增减幅度超过估算工程量的15%时，可进行调价，调价系数为0.9（或1.1）；

（4）每月支付工程款最低金额为15万元；

（5）工程预付款从累计已完工程款超过估算合同价的30%以后的下一个月起，至第5个月均匀扣除。

承包商每月实际完成并经签证确认的工程量如表6-2所示。

表6-2　　每月实际完成工程量

指标	月份					
	1	2	3	4	5	6
完成工程量（m³）	800	1000	1200	1200	1200	800
累计完成工程量（m³）	800	1800	3000	4200	5400	6200

问题：

1. 估算合同总价为多少？
2. 工程预付款为多少？工程预付款从哪个月起扣留？每月应扣工程预付款为多少？
3. 每月工程量价款为多少？业主应支付给承包商的工程款为多少？

分析要点：

本案例的主要考核知识点与前一案例的区别在于工程预付款的预付与扣留方法不同，根据合同条款约定计算、支付和扣回工程预付款，比按照理论计算方法处理工程预付款操作方便，而且实用性强。本案例涉及了采用估算工程量单价合同情况下，合同单价的调整方法等。本案例提到的全费用单价包括完成单位工程量所需的全部费税，包含人材机费、管理费、利润和规费、税金。

答案：

问题1：

解：估算合同总价：5300×180/10000＝95.4（万元）

问题2：

解：

（1）工程预付款金额：95.4×20%＝19.08（万元）

（2）工程预付款应从第3个月起扣留，因为第1、2两个月累计已完工程款：

1800×180/10000＝32.4（万元）>95.4×30%＝28.62（万元）

（3）每月应扣工程预付款：19.08÷3＝6.36（万元）

问题3：

解：

（1）第1个月工程量价款：800×180/10000＝14.40（万元）

应扣留质量保证金：14.40×5%＝0.72（万元）

本月应支付工程款：14.40−0.72＝13.68（万元）<15万元

第1个月不予支付工程款。

（2）第2个月工程量价款：1000×180/10000＝18.00（万元）

应扣留质量保证金：18.00×5%＝0.9（万元）

本月应支付工程款：18.00−0.9＝17.10（万元）

13.68+17.1＝30.78（万元）>15万元

第2个月业主应支付给承包商的工程款为30.78万元。

（3）第3个月工程量价款：1200×180/10000＝21.60（万元）

应扣留质量保证金：21. 60×5%＝1. 08（万元）

应扣工程预付款：6. 36 万元

本月应支付工程款：21. 60－1. 08－6. 36＝14. 16（万元）<15 万元

第 3 个月不予支付工程款。

（4）第 4 个月工程量价款：1200×180/10000＝21. 60（万元）

应扣留质量保证金：1. 08 万元

应扣工程预付款：6. 36 万元

本月应支付工程款：14. 16 万元

14. 16+14. 16＝28. 32（万元）>15 万元

第 4 个月业主应支付给承包商的工程款为 28. 32 万元。

（5）第 5 个月累计完成工程量为 5400m^3，比原估算工程量超出 100m^3，但未超出估算工程量的 15%，所以仍按原单价结算。

本月工程量价款：1200×180/10000＝21. 60（万元）

应扣留质量保证金：1. 08 万元

应扣工程预付款：6. 36 万元

本月应支付工程款：14. 16 万元<15 万元

第 5 个月不予支付工程款。

（6）第 6 个月累计完成工程量为 6200m^3，比原估算工程量超出 900m^3，已超出估算工程量的 15%，对超出的部分应调整单价。

应按调整后的单价结算的工程量：6200－5300×(1+15%)＝105（m^3）

本月工程量价款：[105×180×0. 9+(800－105)×180]/10000＝14. 211（万元）

应扣留质量保证金：14. 211×5%＝0. 711（万元）

本月应支付工程款：14. 211－0. 711＝13. 50（万元）

第 6 个月业主应支付给承包商的工程款为 14. 16+13. 50＝27. 66（万元）。

【案例三】

背景：

某承包商于某年承包某外资工程项目施工任务，该工程施工时间从当年 5 月开始至 9 月，与造价相关的合同内容有：

1. 工程合同价 2000 万元，工程价款采用调值公式动态结算。该工程的不调值部分价款占合同价的 15%，5 项可调值部分价款分别占合同价的 35%、23%、12%、8%、7%。调值公式如下：

$$P = P_0\left[A + \left(B_1 \times \frac{F_{t1}}{F_{01}} + B_2 \times \frac{F_{t2}}{F_{02}} + B_3 \times \frac{F_{t3}}{F_{03}} + B_4 \times \frac{F_{t4}}{F_{04}} + B_5 \times \frac{F_{t5}}{F_{05}}\right)\right]$$

式中：P——结算期已完工程调值后结算价款；

P_0——结算期已完工程未调值合同价款；

A——合同价中不调值部分的权重；

B_1、B_2、B_3、B_4、B_5——合同价中 5 项可调值部分的权重；

F_{t1}、F_{t2}、F_{t3}、F_{t4}、F_{t5}——合同价中 5 项可调值部分结算期价格指数；

F_{01}、F_{02}、F_{03}、F_{04}、F_{05}——合同价中 5 项可调值部分基期价格指数。

2. 开工前业主向承包商支付合同价 20%的工程预付款，在工程最后两个月平均扣回。

3. 工程款逐月结算。

4. 业主自第 1 个月起，从给承包商的工程款中按 5%的比例扣留质量保证金。工程质量缺陷责任期为 12 个月。

该合同的原始报价日期为当年 3 月 1 日。结算各月份可调值部分的价格指数如表 6-3 所示。

表 6-3　　可调值部分的价格指数

月份	价格指数				
	F_{01}	F_{02}	F_{03}	F_{04}	F_{05}
3 月	100	153. 4	154. 4	160. 3	144. 4
月份	价格指数				
	F_{t1}	F_{t2}	F_{t3}	F_{t4}	F_{t5}
5 月	110	156. 2	154. 4	162. 2	160. 2
6 月	108	158. 2	156. 2	162. 2	162. 2
7 月	108	158. 4	158. 4	162. 2	164. 2
8 月	110	160. 2	158. 4	164. 2	162. 4
9 月	110	160. 2	160. 2	164. 2	162. 8

未调值前各月完成的工程情况为：

5 月份完成工程 200 万元，本月业主供料部分材料费为 5 万元。

6 月份完成工程 300 万元。

7 月份完成工程 400 万元，另外由于业主方设计变更，导致工程局部返工，因拆除、重新施工增加造价 1. 75 万元。

8 月份完成工程 600 万元，另外由于施工中采用的模板形式与定额不同，造成模板增加费用 0.30 万元。

9 月份完成工程 500 万元，另有批准的工程索赔款 1 万元。

问题：

1. 工程预付款是多少？工程预付款从哪个月开始起扣，每次扣留多少？
2. 确定每月业主应支付给承包商的工程款。
3. 工程在竣工半年后，发生屋面漏水，业主应如何处理此事？

分析要点：

建设工程价款调整方法有：工程造价指数调整法、实际价格调整法、调价文件计算法和调值公式法（又称动态结算公式法）。本案例主要考核工程价款调整的调值公式法的应用。因此，在求解该案例之前，对上述内容要进行系统的学习，尤其是关于动态结算方法和计算，工程质量保证金和预付款的处理，要达到能够熟练地应用动态结算的各种方法和公式进行计算。

答案：

问题 1：

解：

工程预付款 = 2000×20% = 400（万元）

工程预付款从 8 月份开始起扣，每次扣：400/2 = 200（万元）

问题 2：

解：每月业主应支付的工程款：

5 月份：工程量价款

$$=200\times\left[0.15+\left(0.35\times\frac{110}{100}+0.23\times\frac{156.2}{153.4}+0.12\times\frac{154.4}{154.4}+0.08\times\frac{162.2}{160.3}+0.07\times\frac{160.2}{144.4}\right)\right]$$

$=209.56$(万元)

业主应支付工程款 $=209.56\times(1-5\%)-5=194.08$（万元）

6 月份：工程量价款

$$=300\times\left[0.15+\left(0.35\times\frac{108}{100}+0.23\times\frac{158.2}{153.4}+0.12\times\frac{156.2}{154.4}+0.08\times\frac{162.2}{160.3}+0.07\times\frac{162.2}{144.4}\right)\right]$$

$=313.85$(万元)

业主应支付工程款 $=313.85\times(1-5\%)=298.16$（万元）

7 月份：工程量价款

$$=400\times\left[0.15+\left(0.35\times\frac{108}{100}+0.23\times\frac{158.4}{153.4}+0.12\times\frac{158.4}{154.4}+0.08\times\frac{162.2}{160.3}+0.07\times\frac{164.2}{144.4}\right)\right]+1.75$$

$=421.41$(万元)

业主应支付工程款$=421.41\times(1-5\%)=400.34$（万元）

8月份：工程量价款

$$=600\times\left[0.15+\left(0.35\times\frac{110}{100}+0.23\times\frac{160.2}{153.4}+0.12\times\frac{158.4}{154.4}+0.08\times\frac{164.2}{160.3}+0.07\times\frac{162.4}{144.4}\right)\right]$$

$=635.39$（万元）

业主应支付工程款$=635.39\times(1-5\%)-200=403.62$（万元）

9月份：工程量价款

$$=500\times\left[0.15+\left(0.35\times\frac{110}{100}+0.23\times\frac{160.2}{153.4}+0.12\times\frac{160.2}{154.4}+0.08\times\frac{164.2}{160.3}+0.07\times\frac{162.8}{144.4}\right)\right]+1$$

$=531.28$（万元）

业主应支付工程款$=531.28\times(1-5\%)-200=304.72$（万元）

问题3：

答：工程在竣工半年后，发生屋面漏水，由于在保修期内，业主应首先通知原承包商进行维修。如果原承包商不能在约定的时限内派人维修，业主也可委托他人进行修理，费用从质量保证金中支付。需要注意的是，如果屋面漏水是由于业主的不当使用或第三方责任事件或不可抗力（如地震、不明物体撞击等）事件发生等原因造成的，原承包商不承担保修责任，费用应该由业主负责。

【案例四】

背景：

某工程项目业主通过工程量清单招标方式确定某投标人为中标人，并与其签订了工程承包合同，工期4个月。有关工程价款与支付条款约定如下：

1. 工程价款

（1）分项工程清单，含有甲、乙两项混凝土分项工程，工程量分别为：2300m^3、3200m^3，综合单价分别为：580元/m^3、560元/m^3。除甲、乙两项混凝土分项工程外的其余分项工程费用为50万元。当某一分项工程实际工程量比清单工程量增加（或减少）15%以上时，应进行调价，调价系数为0.9（或1.08）。

（2）单价措施项目清单，含有甲、乙两项混凝土分项工程模板及支撑和脚手架、垂直运输、大型机械设备进出场及安拆等五项，总费用66万元，其中甲、乙两项混凝土分项工程模板及支撑费用分别为12万元、13万元，结算时，该两项费用按相应混凝土分项工程工程量变化比例调整，其余单价措施项目费用不予调整。

（3）总价措施项目清单，含有安全文明施工、雨期施工、二次搬运和已完工程及设备保护等四项，总费用54万元，其中安全文明施工费、已完工程及设备保护费分别为18万元、5万元。结算时，安全文明施工费按分项工程项目、单价措施项目费用变化额的2%调整，已完工程及设备保护费按分项工程项目费用变化额的0.5%调整，其余总价措施项目费用不予调整。

（4）其他项目清单，含有暂列金额、专业工程暂估价和总承包服务费三项，费用分别为10万元、20万元，总承包服务费5%。

（5）规费为不含税人材机费、管理费和利润之和的6%，增值税率9%。

2. 工程预付款与进度款

（1）开工之日10d前，业主向承包商支付材料预付款和安全文明施工费预付款。材料预付款为分项工程合同价的20%，在最后两个月平均扣除；安全文明施工费预付款为其合同额的70%。

（2）甲、乙分项工程项目进度款按每月已完工程量计算支付，其余分项工程项目进度款和单价措施项目进度款在施工期内每月平均支付；总价措施项目价款除预付的安全文明施工费工程款部分外，其余部分在施工期内第2、3月平均支付。

（3）专业工程费用、现场签证费用在发生当月按实结算。

（4）业主按每次承包商应得工程款的90%支付。

3. 竣工结算

（1）竣工验收通过后30d内结算。

（2）措施项目费用在结算时根据取费基数的变化调整。

（3）业主按实际总造价的3%扣留工程质量保证金，其余工程款在收到承包商结清支付申请后14d内支付。

承包商每月实际完成并经签证确认的分项工程项目工程量如表6-4所示。

表6-4　　每月实际完成工程量表　　单位：m^3

分项工程	月份				
	1	2	3	4	累计
甲	500	800	800	600	2700
乙	700	900	800	300	2700

施工期间，第2月发生现场签证费用2.6万元；专业工程分包在第3月进行，实际费用为21万元。

问题：

1. 该工程不含税、含税签约合同价分别为多少万元？开工前业主应支付给承包商的材料预付款和安全文明施工费预付款分别为多少万元？

2. 施工期间，每月承包商已完工程款为多少万元？每月业主应向承包商支付工程款为多少万元？到每月底累计支付工程款为多少万元？

3. 分项工程项目、单价和总价措施项目费用调整额为多少万元？实际工程含税总造价为多少万元？

4. 工程质量保证金为多少万元？竣工结算最终付款为多少万元？

分析要点：

本案例是根据工程量清单计价模式进行工程价款结算与支付的案例。在分析计算过程中应注意的问题如下：

1. 基本计算方法

工程量清单计价模式的工程价款基本计算方法可用如下公式表达：

工程价款＝∑计价项目费用×(1+规费率)×(1+税率)

其中：计价项目费用应包括：分部分项工程项目费用、措施项目费用和其他项目费用。

分部分项工程项目费用计算方法为：首先，确定每个分部分项工程量清单项目（子目）的工程量和综合单价。其次，以工程量和综合单价的乘积作为每个分部分项工程量清单项目（子目）的费用，最后，汇总形成分部分项工程项目费用合计。

措施项目分为单价措施项目和总价措施项目。单价措施项目，是指可以计算工程量的措施项目（如：模板、脚手架、平台等搭设项目、基坑降排水、大型施工设备进出场及安拆、垂直运输等）单价措施项目费用的计算与分部分项工程项目计价方式相同，即：首先计算工程量和确定综合单价，然后以量价相乘的结果作为相应费用。总价措施项目，包括安全文明施工、夜间施工、冬雨期施工、二次搬运、已完工程及设备保护等，是不能计算工程量的措施项目。总价措施项目费用，应按规定的取费基数乘以取费系数计算。

其他项目费用，包括：暂列金额、暂估价、计日工、总承包服务费等，应按下列规定计价：①暂列金额应根据工程特点，按有关计价规定估算；②暂估价中的材料单价应根据工程造价信息或参考市场价格估算；暂估价中专业工程金额应分不同专业，按有关计价规定估算；③计日工应根据工程特点和实际情况及有关计价依据计算；④总承包服务费应根据招标人列出的内容和要求估算。

规费和增值税应按有关规定计算，不得作为竞争性费用。

2. 应注意的问题

（1）分部分项工程项目、单价措施项目的工程量计算，应执行相应的专业工程工程量计算规范的计算规则。

（2）综合单价，包括人工费、材料费、机械使用费、管理费、利润，并考虑一定的风险。

（3）材料预付款与安全文明施工费预付款不同。前者属于预支，需要在后期承包商应得工程款中扣除，后者属于工程款提前支付，不需要在后期承包商应得工程款中扣除。

（4）竣工结算最终支付金额是实际工程总造价扣除已支付的预付款、进度款和质量保证金后的剩余部分工程款。

答案：

问题 1：

解：

（1）不含税、含税签约合同价：

1）不含税签约合同价＝∑计价项目费用×(1+规费率)＝∑(分部分项工程项目费用+措施项目费用+其他项目费用)×(1+规费率)

＝[(2300×580+3200×560)/10000+50+66+54+10+20×(1+5%)]×(1+6%)

＝[362.6+66+54+10+20×(1+5%)]×(1+6%)＝544.416（万元）

2）含税签约合同价＝不含税签约合同价×(1+税率)

＝544.416×(1+9%)＝593.413（万元）

（2）材料预付款＝∑(分项工程项目工程量×综合单价)×(1+规费率)×(1+税率)×预付率

＝362.6×(1+6%)×(1+9%)×20%＝83.790(万元)

（3）安全文明施工费预付款＝相应费用额×(1+规费率)×(1+税率)×预付率×90%

＝18×(1+6%)×(1+9%)×70%×90%＝13.102（万元）

问题 2：

解：每月承包商已完工程款

＝∑(分项工程项目费用+单价措施项目费用+总价措施项目费用+其他项目费用)×(1+规费率)×(1+税率)

第 1 月

（1）承包商已完工程款

＝[(500×580+700×560)/10000+(50+66)/4]×(1+6%)×(1+9%)＝112.305（万元）

（2）业主应支付工程款＝112.305×90%＝101.075（万元）

（3）累计已支付工程款＝13.102+101.075＝114.177（万元）

第 2 月

（1）承包商已完工程款

=[（800×580+900×560）/10000+（50+66）/4+（54−18×70%）/2+2.6）]×（1+6%）×（1+9%）= 172.270（万元）

（2）业主应支付工程款 = 172.270×90% = 155.043（万元）

（3）累计已支付工程款 = 114.177+155.043 = 269.22（万元）

第 3 月

（1）承包商已完工程款

=[（800×580+800×560）/10000+（50+66）/4+（54−18×70%）/2+21×（1+5%）]×（1+6%）×（1+9%）= 188.272（万元）

（2）业主应支付工程款 = 188.272×90%−83.790/2 = 127.55（万元）

（3）累计已支付工程款 = 269.22+127.55 = 396.77（万元）

第 4 月

（1）分项工程综合单价调整

甲分项工程累计完成工程量的增加数量超过清单工程量的 15%，超过部分工程量：2700−2300×（1+15%）= 55（m^3），其综合单价调整为：580×0.9 = 522（元/m^3）。

乙分项工程累计完成工程量的减少数量超过清单工程量的 15%，其全部工程量的综合单价调整为：560×1.08 = 604.8（元/m^3）。

（2）承包商已完工程款

={[（600−55）×580+55×522+2700×604.8−（700+900+800）×560]/10000+（50+66）/4}×（1+6%）×（1+9%）= 106.732（万元）

（3）业主应支付工程款 = 106.732×90%−83.790/2 = 54.164（万元）

（4）累计已支付工程款 = 396.77+54.164 = 450.934（万元）

问题 3：

解：

（1）分项工程项目费用调整

甲分项工程费用增加 =（2300×15%×580+55×522）/10000 = 22.881（万元）

乙分项工程费用减少 =（2700×604.8−3200×560）/10000 = −15.904（万元）

小计：22.881−15.904 = 6.977（万元）

（2）单价措施项目费用调整

甲分项工程模板及支撑费用增加 = 12×（2700−2300）/2300 = 2.087（万元）

乙分项工程模板及支撑费用减少 = 13×（2700−3200）/3200 = −2.031（万元）

小计：2.087−2.031 = 0.056（万元）

（3）总价措施项目费用调整

$(6.977+0.056)\times2\%+6.977\times0.5\%=0.176$（万元）

（4）实际工程总造价

$=[(362.6+6.977)+(66+0.056)+(54+0.176)+2.6+21\times(1+5\%)]\times(1+6\%)\times(1+9\%)=594.406$（万元）

问题 4：

解：

（1）工程质量保证金 $=594.406\times3\%=17.832$（万元）

（2）竣工结算最终支付工程款 $=594.406-83.790-17.832-450.934=41.85$（万元）

【案例五】

背景：

某工程项目业主通过工程量清单招标确定某承包商为中标人。双方签订的发承包合同包括的分项工程清单项目及其工程量和投标综合单价以及所需劳动量（68 元/综合工日）如表 6-5 所示。工期为 5 个月。

表 6-5　　分项工程计价数据表

数据名称	分项工程										
	A	B	C	D	E	F	G	H	I	J	K	合计
清单工程量（m^2）	150	180	300	180	240	135	225	200	225	180	360	—
综合单价（元/m^2）	180	160	150	240	200	220	200	240	160	170	200	—
分项工程项目费用（万元）	2.70	2.88	4.50	4.32	4.80	2.97	4.50	4.80	3.60	3.06	7.20	45.33
劳动量（综合工日）	80	180	200	210	240	210	180	120	280	150	150	2000

有关合同价款及支付约定的部分内容如下：

（1）采用单价合同。分项工程项目的管理费均按人工、材料、机械费之和的 12%计算，利润与风险均按人工、材料、机械费和管理费之和的 7%计算；暂列金额为 5.7 万元；规费费率和增值税税率合计为 16%（以不含规费、税金的人工、材料、机械费、管理费和利润为基数）。

（2）措施项目费为 8 万元（其中含安全文明施工费 3 万元），开工前支付 50%，其余部分在工期内前 4 个月与进度款同时平均拨付。

（3）材料价差调整约定：实际采购价与承包商的投标报价（两种价均不含税）相比，增加幅度在5%以内时不予调整，超过5%以上的部分按实际采购价调整；实际采购价与业主给定的招标暂估价不同时，按实际采购价调整。

（4）当每项分项工程的工程量增加（或减少）幅度超过清单工程量的15%时，调整综合单价，调整系数为0.9（或1.1）。

（5）工程材料预付款为合同价（扣除暂列金额）的20%，在开工前拨付，在第3、4月均匀扣回。

（6）第1至4月末，对实际完成工程内容进行计量和计价，发包人按经双方确认的每次工程款的90%拨付。

（7）第5月末办理竣工结算，扣留工程实际总造价的3%作为工程质量保证金，其余工程款于竣工验收后30d内结清。

（8）因该工程急于投入使用，合同工期不得拖延。如果出现因业主方的工程量增加或其他原因导致关键线路上的工作持续时间延长，承包商应在相应分项工程上采取赶工措施，业主方给予承包商赶工补偿1000元/d（含税费），如因承包商原因造成工期拖延，每拖延工期1d罚款1500元（含税费）。

（9）其他未尽事宜，按《计价规范》等相关文件规定执行。

在工程开工之前，承包商提交了施工进度计划，见表6-6，并得到监理人的批准。

表6-6 施工进度计划表

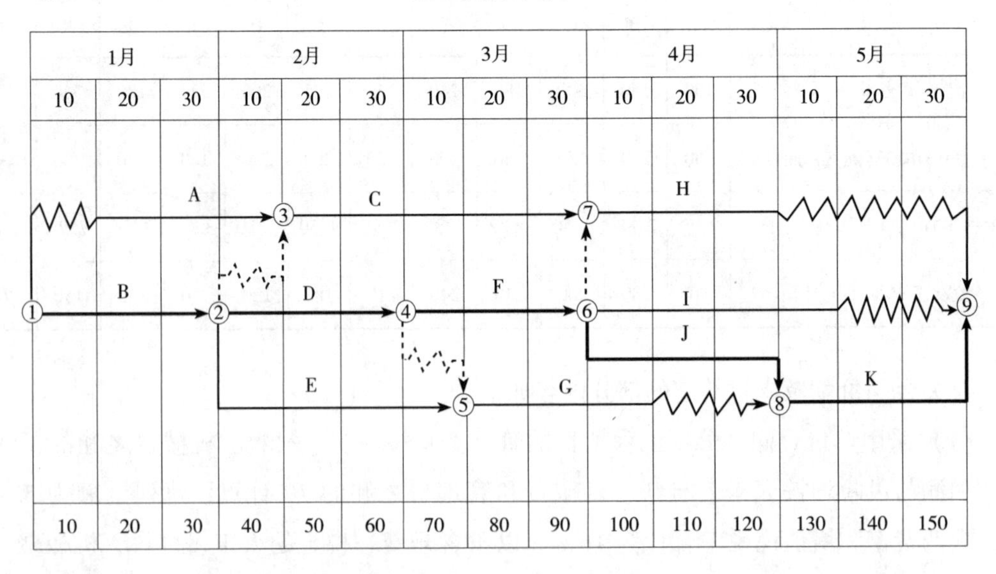

在施工过程中，于每月末检查核实的进度如表6-7中的实际进度前锋线所示。最后该工程在5月末如期竣工。

表 6-7　　　　施工实际进度检查记录表

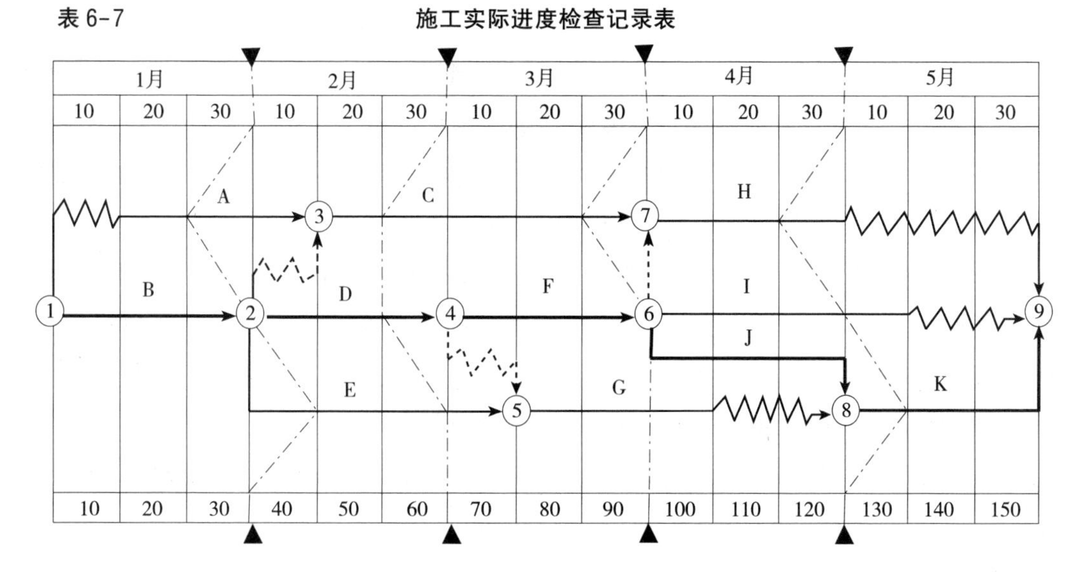

根据经核实的有关记录，有如下几项事件应该在工程进度款或结算款中予以考虑：

（1）第 2 月现场签证的计日工费用 2.8 万元，其作业对工期无影响。

（2）分项工程 F 的主要材料量 $140m^2$，投标报价 70 元/m^2，实际采购价 85 元/m^2；分项工程 H 的主要材料量 $205m^2$，招标暂估价 60 元/m^2，实际采购价 65 元/m^2。

（3）分项工程 J 的实际工程量比清单工程量增加 $60m^2$。

（4）从第 4 月起，当地造价主管部门规定，人工综合工日单价上调为 98 元/工日。

问题：

1. 该工程签约合同价为多少万元？开工前业主应拨付给承包商的工程材料预付款和措施项目工程款分别为多少万元？

2. 前 4 个月每月承包商已完工程款为多少万元？业主应支付给承包商的工程款为多少万元？

3. 第 5 月末办理竣工结算，工程实际总造价为多少万元？扣除工程质量保证金后的结算款为多少万元？

分析要点：

本案例是将工程量清单计价模式与施工时标网络进度计划相结合进行逐月结算工程价款的案例。除了要掌握与案例五基本相同的计算方法之外，还须注意如下几个问题：

（1）利用时标网络进度计划中标注的实际进度前锋线分析进度是否正常。

（2）利用时标网络进度计划中标注的实际进度前锋线对每月已完工程进行计量，并确定其工程价款。

（3）暂列金额是招标人在工程量清单中暂定并包括在合同价款中的一笔款项。其用途是对于施工合同签订时尚未确定或者事先难以预见的所需材料、设备、服务的采购，施工中可能发生的工程变更、合同约定调整因素出现时的工程价款调整及发生的索赔、现场签证等的费用。该费用在工程实施过程中或结算时，按实结算。

（4）材料价格上涨风险承担原则是，承包商投标自报材料价格，购买价上涨风险，承包商有限承担，即：承包商在投标时对材料的报价的风险，其幅度在±5%以内的应由承包商承担，超过±5%以上的部分应由业主承担；业主规定招标暂估价的材料购买价格上涨风险，由业主完全承担，即：按实际购买价格结算。

（5）根据当地造价主管部门规定的人工工资标准上涨，应该调整工程价款。

（6）分项工程 J 实际工程量增加，而且该分项工程位于关键线路上，业主应给予承包商赶工补偿，赶工补偿的金额为：工期顺延天数×每天补偿标准。

（7）工期补偿或罚款应在工程竣工时与工程款同期结算。

（8）本案例的工程价款计算可用如下公式表达：

工程价款＝∑计价项目费用×（1+规税率）

规税率为规费费率和增值税税率合计（以不含规费、税金的人工、材料、机械费、管理费和利润为基数）。

（9）本案例中，人材机费、管理费和利润均不含税。

答案：

问题 1：

解：

（1）签约合同价：(分项工程费用+措施项目费用+暂列金额)×(1+规税率)

＝(45. 33+8+5. 7)×(1+16%)＝68. 475（万元）

（2）材料预付款：［签约合同价−暂列金额×（1+规税率）］×20%

＝［68. 475−5. 7×（1+16%）］×20%＝12. 373（万元）

（3）措施项目预付款：措施项目费×(1+规税率)×预付率×90%

＝8×(1+16%)×50%×90%＝4. 176（万元）

问题 2：

解：

（1）1 月份

已完工程款：(2. 7/3+2. 88+4. 8/4+1)×(1+16%)＝6. 937（万元）

应拨付工程款：6. 937×90%＝6. 243（万元）

（2）2 月份

已完工程款：(2. 7×2/3+4. 5/5+4. 32×2/3+4. 8/2+1+2. 8)×(1+16%)= 13. 665（万元）

应拨付工程款：13. 665×90% = 12. 299（万元）

（3）3 月份

原合同工程款：(4. 5×3/5+4. 32/3+4. 8/4+2. 97+4. 5×2/3+1)×

(1+16%)= 14. 280（万元）

分项工程 F 主材价款调整：140×［85−70×（1+5%）］×（1+12%）×（1+7%）×

（1+16%）/10000 = 0. 224（万元）

已完工程款：14. 280+0. 224 = 14. 504（万元）

应扣材料预付款：12. 373/2 = 6. 187（万元）

应拨付工程款：14. 504×90%−6. 187 = 6. 867（万元）

（4）4 月份

原合同价款：(4. 5×1/5+4. 5×1/3+4. 8×2/3+3. 6×3/4+3. 06+7. 2×1/3+1)×

(1+16%)= 17. 122（万元）

分项工程 H 主材价款调整：205×2/3×(65−60)×(1+12%)×(1+7%)×

(1+16%)/10000 = 0. 095（万元）

分项工程 J 工程量增加价款调整：[180×15%×170+(60−180×15%)×170×0. 9]×

(1+16%)/10000 = 1. 118（万元）

人工工日单价上调价款调整：[(180×1/3+120×2/3+280×3/4+150+150×1/3)×

(98−68)+150×60/180×98]×(1+12%)×

(1+7%)×(1+16%)/10000 = 2. 975（万元）

已完工程款：17. 122+0. 095+1. 118+2. 975 = 21. 83（万元）

应扣材料预付款：12. 373−6. 187 = 6. 186（万元）

应拨付工程款：21. 83×90%−6. 186 = 13. 461（万元）

问题 3：

解：

（1）5 月份已完工程款

原合同价款：(4. 8×1/3+3. 6×1/4+7. 2×2/3)×(1+16%)= 8. 468（万元）

分项工程 H 主材价款调整：205×1/3×(65−60)×(1+12%)×(1+7%)×

(1+16%)/10000 = 0. 047（万元）

人工工日单价上调价款调整：(120×1/3+280×1/4+150×2/3)×(98−68)×

(1+12%)×(1+7%)×(1+16%)/10000 = 0. 876（万元）

已完工程款：8. 468+0. 047+0. 876=9. 391（万元）

（2）赶工补偿：30×60/180×1000/10000=1. 000（万元）

（3）实际总造价：4. 176/90%+6. 937+13. 665+14. 504+20. 837+9. 391+1=70. 974（万元）

（4）工程质量保证金：70. 974×3%=2. 129（万元）

（5）结算款：实际总造价-质保金-材料预付款-措施项目预付款-各月已拨付工程款

=70. 974-2. 129-12. 373-4. 176-(6. 243+12. 299+6. 867+13. 461)= 15. 214（万元）

【案例六】

背景：

某工程项目由 A、B、C、D 四个分项工程组成，采用工程量清单招标确定中标人，合同工期 5 个月。承包费用部分数据见表 6-8。

表 6-8　承包费用部分数据表

分项工程与费用项目	计量单位	数量	综合单价
A	m^3	5000	50 元/m^3
B	m^3	750	400 元/m^3
C	t	100	5000 元/t
D	m^2	1500	350 元/ m^2
措施项目费用	元	100000	
其中：总价措施项目费用	元	60000	
单价措施项目费用	元	40000	
暂列金额	元	120000	

合同中有关工程款支付条款如下：

1. 开工前发包方向承包方支付合同价（扣除措施项目费用和暂列金额）的 15%作为材料预付款。预付款从工程开工后的第 2 个月开始分 3 个月均摊抵扣。

2. 工程进度款按月结算，发包方按每次承包方应得工程款的 90%支付。

3. 总价措施项目工程款在开工前与材料预付款同期支付；单价措施项目在开工后前 4 个月平均支付。

4. 分项工程累计实际工程量增加（或减少）超过计划工程量的15%时，其综合单价调整系数为0.95（或1.05）。

5. 承包商报价管理费率取10%（以人工费、材料费、机械费之和为基数），利润率取7%（以人工费、材料费、机械费和管理费之和为基数）。

6. 规费费率和增值税税率合计（简称规税率）为16%（以不含规费、税金的人工、材料、机械费、管理费和利润为基数）。

7. 竣工结算时，业主按总造价的3%扣留工程质量保证金。

各月计划和实际完成工程量见表6-9。

表6-9　各月计划和实现完成工程量

分项工程名称	进度	月度				
		第1月	第2月	第3月	第4月	第5月
A(m^3)	计划	2500	2500			
	实际	2800	2500			
B(m^3)	计划		375	375		
	实际		430	450		
C(t)	计划			50	50	
	实际			50	60	
D(m^2)	计划				750	750
	实际				750	750

施工过程中，4月份发生了如下事件：

1. 业主确认某临时工程需人工50工日，综合单价90元/工日；某种材料120m^2，综合单价100元/m^2；

2. 由于设计变更，经业主确认的人工费、材料费、机械费共计30000元。

问题：

1. 工程签约合同价为多少元？

2. 开工前业主应拨付的材料预付款和总价措施项目工程款为多少元？

3. 1~4月业主应拨付的工程进度款分别为多少元？

4. 填写第4月的“进度款支付申请（核准）表”。

5. 5月份办理竣工结算，工程实际总造价和竣工结算款分别为多少元？

分析要点：

本案例主要考核：

1. 工程签约合同价的确定

工程签约合同价=∑计价项目费用×(1+规税率)

其中：计价项目费用应包括：分部分项工程项目费用、措施项目费用和其他项目费用。

分部分项工程项目费用=∑分部分项工程量×综合单价

措施项目费用=总价措施项目费用+单价措施项目费用

其他项目费用：本案例中只含暂列金额。

2. 计算材料预付款、总价措施项目工程款

材料预付款=∑分部分项工程项目费用×（1+规税率）×预付比例

提前支付的总价措施项目费用也要乘以支付比例 90%。因为提前支付的措施项目费用，与材料预付款不同，属于合同价款的一部分。

3. 承包商各月工程进度款的计算

承包商各月工程进度款是指承包商当月完成的全部工程款，包括：分项工程价款、措施项目价款、专业工程价款、计日工（临时工程）价款、变更价款、索赔价款、工程价款调整、赶工措施费用等。

4. 填写“进度款支付申请（核准）表”

截至 3 月末累计已完成的工程价款=1～3 月完成的分项工程价款和措施项目价款

截至 3 月末累计已实际支付的合同价款=1～3 月实际支付的工程款+实际支付的措施费+预付款

5. 实际总造价和竣工结算款的计算

实际总造价=签约合同价+签约合同价调整额

或实际总造价=∑承包商各阶段完成的工程款

竣工结算款=实际总造价×(1−质保金比例)−(已支付预付款和工程进度款)

答案：

问题 1：

解：

（1）分项工程费用：5000×50+750×400+100×5000+1500×350=1575000（元）

（2）签约合同价：(1575000+100000+120000)×(1+16%)

=2082200（元）

问题 2：

解：

（1）应拨付材料预付款：1575000×(1+16%)×15%= 274050（元）

（2）应拨付措施项目工程款：60000×(1+16%)×90%= 62640（元）

问题 3：

解：

（1）第 1 月

承包商完成工程款：(2800×50+10000)×(1+16%)= 174000（元）

业主应拨付工程款：174000×90%=156600（元）

（2）第 2 月

A 分项工程累计完成工程量：2800+2500=5300（m^3）

超过计划完成工程量百分比：(5300-5000)÷5000=6%<15%

承包商完成工程款：

(2500×50+430×400+10000)×(1+16%)= 356120（元）

业主应拨付工程款：356120×90%-274050÷3= 229158（元）

（3）第 3 月

B 分项工程累计完成工程量：430+450=880m^3

超过计划完成工程量百分比：(880-750)/750=17.33%>15%

超过 15%以上部分工程量：880-750×(1+15%)= 17.5(m^3)

超过 15%以上部分工程量的结算综合单价：400 元/m^3×0.95=380（元/m^3）

B 分项工程款：[17.5×380+(450-17.5)×400]×(1+16%)= 208394（元）

C 分项工程款：50×5000×(1+16%)= 290000（元）

单价措施项目工程款：10000×(1+16%)= 11600（元）

承包商完成工程款：208394+290000+11600=509994（元）

业主应拨付工程款：509994×90%-274050/3=367645（元）

（4）第 4 月

C 分项工程累计完成工程量：50+60=110（t）

超过计划完成工程量百分比：(110-100)÷100=10%<15%

分项工程款：(60×5000+750×350)×(1+16%)= 652500（元）

单价措施项目工程款：11600 元

计日工工程款：(50×90+120×100)×(1+16%)= 19140（元）

设计变更工程款：30000×(1+10%)×(1+7%)×(1+16%)= 40960（元）

承包商完成工程款：652500+11600+19140+40960=724200（元）

业主应拨付工程款：724200×90%−274050÷3=560430（元）

问题 4：

解：

第 4 月的“进度款支付申请（核准）表”，见表 6-10。

表6-10　　　　**进度款支付申请（核准）表**

工程名称：×××　　　　标段：×××　　　　编号：×××

致：×××（发包人全称）

我方于4 月 1 日至4 月 30 日期间已完成了分项工程 C（工程量 60t）、分项工程 D（工程量 $750m^2$）和单价措施项目（工程款 11600 元）、计日工（工程款 19140 元）等工作，根据施工合同的约定，现申请支付本月的工程价款为（大写）伍拾陆万零肆佰叁拾元，（小写）560430元整，请予核准。

序号	名称	实际金额（元）	申请金额（元）	复核金额（元）	备注
1	截至 3 月末累计已完成的合同价款	1109714			包括措施工程款
2	截至 3 月末累计已实际支付的合同价款	1090093			包括材料预付款
3	4 月合计完成的合同价款	724200			
3.1	4 月已完分项和单价措施项目的金额	664100			
3.2	4 月应支付的总价措施项目金额	0			
3.3	4 月已完成的计日工价款	19140			
3.4	4 月应支付的安全文明施工费	0			
3.5	4 月增加的设计变更工程价款	40960			
4	4 月合计应扣减的金额	163770			
4.1	4 月应抵扣材料预付款	91350			
4.2	4 月应扣留工程价款	72420			10%工程款
5	4 月应支付的合同价款	560430	560430		90%工程款

附：上述 3、4 详见附件清单。

承包人（章）

造价人员 ×××　　承包人代表 ×××　　日　期 ×××

续表

<table>
<tr><td>复核意见：

□与实际施工情况不相符，修改意见见附件。
□与实际施工情况相符，具体金额由造价工程师复核。

监理工程师＿＿＿＿＿
日　　期＿＿＿＿＿</td><td>复核意见：
你方提出的支付申请经复核，本月已完成合同款额为（大写）＿＿＿＿＿元，（小写）＿＿＿＿元，本月应支付金额为（大写）＿＿＿＿＿元，（小写）＿＿＿＿元。
造价工程师＿＿＿＿＿
日　　期＿＿＿＿＿</td></tr>
<tr><td colspan="2">审核意见：
□不同意。
□同意，支付时间为本表签发后的 15 天内。

发包人（章）
发包人代表＿＿＿＿＿
日　　期＿＿＿＿＿</td></tr>
</table>

注：1. 在选择栏中的"□"内作标识"√"。

2. 本表一式四份，由承包人填报，发包人、监理人、造价咨询人、承包人各存一份。

问题 5：

解：

（1）第 5 月承包商完成工程款：

350×750×(1+16%)＝304500（元）

（2）工程实际总造价：

62640/90%+174000+356120+509994+724200+304500＝2138414（元）

（3）竣工结算款：

2138414×(1−3%)−(274050+62640+156600+229158+367645+560430)

＝423739（元）

【案例七】

背景：

某承包商于 2022 年 6 月与某业主签订了某工程施工合同。合同约定，不含税造价为 510 万元，增值税（销项税）税率按 9%计取。施工期间发生的合同内工程费用支出及票据情况见表 6-11。

表6-11　　合同内工程费用支出及票据情况汇总表　　金额单位：万元

序号	费用支出项目	不含税金额	计税方法	票据类型	税率（%）	进项税额
1	购买材料A	52.00	简易	专票	3	
2	购买材料B	38.00	一般	专票	13	
3	购买材料C	26.00	一般	普票	3	
4	购买材料D	8.00	一般	专票	13	1.04
5	专业分包	48.00	一般	专票	9	4.32
6	劳务分包	96.00	简易	专票	3/5	4.14
7	机械租赁1	18.00	简易	专票	3	0.54
8	机械租赁2	10.00	一般	专票	13	1.30
9	管理费用1	12.00	一般	普票	3/6	0.48
10	管理费用2	24.00	一般	专票	6/13	3.42
11	规费	32.00	免税	收据	—	0.00
12	其他支出	86.00	简易/一般	普票	3/6	2.10
				专票	3/6/9/13	4.80
	合计	450.00				

注：（1）购买材料D是承包商非正常损失引起的；（2）规费包括按政策规定必须缴纳的社会保险费和住房公积金等。

施工期间还增加了经业主确认的合同外工程内容（签订了补充协议），含税造价40万元，实际费用支出（不含税）30万元，进项税额2.6万元（其中：普通发票0.9万元，专用发票1.7万元）。

问题：

1. 合同内工程应计增值税额为多少万元？含税总造价为多少万元？

2. 汇总表中前3项进项税额分别为多少万元？对于合同内工程，根据实际发生情况，可用于抵扣销项税额的进项税额为多少万元？不可用于抵扣销项税额的进项税额为多少万元？进项税额合计为多少万元？

3. 合同外工程销项税额为多少万元？

4. 承包商总计应向税务部门缴纳增值税额为多少万元？

5. 承包商的总成本（不含税金）为多少万元？含税总产值与不含税总产值分别为多少万元？净利润为多少万元？成本利润率和不含税产值利润率分别为多少（%）？

分析要点：

要正确掌握增值税知识及其管理方法，需搞清楚如下几个问题：

1. 纳税人身份。分为一般纳税人和小规模纳税人。一般纳税人标准为年应征增值税销售额500万元以上，小规模纳税人标准为年应征增值税销售额500万元及以下。

2. 计税方法。分为简易计税方法和一般计税方法。

在建筑业，下列情况应采取简易计税方法：

（1）小规模纳税人。

（2）一般纳税人实行清包工（工程材料全部由甲方提供，或主要材料由甲方提供，乙方仅自购辅助材料）的劳务分包工程。

（3）一般纳税人为老项目（合同注明在2016年4月30日以前开工）提供建筑服务的工程。

（4）一般纳税人销售自产的部分地坪材料等（需查阅相关规定）。

除上述几种情况外，应采取一般计税方法计算增值税。

3. 免征增值税政策。国家对于销售利用工业废渣、废料自产的某些材料（货物）实行免征增值税政策（需查阅相关规定）。

4. 增值税征收税率。根据纳税人身份、计税方法和应征收税额项目不同，采取不同的增值税税率或征收率。对于建筑施工承包服务来讲，采取简易计税方法增值税征收税率大多为3%（也有5%的情况），采取一般计税方法增值税税率一般为9%。对于现行五险一金，政策规定必须缴纳的部分免征增值税；管理费根据不同进项内容，增值税税率不同。

5. 增值税发票。分为专用发票和普通发票。对于税务政策规定，能够用于抵扣销项税额的进项费用支出，宜尽量索要专用发票；不能抵扣销项税额的进项费用支出，可以索要普通发票。进项费用支出取得增值税专用发票，并在开具之日起规定时间内（360d）认证后，可以抵扣销项税额。对于有些进项费用支出，虽取得增值税专用发票，但税务政策规定也不可用于抵扣销项税额（如：因非正常损失引起的材料购买等。如果非正常损失的责任方是承包商的话，业主方是不会额外追加工程款的）。

6. 增值税应缴纳税额计算

（1）简易计税方法

应缴纳税额=不含税销售额×税率。

（2）一般计税方法

1）无可抵扣进项税额时，应纳税额=不含税销售额×税率。

2）有可抵扣进项税额时，应纳税额＝销项税额－进项税额＝不含税销售额×税率－可抵扣进项费用×税率－可抵扣设备投资×税率＝含税销售额×税率/（1+税率）－可抵扣进项费用×税率－可抵扣设备投资×税率。

7. 总成本

价格（价值）原理的基本表达式为：价格（价值）＝成本+利润+税金。这三部分是相互独立的。但是，从实施“营改增”之后，财务会计领域都是把普票进项税额和不可抵扣专票进项税额合并到成本之中。本案例遵从了这一做法。

答案：

问题 1：

解：

应计增值税：不含税造价×税率＝510×9%＝45.90（万元）

含税总造价：不含税造价+应计增值税＝510+45.9＝555.90（万元）

问题 2：

解：

（1）表中前 3 项进项税额：进项税额＝不含税费用×税率

材料 A：52×3%＝1.56（万元）

材料 B：38×13%＝4.94（万元）

材料 C：26×3%＝0.78（万元）

（2）可抵扣进项税额：可抵扣专票进项税额之和

1.56+4.94+4.32+4.14+0.54+1.3+3.42+4.8＝25.02（万元）

（3）不可抵扣进项税额：普票进项税额与不可抵扣专票进项税额之和

0.78+1.04+0.48+2.1＝4.40（万元）

（4）进项税额合计：可抵扣进项税额与不可抵扣进项税额之和

25.02+4.40＝29.42（万元）

问题 3：

解：合同外工程销项税额：含税造价×税率/（1+税率）

40×9%/(1+9%)＝3.30（万元）

问题 4：

解：应缴纳增值税额：总销项税额－总可抵扣进项税额

(45.9+3.30)－(25.02+1.7)＝22.48（万元）

问题 5：

解：

（1）总成本：不含税费用支出与普票及不可抵扣专票进项税额之和

(450+4. 40)+(30+0. 9)= 485. 30（万元）

（2）含税总产值：合同内外工程含税造价之和

555. 90+40=595. 90（万元）

（3）不含税总产值：合同内外工程不含税造价之和

510+40/(1+9%)= 546. 70（万元）

（4）净利润：不含税总产值-总成本

546. 70-485. 30=61. 40（万元）

（5）成本利润率：净利润/总成本费用×100%

61. 40/485. 30×100%=12. 65%

（6）不含税产值利润率：净利润/不含税总产值×100%

61. 40/546. 70×100%=11. 23%

【案例八】

背景：

某工程计划进度与实际进度如表 6-12 所示。表中粗实线表示计划进度（进度线上方的数据为每周计划投资），粗虚线表示实际进度（进度线上方的数据为每周实际投资），假定各分项工程每周计划进度与实际进度均为匀速进度，而且各分项工程实际完成总工程量与计划完成总工程量相等。

表 6-12　　某工程计划进度与实际进度表　　资金单位：万元

分项工程	进度计划（周）											
	1	2	3	4	5	6	7	8	9	10	11	12
A	5	5	5									
	5	5	5									
B		4	4	4	4	4						
			4	4	4	3	3					
C				9	9	9	9					
						9	8	7	7			
D						5	5	5	5			
							4	4	4	5	5	
E								3	3	3		
										3	3	3

问题：

1. 计算每周投资数据，并将结果填入表 6-13。

表 6-13　　投资数据表　　资金单位：万元

项目	时间（周）											
	1	2	3	4	5	6	7	8	9	10	11	12
每周拟完工程计划投资												
拟完工程计划投资累计												
每周已完工程实际投资												
已完工程实际投资累计												
每周已完工程计划投资												
已完工程计划投资累计												

2. 绘制该工程三种投资曲线，即：①拟完工程计划投资曲线；②已完工程实际投资曲线；③已完工程计划投资曲线。

3. 分析第 6 周末和第 10 周末的投资偏差和进度偏差。

分析要点：

该案例主要考核三条投资曲线（即：拟完工程计划投资、已完工程实际投资、已完工程计划投资）的概念；利用横道进度计划及相应的资金使用计划进行投资数据统计的方法；根据工程进度与资金使用计划的关系绘制投资曲线的方法，以及投资偏差、进度偏差的分析与计算方法。

答案：

问题 1：

解：计算数据见表 6-14。

表 6-14　　投资数据表　　资金单位：万元

项目	时间（周）											
	1	2	3	4	5	6	7	8	9	10	11	12
每周拟完工程计划投资	5	9	9	13	13	18	14	8	8	3		
拟完工程计划投资累计	5	14	23	36	49	67	81	89	97	100		
每周已完工程实际投资	5	5	9	4	4	12	15	11	11	8	8	3

续表

项目	时间（周）											
	1	2	3	4	5	6	7	8	9	10	11	12
已完工程实际投资累计	5	10	19	23	27	39	54	65	76	84	92	95
每周已完工程计划投资	5	5	9	4	4	13	17	13	13	7	7	3
已完工程计划投资累计	5	10	19	23	27	40	57	70	83	90	97	100

问题 2：

解：根据表 6-14 中数据绘制出投资曲线图如图 6-1 所示，图中：①拟完工程计划投资曲线；②已完工程实际投资曲线；③已完工程计划投资曲线。

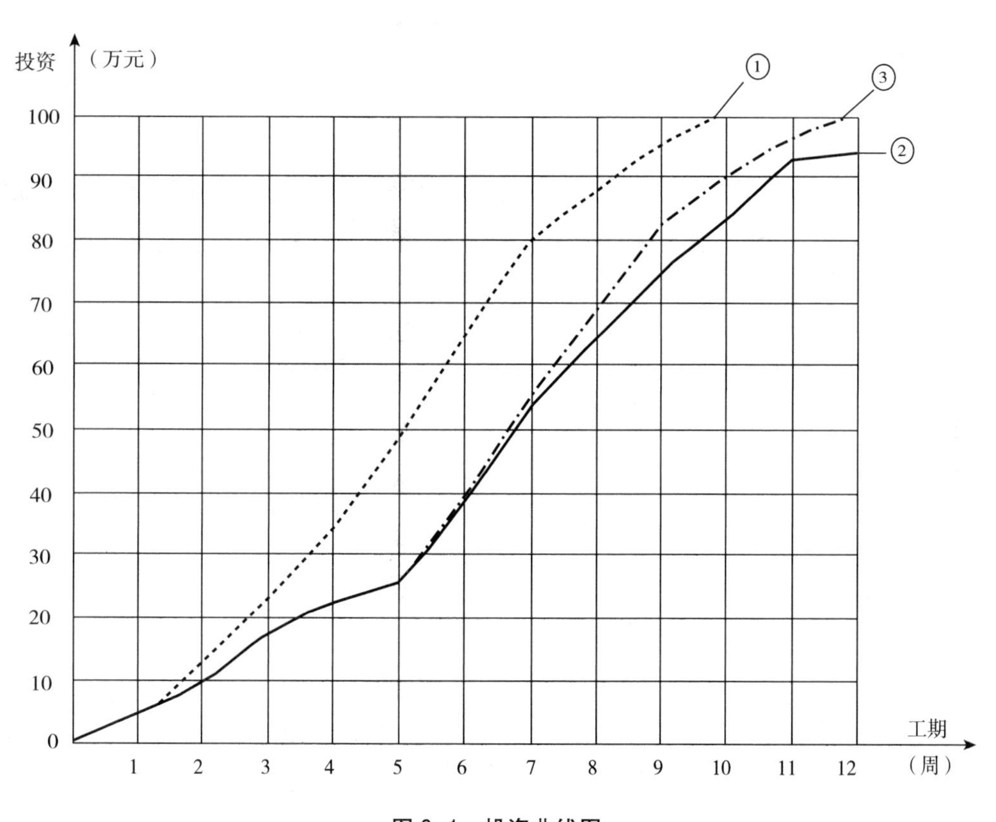

图 6-1　投资曲线图

问题 3：

解：

（1）第 6 周末投资偏差与进度偏差：

投资偏差 = 已完工程计划投资 - 已完工程实际投资

= 40-39 = 1（万元），即：投资节约 1 万元。

进度偏差=已完工程计划时间-已完工程实际时间

$$=\left(4+\frac{40-36}{49-36}\right)-6=-1.69\text{（周）}$$，即：进度拖后 1.69 周。

或：进度偏差=已完工程计划投资-拟完工程计划投资

=40-67=-27（万元），即：进度拖后 27 万元。

（2）第 10 周末投资偏差与进度偏差：

投资偏差=90-84=6（万元），即：投资节约 6 万元。

进度偏差= $\left(8+\frac{90-89}{97-89}\right)-10=-1.88$（周），即：进度拖后 1.88 周。

或：进度偏差=90-100=-10（万元），即：进度拖后 10 万元。

【案例九】

背景：

某工程早时标网络进度计划如图 6-2 所示。工程进展到第 5、第 10 和第 15 个月底时，分别检查了工程进度，相应地绘制了三条实际进度前锋线，如图 6-2 中的点划线所示。

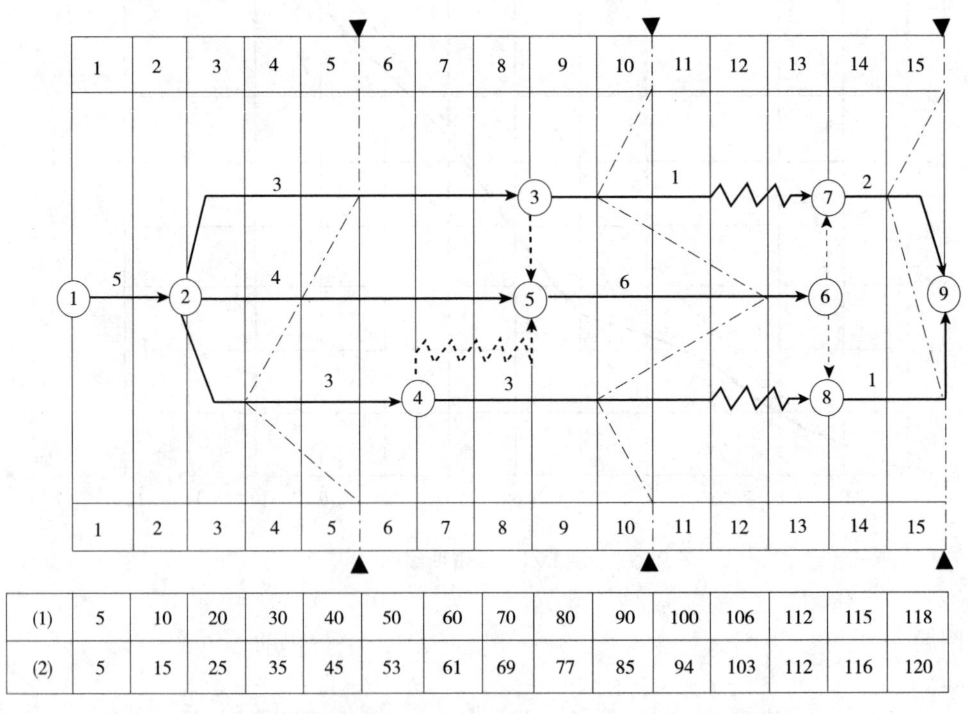

(1)	5	10	20	30	40	50	60	70	80	90	100	106	112	115	118
(2)	5	15	25	35	45	53	61	69	77	85	94	103	112	116	120

图 6-2 某工程时标网络进度计划（单位：月）和投资数据（单位：万元）

注：1. 图中每根箭线上方数值为该项工作每月计划投资；

2. 图下方格内（1）栏数值为该工程计划投资累计值，

（2）栏数值为该工程已完工程实际投资累计值

问题：

1. 计算第 5 和第 10 个月底的已完工程计划投资（累计值）各为多少？

2. 分析第 5 和第 10 个月底的投资偏差。

3. 试用投资概念分析进度偏差。

4. 根据第 5 和第 10 月底实际进度前锋线分析工程进度情况。

5. 第 15 个月底检查时，工作⑦→⑨因为特殊恶劣天气造成工期拖延 1 个月，施工单位损失 3 万元。因此，施工单位提出要求工期延长 1 个月和费用索赔 3 万元。问：造价工程师应批准工期、费用索赔多少？为什么？

分析要点：

本案例要求对工程网络进度计划技术部分的有关内容要达到一定的熟练程度，尤其是对工程的时标网络进度计划和实际进度前锋线，要能够灵活运用；并掌握投资偏差、进度偏差的基本概念和计算，掌握工程索赔的条件、索赔内容及相应的计算。

答案：

问题 1：

答：

第 5 个月底，已完工程计划投资为：20+6+4＝30（万元）

第 10 个月底，已完工程计划投资为：80+6×3＝98（万元）

问题 2：

答：

第 5 个月底，投资偏差＝已完工程计划投资−已完工程实际投资

＝30−45＝−15（万元）　即：投资增加 15 万元；

第 10 个月底，投资偏差＝98−85＝13（万元）　即：投资节约 13 万元。

问题 3：

答：根据投资概念分析进度偏差为：

进度偏差＝已完工程计划投资−拟完工程计划投资

第 5 个月底，进度偏差＝30−40＝−10（万元），即：进度拖延 10 万元；

第 10 个月底，进度偏差＝98−90＝8（万元），即：进度提前 8 万元。

问题 4：

答：

第 5 个月底，工程进度情况为：

②→③工作进度正常；

②→⑤工作拖延1个月，将影响工期1个月，因为是关键工作；

②→④工作拖延2个月，不影响工期，因为有2个月总时差。

从第5个月底的工程进度来看，受②→⑤工作拖延1个月的影响，工期将延长1个月。

第10个月底，工程进度情况为：

③→⑦工作拖延1个月，因为有2个月总时差，不影响工期；

⑤→⑥工作提前2个月，有可能缩短工期2个月，因为是关键工作；

④→⑧工作拖延1个月，但不影响工程进度，因它有2个月的机动时间。

从第10个月底的工程进度来看，受③→⑦工作拖延1个月和⑤→⑥工作提前2个月的共同影响，工期将缩短1个月。

问题5：

答：

造价工程师应批准延长工期1个月；费用索赔不应批准。

因为，特殊恶劣的气候条件应按不可抗力处理，造成的工期拖延，可以要求顺延；但不能要求赔偿经济损失。

【案例十】

背景：

某工程项目包括A、B、C、D、E、F等6项分项工程。该工程采用单价合同，工期为8个月。项目计划部门编制的时标网络进度计划见表6-15，各分项工程的总工程量和计划单价、计划作业起止时间见表6-16中（1）（2）（3）栏。

表6-15　　某施工项目进度计划表　　单位：月

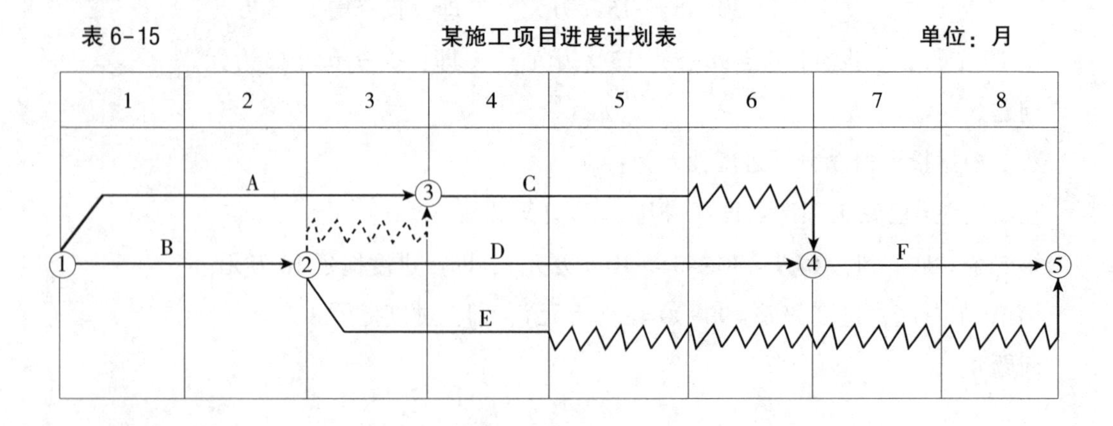

各分项工程实际作业起止时间见表6-16中（4）栏。

表 6-16　　各分项工程计划和实际工程量、价格、作业时间表

序号	数据名称	分项工程					
		A	B	C	D	E	F
(1)	总工程量（m^3）	600	680	800	1200	760	400
(2)	计划单价（元/m^3）	1200	1000	1000	1100	1200	1000
(3)	计划作业起止时间（月）	1~3	1~2	4~5	3~6	3~4	7~8
(4)	实际作业起止时间（月）	1~3	1~2	5~6	3~6	3~5	7~10

问题：

1. 假定各分项工程的计划进度和实际进度都是匀速的，施工期间 1~10 月各月结算价格调价系数依次为：1.00、1.00、1.05、1.05、1.05、1.08、1.10、1.10、1.05、1.05。试计算各分项工程的每月拟完工程计划投资、已完工程实际投资、已完工程计划投资，并将结果填入表 6-17。

表 6-17　　各分项工程每月投资数据表　　单位：万元

分项工程	数据名称	月份									
		1	2	3	4	5	6	7	8	9	10
A	拟完工程计划投资										
	已完工程实际投资										
	已完工程计划投资										
B	拟完工程计划投资										
	已完工程实际投资										
	已完工程计划投资										
C	拟完工程计划投资										
	已完工程实际投资										
	已完工程计划投资										
D	拟完工程计划投资										
	已完工程实际投资										
	已完工程计划投资										

续表

分项工程	数据名称	月份									
		1	2	3	4	5	6	7	8	9	10
E	拟完工程计划投资										
	已完工程实际投资										
	已完工程计划投资										
F	拟完工程计划投资										
	已完工程实际投资										
	已完工程计划投资										

2. 计算该工程项目每月投资数据，并将结果填入表6-18。

表6-18　　工程项目每月投资数据表　　单位：万元

数据名称	月份									
	1	2	3	4	5	6	7	8	9	10
每月拟完工程计划投资										
拟完工程计划投资累计										
每月已完工程实际投资										
已完工程实际投资累计										
每月已完工程计划投资										
已完工程计划投资累计										

3. 试计算该工程进行到第8个月底的投资偏差和进度偏差。

分析要点：

此案例是利用时标网络进度计划编制投资计划和进行投资偏差分析的案例。首先要求熟练时标网络进度计划的有关知识，然后根据时标网络进度计划和匀速施工的假定条件进行投资分解，确定各单位时间内各分项工程的投资数据、整个工程项目投资数据，进而进行投资偏差分析。此案例的难点在于确定各分项工程每月拟完工程计划投资、已完工程实际投资和已完工程计划投资，其计算公式如下：

拟完工程计划投资=计划工程量×计划单价

已完工程实际投资=实际工程量×实际单价=实际工程量×（计划单价×调价系数）

式中：计划单价应理解为全费用单价（含人才机费用和管理费、利润、规费、税金）；调价系数应理解为施工期间1~10月各月结算价格指数与计划价格指数的比值（或各月结算价格与计划价格的比值）。

已完工程计划投资=实际工程量×计划单价

投资偏差=已完工程计划投资-已完工程实际投资

进度偏差=已完工程计划投资-拟完工程计划投资

需要指出的是：该种理论主要适用于正在进行中的工程项目投资与进度偏差分析。目前相关文献对在分项工程总工程量有变化的情况下，如何计算各分项工程的已完工程计划投资阐述不一致。为了回避该类问题，本案例遵从了各分项工程总工程量不变的前提。

答案：

问题1：

解：计算各分项工程每月投资数据：

计算过程略，结果见表6-19。

表6-19　　各分项工程每月投资数据表　　单位：万元

分项工程	数据名称	月份									
		1	2	3	4	5	6	7	8	9	10
A	拟完工程计划投资	24	24	24							
	已完工程实际投资	24	24	25.2							
	已完工程计划投资	24	24	24							
B	拟完工程计划投资	34	34								
	已完工程实际投资	34	34								
	已完工程计划投资	34	34								
C	拟完工程计划投资				40	40					
	已完工程实际投资					42	43.2				
	已完工程计划投资					40	40				

续表

分项工程	数据名称	月份									
		1	2	3	4	5	6	7	8	9	10
D	拟完工程计划投资			33	33	33	33				
	已完工程实际投资			34. 65	34. 65	34. 65	35. 64				
	已完工程计划投资			33	33	33	33				
E	拟完工程计划投资			45. 6	45. 6						
	已完工程实际投资			31. 92	31. 92	31. 92					
	已完工程计划投资			30. 4	30. 4	30. 4					
F	拟完工程计划投资							20	20		
	已完工程实际投资							11	11	10. 5	10. 5
	已完工程计划投资							10	10	10	10

问题 2：

解：根据表 6-19 统计整个工程项目每月投资数据，见表 6-20。

表 6-20　　工程项目每月投资数据表　　单位：万元

数据名称	月份									
	1	2	3	4	5	6	7	8	9	10
每月拟完工程计划投资	58	58	102. 6	118. 6	73	33	20	20		
拟完工程计划投资累计	58	116	218. 6	337. 2	410. 2	443. 2	463. 2	483. 2		
每月已完工程实际投资	58	58	91. 77	66. 57	108. 57	78. 84	11	11	10. 5	10. 5
已完工程实际投资累计	58	116	207. 77	274. 34	382. 91	461. 75	472. 75	483. 75	494. 25	504. 75
每月已完工程计划投资	58	58	87. 4	63. 4	103. 4	73	10	10	10	10
已完工程计划投资累计	58	116	203. 4	266. 8	370. 2	443. 2	453. 2	463. 2	473. 2	483. 2

问题3：

解：

（1）第8个月底投资偏差：

投资偏差=已完工程计划投资-已完工程实际投资

=463.2-483.75=-20.55（万元），即：投资增加20.55万元。

（2）第8个月底进度偏差：

进度偏差=已完工程计划时间-已完工程实际时间

=7-8=-1（月），即：进度拖后1个月。

或：进度偏差=已完工程计划投资-拟完工程计划投资

=463.2-483.2=-20（万元）　即：进度拖后20万元。

【案例十一】

背景：

某工程项目发包人与承包人签订了施工合同，工期4个月，工作内容包括A、B、C三项分项工程，综合单价分别为360.00元/m^3、320.00元/m^3、200.00元/m^2，规费和增值税为人材机费用、管理费与利润之和的15%，各分项工程每月计划、实际完成工程量和单价措施项目费用见表6-21。

表6-21　　分项工程工程量和单价措施项目费用数据表

分项工程项目		月份				合计
		1	2	3	4	
A分项工程（m^3）	计划工程量	300	400	300	—	1000
	实际工程量	280	400	320	—	1000
B分项工程（m^3）	计划工程量	300	300	300	—	900
	实际工程量	—	340	380	180	900
C分项工程（m^2）	计划工程量	—	450	450	300	1200
	实际工程量	—	400	500	300	1200
单价措施项目费用（万元）		1	2	2	1	6

总价措施项目费用8万元（其中安全文明施工费4.2万元），暂列金额5万元。合同中有关工程价款估算与支付约定如下：

（1）开工前，发包人应向承包人支付合同价款（扣除安全文明施工费和暂列金额）的20%作为工程材料预付款，在第2、3个月的工程价款中平均扣回。

（2）分项工程项目工程款按实际进度逐月支付；单价措施项目工程款按表6-21中的数据逐月支付，不予调整。

（3）总价措施项目中的安全文明施工费工程款与材料预付款同时支付，其余总价措施项目费用在第1、2个月平均支付。

（4）C分项工程所用的某种材料采用动态调值公式法结算，该种材料在C分项工程费用中所占比例为12%，基期价格指数为100。

（5）发包人按每次承包人应得工程款的90%支付。

（6）该工程竣工验收过后30d内进行最终结算。扣留总造价的3%作为工程质量保证金，其余工程款全部结清。

施工期间1~4月，C分项工程所用的动态结算材料价格指数依次为105、110、115、120。

注：分部分项工程项目费用、措施项目费用和其他项目费用均为不含税费用。

问题：

1. 该工程签约合同价为多少万元？开工前业主应支付给承包商的工程材料预付款和安全文明施工费工程款分别为多少万元？

2. 施工到1~4月末分项工程拟完工程计划投资、已完工程实际投资、已完工程计划投资分别为多少万元？投资偏差、进度偏差分别为多少万元？

3. 施工期间每月承包商已完工程价款为多少万元？业主应支付给承包商的工程价款为多少万元？

4. 该工程实际总造价为多少万元？竣工结算款为多少万元？

分析要点：

本案例将投资偏差、进度偏差分析和动态结算等知识点融入工程量清单计价模式下的工程价款逐月结算中。在分析和求解过程中应注意如下几个问题：

（1）求解问题2时，应计算到某一时刻（某月末）的拟完工程计划投资、已完工程实际投资和已完工程计划投资的累计值，通过累计值的差额计算进而分析投资偏差和进度偏差。

（2）求解问题3时，每月承包商已完分项工程价款等于问题2中分项工程已完工程实际投资。在计算已完工程实际投资时，采用动态调值公式对C分项工程所用的某种材料价款进行调整，可调值部分占C分项工程费用的12%，则不调值部分占88%。

（3）该案例工程总造价应等于安全文明施工费工程款与各月已完工程价款之和。

答案：

问题 1：

解：

（1）签约合同价：

$[(1000\times360+900\times320+1200\times200)/10000+6+8+5]\times(1+15\%)=123.97$（万元）

（2）材料预付款：

$[123.97-(4.2+5)\times(1+15\%)]\times20\%=22.678$（万元）

（3）应支付安全文明施工费工程款：

$4.2\times(1+15\%)\times90\%=4.347$（万元）

问题 2：

解：

（1）第 1 个月

1）拟完工程计划投资累计：

$(300\times360+300\times320)/10000\times(1+15\%)=23.46$（万元）

2）已完工程计划投资累计：

$280\times360/10000\times(1+15\%)=11.592$（万元）

3）已完工程实际投资累计：

$280\times360/10000\times(1+15\%)=11.592$（万元）

4）投资偏差：

$11.592-11.592=0$（万元），投资无偏差。

5）进度偏差：

$11.592-23.46=-11.868$（万元），进度拖后 11.868 万元。

（2）第 2 个月

1）拟完工程计划投资累计：

$23.46+(400\times360+300\times320+450\times200)/10000\times(1+15\%)=23.46+37.95=61.41$（万元）

2）已完工程计划投资累计：

$11.592+(400\times360+340\times320+400\times200)/10000\times(1+15\%)$

$=11.592+38.272=49.864$（万元）

3）已完工程实际投资累计：

$11.592+[400\times360+340\times320+400\times200\times(88\%+12\%\times110/100)]/10000\times(1+15\%)$

$=11.592+38.382=49.974$（万元）

4）投资偏差：

49. 864-49. 974=-0. 110（万元），投资超支0. 110万元。

5）进度偏差：

49. 864-61. 41=-11. 546（万元），进度拖后11. 546万元。

（3）第3个月

1）拟完工程计划投资累计：

61. 41+(300×360+300×320+450×200)/10000×(1+15%)

=61. 41+33. 81=95. 22（万元）

2）已完工程计划投资累计：

49. 864+(320×360+380×320+500×200)/10000×(1+15%)

=49. 864+38. 732=88. 596（万元）

3）已完工程实际投资累计：

49. 974+[320×360+380×320+500×200×(88%+12%×115/100)]/10000×(1+15%)

=49. 974+38. 939=88. 913（万元）

4）投资偏差：

88. 596-88. 913=-0. 317（万元），投资超支0. 317万元。

5）进度偏差：

88. 596-95. 22=-6. 624（万元），进度拖后6. 624万元。

（4）第4个月

1）拟完工程计划投资累计：

95. 22+(300×200)/10000×(1+15%)

=95. 22+6. 9=102. 12（万元）

2）已完工程计划投资累计：

88. 596+(180×320+300×200)/10000×(1+15%)

=88. 596+13. 524=102. 12（万元）

3）已完工程实际投资累计：

88. 913+[180×320+300×200×(88%+12%×120/100)]/10000×(1+15%)

=88. 913+13. 689=102. 602（万元）

4）投资偏差：

102. 12-102. 602=-0. 482（万元），投资超支0. 482万元。

5）进度偏差：

102. 12-102. 12=0，进度无偏差。

问题3：

解：

（1）第1个月

1）分项工程价款（已完工程实际投资）= 11.592万元

2）单价措施项目工程价款 = 1×(1+15%) = 1.15（万元）

3）总价措施项目工程价款 = (8−4.2)×(1+15%)×50% = 2.185（万元）

4）承包商已完工程价款 = 11.592+1.15+2.185 = 14.927（万元）

5）业主应支付工程款 = 14.927×90% = 13.434（万元）

（2）第2个月

1）分项工程价款（已完工程实际投资）= 38.382万元

2）单价措施项目工程价款 = 2×(1+15%) = 2.3（万元）

3）总价措施项目工程价款 = (8−4.2)×(1+15%)/2 = 2.185（万元）

4）承包商已完工程价款 = 38.382+2.3+2.185 = 42.867（万元）

5）应扣预付款 = 22.678/2 = 11.339（万元）

6）业主应支付工程款 = 42.867×90%−11.339 = 27.241（万元）

（3）第3个月

1）分项工程价款（已完工程实际投资）= 38.939万元

2）单价措施项目工程价款 = 2.3万元

3）承包商已完工程价款 = 38.939+2.3 = 41.239（万元）

4）应扣预付款 = 11.339（万元）

5）业主应支付工程款 = 41.239×90%−11.339 = 25.776（万元）

（4）第4个月

1）分项工程价款（已完工程实际投资）= 13.689万元

2）单价措施项目工程价款 = 1.15万元

3）承包商已完工程价款 = 13.689+1.15 = 14.839（万元）

4）业主应支付工程款 = 14.839×90% = 13.355（万元）

问题4：

解：

（1）实际总造价：（安全文明施工费工程款+各月已完工程价款）

4.2×（1+15%）+14.927+42.867+41.239+14.839 = 118.702（万元）

（2）竣工结算款：（实际总造价扣除质保金−材料预付款和安全文明施工费工程款提前支付−各月已付工程价款）

118.702×(1-3%)-(22.678+4.347)-(13.434+27.241+25.776+13.355)
=8.310（万元）

【案例十二】

背景：

某施工项目发承包双方签订了工程合同，工期5个月。合同约定的工程内容及其价款包括：分部分项工程（含单价措施）项目4项，费用合计120.9万元，具体数据与施工进度计划如表6-22所示；安全文明施工费为分部分项工程费用的6%，其余总价措施项目费用为8万元（该费用为固定费用，不予调整）；暂列金额为12万元；管理费和利润为不含税人材机费用之和的12%；规费为人材机费用与管理费、利润之和的7%；增值税税率为9%。

表6-22　　　　**分部分项工程项目费用数据与施工进度计划表**

分部分项工程项目				计划完成工程量（m^3/月或m^2/月）				
名称	工程量	综合单价	费用（万元）	1	2	3	4	5
A	600m^3	300元/m^3	18.0	200	400			
B	900m^3	450元/m^3	40.5		300	400	200	
C	1200m^2	320元/m^2	38.4		400	400	400	
D	1000m^2	240元/m^2	24.0				600	400

有关工程价款支付约定如下：

1. 开工前1周内，发包人按签约合同价（扣除安全文明施工费和暂列金额）的20%支付给承包人作为工程预付款，在施工期间第2~4月工程款中平均扣回；开工后1周内，将安全文明施工费以工程款方式提前支付给承包人，在施工期最后1个月按实调整。

2. 分部分项工程进度款在施工期间逐月结算支付。

3. 分部分项工程C所需的工程材料C_1用量1250m^2，承包人的投标报价为60元/m^2（不含税）。当工程材料C_1的实际价格在投标报价的±5%以内时，分项工程C的综合单价不予调整；当变动幅度超过该范围时，按超过的部分调整分项工程C的综合单价。

4. 除安全文明施工费之外的总价措施项目工程款按签约合同价在施工期间第1~4月平均支付。

5. 其他项目工程款在发生当月按实结算支付。

6. 发包人按每次承包人应得工程款的85%支付。

7. 发包人在承包人提交竣工结算报告后45d内完成审查工作，并在承包人提供所在开户行出具的工程质量保函（保函额为竣工结算价的3%）后，支付竣工结算款。

该工程如期开工，施工期间发生了经发承包双方确认的下列事项：

1. 分部分项工程B在第2、3、4月分别完成总工程量的200m^3、400m^3、300m^3。

2. 分部分项工程C所需的工程材料C_1实际价格为70元/m^2（含可抵扣进项税，税率为3%）。

3. 第3月新增分部分项工程E，工程量为300m^2，每1m^2不含税人工、材料、机械的费用分别为60元、150元、40元，可抵扣进项增值税综合税率分别为0、9%、5%。

4. 第4月发生现场签证、索赔等工程款2.5万元。

其余工程内容的施工时间和价款均与合同约定相符。

问题：

1. 该工程签约合同价中的安全文明施工费为多少万元？签约合同价为多少万元？开工前发包人应支付给承包人的工程预付款为多少万元？开工后1周内发包人应支付给承包人的安全文明施工费工程款为多少万元？

2. 工程材料C_1的不含税价格为多少元/m^2？价格变动幅度为多少？分部分项工程C的综合单价应调整为多少元/m^2？分部分项工程C的工程费用增加多少万元？

3. 施工至第2月末，承包人累计完成分部分项工程的费用为多少万元？发包人累计应支付的工程进度款为多少万元？投资偏差、进度偏差分别为多少万元？

4. 分部分项工程E的综合单价为多少元/m^2？销项税额、可抵扣增值税进项税额和应缴纳增值税分别为多少元？分部分项工程E的工程款为多少万元？

5. 该工程合同价增减额为多少万元？如果开工前和施工期间发包人均按约定支付了各项工程款，则竣工结算时，发包人应支付给承包人的结算款为多少万元？

分析要点：

该案例综合了基于现行清单计价模式下的工程预付款、进度款、竣工结算款计算与合同价款调整以及投资偏差、进度偏差分析等知识点，全面考核对工程合同价款及其调整计算与支付管理的业务能力。该案例的分析与求解过程需注意如下知识要点：

1. 合同价款，计算方法为：合同价款或工程价款=(分部分项工程费用+措施项目费用+其他项目费用)×(1+规费费率)×(1+增值税率)。

2. 工程预付款，发包人应在开工前按合同约定支付给承包人工程预付款（材料预付款），在后期工程款中扣回。

3. 安全文明施工费，发包人按合同约定以工程款的方式支付给承包人。支付的安全文明施工费工程款与工程预付款不同，不能在后期工程款中扣回。

4. 工程进度款，根据背景资料核对分部分项工程价款、措施项目价款、其他项目价款、变更款、索赔款、甲供材料费抵扣、预付款抵扣、支付比例等内容的具体约定。注意工程进度款，是指在工程开工后的施工过程中支付的工程款，不包括开工前支付的工程预付款和安全文明施工费工程款。

5. 工程价款调整，需要注意合同条款约定的调整范围和调整方法。本案例涉及实际材料价格与投标报价价格差异和新增分项工程以及工程变更、索赔等引起的合同价款调整。

6. 工程质量保证金，按合同约定以实际工程结算总造价的一定比例扣留，也可以承包人所在开户银行出具保函的形式对发包人进行工程质量担保承诺，不在承包人应得工程款中扣留。

7. 竣工结算款，常用计算公式为：

竣工结算款=签约合同价+合同价调整额-已支付工程款(包括工程预付款、安全文明施工费工程款、工程进度款)-质保金(若出具保函则不扣留)

8. 投资偏差、进度偏差分析，基本计算方法：

投资偏差=已完工程计划投资-已完工程实际投资

进度偏差=已完工程计划投资-拟完工程计划投资

在现行清单计价模式下，可以采用如下简单计算方法：

投资偏差=已完工程量×(计划综合单价-实际综合单价)×(1+规费率)×(1+税金率)

进度偏差=计划综合单价×(已完工程量-计划工程量)×(1+规费率)×(1+税金率)

根据背景条件，本案例进行偏差分析时，还要考虑安全文明施工费是以分部分项工程费用为基数的取费计算。

9. 增值税，需要弄清工程应计增值税额（销项税额）、可抵扣增值税进项税额、应缴纳增值税额的概念和计算方法。应计增值税额（销项税额）以税前工程造价为基数，可抵扣增值税进项税额为进项项目发生的可抵扣进项税额之和，应缴纳增值税额=销项税额-进项税额。

答案：

问题1：

解：

（1）安全文明施工费：120.9×6%=7.254（万元）

（2）签约合同价：(120.9+7.254+8+12)×(1+7%)×(1+9%)=172.792（万元）

（3）应支付工程预付款：[172.792−(7.254+12)×(1+7%)×(1+9%)]×20%
=30.067（万元）

（4）应支付安全文明施工费工程款：7.254×(1+7%)×(1+9%)×85%=7.191（万元）

问题2：

解：

（1）工程材料 C_1 不含税实际价格：70/（1+3%）=67.96（元/m^2）

（2）价格变化幅度：(67.96−60)/60×100%=13.27%>5%

（3）分部分项工程C综合单价：320+1250/1200×[67.96−60×(1+5%)]×(1+12%)
=325.79（元/m^2）

（4）分部分项工程C的工程费用增加：1200×(325.79−320)/10000=0.695（万元）

问题3：

解：

（1）累计完成分部分项工程费用：18.0+(200×450+400×325.79)/10000
=40.032（万元）

（2）累计应支付工程款：(40.032+8×2/4)×(1+7%)×(1+9%)×85%−
30.067×1/3=33.629（万元）

（3）投资偏差：400×(320−325.79)×(1+6%)×(1+7%)×(1+9%)/10000
=−0.286（万元），投资增加0.286万元。

（4）进度偏差：(200−300)×450×(1+16%)×(1+7%)×(1+9%)/10000
=−5.563（万元），进度拖后5.563万元。

问题4：

解：

（1）综合单价：(60+150+40)×(1+12%)=280（元/m^2）

（2）销项税额：300×280×(1+7%)×9%=8089.20（元）

（3）可抵扣进项税额：(60×0%+150×9%+40×5%)×300=4650（元）

（4）应缴纳增值税额：8089.20−4650=3439.20（元）

（5）工程款：300×280×(1+7%)×(1+9%)/10000=9.797（万元）

问题5：

解：

（1）合同价增减额：[(0.695+300×280/10000)×(1+6%)−12]×(1+7%)×(1+9%)+2.5=−0.252（万元）

（2）应支付竣工结算款：(172.792−0.252)×(1−85%)=25.881（万元）

【案例十三】

背景：

某施工单位以低于最高投标限价 3%的报价投标某工程项目，并获得中标。发承包双方签订了工程施工合同，工期 10 个月。合同约定的工程内容及其价款包括：分部分项工程（含单价措施，下同）项目 5 项，费用数据与施工进度计划如表 6-23 所示；总价措施项目费用为分部分项工程项目费用的 15%（其中，安全文明施工费为 6%）；其他项目费用仅包括暂列金额 20 万元；管理费和利润为不含税人材机费用之和的 12%；规费为不含税人材机费用、管理费、利润之和的 7%；增值税税率为 9%。

表 6-23　　　　分部分项工程项目费用数据与施工进度计划表

分部分项工程费用				施工进度计划(单位:月)									
名称	工程量	综合单价	费用(万元)	1	2	3	4	5	6	7	8	9	10
A	900m^3	300 元/m^3	27.0	—	—	—							
B	1250m^3	480 元/m^3	60.0		—	—	—	—					
C	1560m^2	350 元/m^2	54.6			—	—		—	—			
D	1200m^2	420 元/m^2	50.4				—	—	—	—	—		
E	1000m^2	260 元/m^2	26.0						—	—	—	—	—
合计			218.0	注:各分部分项工程计划进度均为匀速进度									

有关工程价款支付约定如下：

1. 开工前，发包人按分部分项工程项目签约合同价的 20%支付给承包人作为工程预付款（在施工期第 4~9 月的每月工程款中等额扣回）；将安全文明施工费工程款的 70%支付给承包人，其余部分在施工期第 5 月末支付；除安全文明施工费之外的总价措施项目工程款，按签约合同价在施工期第 2、4、6、8 月末，分 4 次平均支付。

2. 分部分项工程项目工程款按施工期实际完成工程量逐月支付。

3. 其他项目工程款在发生当月支付。

4. 开工前和施工期间，发包人按承包人每次应得工程款的 90%支付。

5. 竣工结算时，根据计取基数变化调整总价措施项目费用；在承包人提供工程质量保函（额度为竣工结算总造价的 3%）后，一次性结清竣工结算款。

该工程项目按计划施工至第 4 月末，发包人根据企业集团的业态升级决策，通知承包人除分部分项工程 B 按计划正常施工外，其他工程内容暂停施工，并于第 5 月的 20 日发出设计变更通知。因变更导致工程内容发生如下变化：

（1）分部分项工程 D 取消，已施工部分拆除；

（2）分部分项工程 E 工程量减少 20%，构造和材料有变化；

（3）新增分部分项工程 F 工程量为 1180m^2。

应发包人要求，承包人调整施工进度计划，分部分项工程 E、F 分别于第 6、7、8、9 月和第 8、9、10 月施工，分部分项工程 D 已施工部分的拆除清运不影响工期；并于第 5 月的 25 日提交了合同价调整申请报告（合同价调整计算书另附），内容包括如下四部分：

（1）分部分项工程 C 的人工窝工和机械闲置费用索赔；

（2）分部分项工程 D 拆除和清运费用索赔、人工窝工和机械闲置费用索赔，已进场材料费用索赔；

（3）分部分项工程 E 的构造和材料变化导致的费用增加、人工窝工和机械闲置费用索赔；

（4）新增分部分项工程 F 的工程款。

由于对合同价调整内容难以达成一致，发承包双方本着友好互利原则，在不影响工程正常进行的前提下，委托造价咨询单位（原最高投标限价编制单位）对合同价调整内容进行鉴定。该咨询单位经过现场勘验、调阅招标投标与合同文件及双方有关函文、查阅承包人的施工日志及施工任务单、询问当事人及证人、与当事人沟通等工作程序，提出发承包双方认可的鉴定意见如下：

（1）分部分项工程 C 的人工窝工和机械闲置费用索赔不予受理；

（2）分部分项工程 D 已完部分的拆除和清运人工和机械费用 1.6 万元，人工窝工和机械闲置费用 2.1 万元，已进场主材 D_1 因非质量问题退货违约金和运杂费 8.6 万元；

（3）分部分项工程 E 的人工和材料费用增加 80 元/m^2，但人工窝工和机械闲置费用索赔不予受理；

（4）按最高投标限价的编制依据和办法，测算出分部分项工程 F 的综合单价为 390 元/m^2。

并说明各项费用标准均应执行合同约定，但人工窝工和机械闲置、已进场主材 D_1 退货违约金和运杂费计取管理费 3.2%，不计取利润和总价措施项目费用。

除上述变化外，其余工程内容的施工时间和价款与合同约定相符。

问题：

1. 该工程项目签约合同价中的总价措施项目费用、安全文明施工费分别为多少万元？

签约合同价为多少万元？开工前发包人应支付给承包人的工程预付款和安全文明施工费工程款分别为多少万元？

2. 施工期第 4 月，承包人完成分部分项工程项目费用为多少万元？该月发包人应支付给承包人的工程款为多少万元？

3. 因设计变更导致各分部分项工程费用分别增加（或减少）多少万元？分部分项工程费用增加（或减少）总额为多少万元？

4. 该工程项目总价措施项目费用应增加多少万元？竣工结算总造价为多少万元？如果开工前和施工期间发包人均按约定支付了各项工程款，则发包人应一次性支付给承包人的竣工结算尾款为多少万元？

分析要点：

该案例除全面考核对工程合同价款及其支付管理的知识点外，重点考核发生工程暂停施工、设计变更及工程造价争议等情况下，依据住房和城乡建设部发布的《建设工程造价鉴定规范》GB/T 51262-2017 的有关规定对工程造价进行鉴定，根据工程施工期间出现的分部分项工程项目及其工程量增减、人工窝工和机械闲置、生产要素价格变化等实际情况对合同价款进行调整等业务能力。该案例的分析与求解过程需注意如下知识要点：

1.《建设工程造价鉴定规范》对造价鉴定的原则、方法、程序和工作要求等有关规定。

2. 对于发包人原因导致承包人的现场人工窝工和机械闲置费用索赔，应考虑承包人是否在时间允许的前提下及时采取了调整措施，非必须发生的费用损失索赔是很难被受理的。

3. 由于发包人原因导致已进场的某些分部分项工程材料，应本着尽量减少费用损失的原则处理，对于特殊性材料可以考虑退货，并补偿承包人发生的实际费用损失，对于通用性材料应考虑用于其他同类分部分项工程，合理规避不必要的费用损失。

4. 对新增分部分项工程进行组价和费用计算时，需要考虑承包人在投标报价时的价格让利（下浮）率，让利（下浮）率=（1-投标报价/最高投标限价）×100%。

5. 该案例的总价措施项目费用在施工期间不调整，在竣工结算时根据分部分项工程项目费用变化一次性调整。

答案：

问题 1：

解：

（1）总价措施项目费用：218×15%=32.7（万元）

(2) 安全文明施工费：$218\times6\%=13.08$（万元）

(3) 签约合同价：$(218+32.7+20)\times(1+7\%)\times(1+9\%)=315.717$（万元）

(4) 应支付工程预付款：$218\times(1+7\%)\times(1+9\%)\times20\%=50.851$（万元）

(5) 应支付安全文明施工费工程款：$13.08\times(1+7\%)\times(1+9\%)\times70\%\times90\%$

$=9.611$（万元）

问题 2：

解：

(1) 完成分部分项工程项目费用：$60/4+54.6/4+50.4/5=38.73$（万元）

(2) 应支付工程款：$[38.73+(32.7-13.08)/4]\times(1+7\%)\times(1+9\%)\times90\%-50.851/6$

$=37.327$（万元）

问题 3：

解：

(1) 分部分项工程 D 费用减少：$[1.6\times(1+12\%)+(2.1+8.6)\times(1+3.2\%)]$

$-50.4\times4/5=-27.486$（万元）

(2) 分部分项工程 E 费用增加：$1000\times(1-20\%)\times[260+80\times(1+12\%)]/10000-26$

$=1.968$（万元）

(3) 分部分项工程 F 费用增加：$1180\times390\times(1-3\%)/10000=44.639$（万元）

(4) 分部分项工程费用增加总额：$-27.486+1.968+44.639=19.121$（万元）

问题 4：

解：

(1) 总价措施项目费用增加：$[19.121-(2.1+8.6)\times(1+3.2\%)]\times15\%=1.212$（万元）

(2) 竣工结算总造价：$315.717+(19.121+1.212-20)\times(1+7\%)\times(1+9\%)$

$=316.105$（万元）

(3) 应支付竣工结算尾款：$[(218+32.7+19.121)\times(1-90\%)+1.212]\times(1+7\%)\times$

$(1+9\%)=32.883$（万元）

【案例十四】

背景：

某建设单位拟编制某工业建设项目的竣工决算。该建设项目包括生产车间和配套工程两大部分，工程费用和工程建设其他费用竣工决算基础数据见表 6-24、表 6-25、表 6-26。

表 6-24　　某工业建设项目竣工决算基础数据表（一）　　单位：万元

项目名称	建筑工程	安装工程	需安装设备	不需安装设备	其他费用
1　生产车间	**8600**	**2360**	**4800**	**810**	**80**
1.1　A 生产车间	3500	980	2100	320	50
1.2　B 生产车间	2700	850	1700	280	30
1.3　辅助生产车间	2400	530	1000	210	
2　配套工程	**2600**	**1300**	**930**	**80**	**20**
2.1　附属建筑	790	70		20	
2.2　辅助及公用设施	980	570	590	60	20
2.3　总图运输与综合管网	830	660	340		
合计（1+2）	**11200**	**3660**	**5730**	**890**	**100**

注：A、B 生产车间的其他费用为特种设备安全监督检测、计量设备仪表标定费；辅助及公用设施其他费用为因特殊原因引起的工程报废损失费。

表 6-25　　某工业建设项目竣工决算基础数据表（二）　　单位：万元

项目名称	生产工器具购置费		办公家具用具购置费	
	总额	达到固定资产标准	总额	达到固定资产标准
1　生产车间	**380**	**310**	**180**	**150**
1.1　A 生产车间	160	140	100	85
1.2　B 生产车间	120	90	50	40
1.3　辅助生产车间	100	80	30	25
2　配套工程			**16**	**10**
2.1　附属建筑			16	10
2.2　辅助及公用设施				
2.3　总图运输与综合管网				
合计（1+2）	380	310	196	160

表 6-26　　某工业建设项目竣工决算基础数据表（三）　　单位：万元

费用项目	金额	费用项目	金额
1　建设用地费	1970	**2**　建设前期咨询费	110
1.1　土地使用权出让金	1700	2.1　项目建议书	15
1.2　拆迁补偿费	200	2.2　可行性研究费	40
1.3　建设场地三通一平费	70	2.3　节能评估费	15

续表

费用项目	金额	费用项目	金额
2.4 洪水影响评估费	10	5.4 电信与网络系统费	100
2.5 环境影响评估费	20	**6 联合试运转费**	30
2.6 交通影响评估费	10	6.1 无负荷试运转支出	10
3 勘察设计费	600	6.2 试生产支出	25
3.1 工程地质勘察费	60	6.3 试生产产品销售收入	-5
3.2 工程设计费	420	**7 生产准备费**	125
3.3 生产工艺流程设计费	120	7.1 生产职工培训费	50
4 建设管理及其咨询费	960	7.2 生产职工提前进厂费	75
4.1 建设单位管理费	240	**8 技术及专有技术使用费**	350
4.2 招标代理费	40	8.1 专利技术费	170
4.3 工程监理费	340	8.2 专有技术使用费	30
4.4 全过程工程造价咨询费	220	8.3 技术资料费	60
4.5 设计评审费	15	8.4 商标权费	90
4.6 竣工图编制费	30	**9 工程融资与保险、保函费**	1180
4.7 信息管理系统开发及使用费	75	9.1 建设期融资费	1100
5 市政公用配套设施费	1610	9.2 工程保险、保函费	80
5.1 给水排水系统费	230		
5.2 供电系统费	1100		
5.3 热力系统费	180	**合计（1+2+3+4+5+6+7+8）**	6935

注：建设单位管理费240万元，其中80万元不计入固定资产；信息管理系统开发及使用费75万元，其中25万元不计入固定资产。

问题：

1. 简述建设项目竣工决算的概念与基本内容。
2. 简述竣工决算的编制依据。
3. 简述竣工决算的编制步骤。
4. 确定A生产车间的新增固定资产价值。
5. 确定该建设项目的固定资产、流动资产、无形资产和其他资产价值。

分析要点：

本案例主要考核工业建设项目竣工决算基本知识和建设过程形成的各类资产价值的确定方法。求解该案例首先要对建设项目竣工决算概念、内容、编制依据与步骤有所了解，并较熟练掌握建设项目新增资产的分类方法和固定资产、流动资产、无形资产和其他资产的概念及其价值确定方法。

1. 新增固定资产价值是指：

（1）建筑、安装工程造价；

（2）达到固定资产标准的设备和工器具的购置费用；

（3）增加固定资产价值的其他费用，包括：建设用地三通一平费、建设前期咨询费、勘察设计费、建设单位管理费（扣除不计入固定资产部分）、工程咨询费、报废工程损失费、达到固定资产标准的生产工器具和办公家具用具等购置费、联合试运转费。其中，联合试运转费是指整个车间无负荷试运转、试生产发生的费用（扣减试生产产品销售收入）。

根据从属关系，增加固定资产价值的其他费用应计入或分摊到拟交付的单项工程资产价值中。从属于某一单项工程的其他费用直接计入该单项工程资产中，如本案例A、B生产车间的特种设备安全监督检测、计量设备仪表标定费；从属于全部或部分单项工程的其他费用，按各个单项工程造价比例分摊。建设用地三通一平费、工程勘察费和设计费等按建筑工程造价比例分摊；生产工艺流程系统设计费按生产设备（包括需安装设备和不需安装设备）购置费比例分摊；建设单位管理费和工程咨询费（扣除不计入固定资产部分）、联合试运转费（扣减试生产产品销售收入）、工程融资与保险、保函费等按建筑工程、安装工程、需安装设备价值总额比例分摊。

2. 流动资产价值，是指未达到固定资产标准的生产工器具购置费、办公家具用具购置费和现金、存货、应收及应付款项等价值。

3. 无形资产价值，是指土地使用权出让金及拆迁补偿费、市政公用配套设施费（含向相关机构缴纳的配套费用和需要建设单位支付的厂区外市政公用配套设施对接工程费）、信息管理系统开发及使用费中不计入固定资产的其他费用、专利技术费、非专利技术费、技术服务费、著作权、商标权及商誉等价值。

4. 其他资产价值，是指开办费（建设单位管理费中不计入固定资产的其他费用、生产职工培训费和生产职工提前进厂费等）、以租赁方式租入的固定资产改良工程支出等。

答案：

问题1：

答：竣工决算是以实物数量和货币指标为计量单位，综合反映竣工建设项目全部建设费用、建设成果和财务状况的总结性文件，是竣工验收报告的重要组成部分。

竣工决算由竣工财务决算说明书、竣工财务决算报表、工程竣工图和工程竣工造价对比分析四部分组成。其中竣工财务决算说明书和竣工财务决算报表是竣工决算的核心内容。

问题 2：

答：建设项目竣工决算应依据下列资料编制：

（1）与基本建设财务管理相关的法律、法规和规范性文件；

（2）项目计划任务书及立项批复文件；

（3）项目总概算书、单项工程概算书文件及概算调整文件；

（4）经批准的可行性研究报告、设计文件及设计交底、图纸会审资料；

（5）工程招标文件、标底/招标控制价/最高投标限价、投标文件、投标报价；

（6）勘察设计、施工、监理、咨询等工程合同，政府采购审批文件、采购合同；

（7）工程变更、签证、索赔等合同价款调整文件；

（8）设备、材料调价文件记录；

（9）工程结算资料；

（10）有关的会计及财务管理资料；

（11）历年下达的项目年度财政资金投资计划、预算；

（12）其他有关资料。

问题 3：

答：竣工决算的编制应按下列步骤进行：

（1）搜集、整理、分析原始资料；

（2）对照、核实工程及变更情况，核实各单位工程、单项工程造价；

（3）审定各有关投资情况；

（4）编制竣工财务决算说明书；

（5）填报竣工财务决算报表；

（6）做好工程造价对比分析；

（7）清理、装订好竣工图；

（8）按有关规定上报审批、存档。

问题 4：

解：

（1）A 生产车间的直接固定资产价值：

3500+980+2100+320+50+140+85＝7175（万元）

（2）按建筑工程造价比例分摊的固定资产价值：

（70+60+420）×3500/11200＝171.875（万元）

（3）按生产设备购置费比例分摊的固定资产价值：

120×(2100+320)/(4800+810)＝51.765（万元）

（4）按建筑工程、安装工程、需安装设备价值总额比例分摊的固定资产价值：

[110+(960−80−25)+30+1180]×(3500+980+2100)/(8600+2360+4800)

＝908.09（万元）

A生产车间的新增固定资产价值合计：

7175+171.875+51.765+908.09＝8306.73（万元）

问题5：

解：

（1）固定资产价值：

11200+3660+5730+890+100+310+160+70+110+600+(960−80−25)+30+1180

＝24895（万元）

（2）流动资产价值：

(380−310)+(196−160)＝106（万元）

（3）无形资产价值：

1700+200+25+1610+350＝3885（万元）

（4）其他资产价值：

80+125＝205（万元）

【案例十五】

背景：

某建设单位决定在西部某地建设一项大型特色经济生产基地项目。该项目从2021年3月开始实施，到2022年12月底财务核算资料如下：

1. 已经完成部分单项工程，经验收合格后，交付的资产有：

（1）固定资产74739万元。

（2）为生产准备的使用期限在一年以内的随机备件、工具、器具29361万元。期限在1年以上，单件价值2000元以上的工具61万元。

（3）建造期内购置的专利权、非专利技术1700万元。摊销期为5年。

（4）筹建期间发生的开办费79万元。

2. 在建项目支出有：

（1）建筑工程和安装工程 15800 万元。

（2）设备工器具 43800 万元。

（3）建设单位管理费、勘察设计费等待摊投资 2392 万元。

（4）通过出让方式购置的土地使用权形成的其他投资 108 万元。

3. 非经营项目发生待核销基建支出 40 万元。

4. 应收生产单位投资借款 1500 万元。

5. 购置需要安装的器材 49 万元，其中待处理器材损失 15 万元。

6. 货币资金 480 万元。

7. 工程预付款及应收有偿调出器材款 20 万元。

8. 建设单位自用的固定资产原价 60220 万元。累计折旧 10066 万元。

反映在《资金平衡表》上的各类资金来源的期末余额是：

1. 预算拨款 48000 万元。

2. 自筹资金拨款 60508 万元。

3. 其他拨款 300 万元。

4. 建设单位向商业银行借入的借款 109287 万元。

5. 建设单位当年完成交付生产单位使用的资产价值中，有 160 万元属利用投资借款形成的待冲基建支出。

6. 应付器材销售商 37 万元货款和应付工程款 1963 万元尚未支付。

7. 未交税金 28 万元。

问题：

1. 计算交付使用资产与在建工程有关数据，并将其填入表 6-27 中。

表 6-27　　交付使用资产与在建工程数据表　　单位：万元

资金项目	金额	资金项目	金额
（一）交付使用资产		（二）在建工程	
1. 固定资产		1. 建筑安装工程投资	
2. 流动资产		2. 设备投资	
3. 无形资产		3. 待摊投资	
4. 其他资产		4. 其他投资	

2. 编制大、中型基本建设项目竣工财务决算表，见表 6-28。

表6-28 **大、中型基本建设项目竣工财务决算表**

项目名称： 资金单位： 编制时间： 年 月 日

资金来源	金额	资金占用	金额
一、基建拨款		一、基本建设支出	
1. 预算拨款		1. 交付使用资产	
2. 基建基金拨款		2. 在建工程	
3. 进口设备转账拨款		3. 待核销基建支出	
4. 器材转账拨款		4. 非经营项目转出投资	
5. 煤代油专用基金拨款		二、应收生产单位投资借款	
6. 自筹资金拨款		三、拨付所属投资借款	
7. 其他拨款		四、器材	
二、项目资本		其中：待处理器材损失	
1. 国家资本		五、货币资金	
2. 法人资本		六、预付及应收款	
3. 个人资本		七、有价证券	
三、项目资本公积		八、固定资产	
四、基建借款		固定资产原价	
五、上级拨入投资借款		减：累计折旧	
六、企业债券资金		固定资产净值	
七、待冲基建支出		固定资产清理	
八、应付款		待处理固定资产损失	
九、未交款			
1. 未交税金			
2. 未交基建收入			
3. 未交基建包干结余			
4. 其他未交款			
十、上级拨入资金			
十一、留成收入			
合计		合计	

3. 计算基建结余资金。

分析要点：

《大、中型建设项目竣工财务决算表》是反映建设单位所有建设项目在某一特定日期的投资来源及其分布状态的财会信息资料。它是通过对建设项目中形成的大量数据整理后编制而成。通过编制该表，可以为考核和分析投资效果提供依据。

基本建设竣工决算，是指建设项目或单项工程竣工后，建设单位向国家汇报建设成果和财务状况的总结性文件。由竣工决算报表、竣工财务决算说明书、工程竣工图和工程造价对比分析四个部分组成。《大、中型建设项目竣工财务决算表》是竣工决算报表体系中的一份报表。

填写《资金平衡表》中的有关数据，是为了使建设期的在建工程的核算数据主要在“建筑安装工程投资”“设备投资”“待摊投资”“其他投资”四个会计科目中反映。当年已经完工，交付生产使用资产的核算主要在“交付使用资产”科目中反映，并分成固定资产、流动资产、无形资产及其他资产等明细科目反映。

通过编制《大、中型建设项目竣工财务决算表》，熟悉该表的整体结构及各组成部分的内容、编制依据和步骤。

通过计算基建结余资金，了解如何利用报表资料为管理服务。

答案：

问题 1：

解：资金平衡表有关数据的填写见表 6-29。

其中：固定资产 = 74739+61 = 74800（万元）。无形资产摊销期五年为干扰项，在建设期仅反映实际成本。

表 6-29　　交付使用资产与在建工程数据表　　单位：万元

资金项目	金额	资金项目	金额
（一）交付使用资产	105940	（二）在建工程	62100
1. 固定资产	74800	1. 建筑安装工程投资	15800
2. 流动资产	29361	2. 设备投资	43800
3. 无形资产	1700	3. 待摊投资	2392
4. 其他资产	79	4. 其他投资	108

问题 2：

解：《大、中型基本建设项目竣工财务决算表》，见表 6-30。

表 6-30　　大、中型基本建设项目竣工财务决算表

项目名称：特色经济生产基地　　资金单位：元　　编制时间：2023 年 1 月 15 日

资金来源	金额	资金占用	金额
一、基建拨款	1088080000	一、基本建设支出	1680800000
1. 预算拨款	480000000	1. 交付使用资产	1059400000
2. 基建基金拨款		2. 在建工程	621000000
3. 进口设备转账拨款		3. 待核销基建支出	400000
4. 器材转账拨款		4. 非经营项目转出投资	
5. 煤代油专用基金拨款		二、应收生产单位投资借款	15000000
6. 自筹资金拨款	605080000	三、拨付所属投资借款	
7. 其他拨款	3000000	四、器材	490000
二、项目资本		其中：待处理器材损失	150000
1. 国家资本		五、货币资金	4800000
2. 法人资本		六、预付及应收款	200000
3. 个人资本		七、有价证券	
三、项目资本公积		八、固定资产	501540000
四、基建借款	1092870000	固定资产原价	602200000
五、上级拨入投资借款		减：累计折旧	100660000
六、企业债券资金		固定资产净值	501540000
七、待冲基建支出	1600000	固定资产清理	
八、应付款	20000000	待处理固定资产损失	
九、未交款	280000		
1. 未交税金	280000		
2. 未交基建收入			
3. 未交基建包干结余			
4. 其他未交款			
十、上级拨入资金			
十一、留成收入			
合计	2202830000	合计	2202830000

表中部分数据计算：

（1）固定资产 = 固定资产原价 − 累计折旧 + 固定资产清理 + 待处理固定资产损失

= 60220 − 10066 = 50154（万元）

（2）应付款 = 37 + 1963 = 2000（万元）

（3）资金来源 = 资金占用

问题 3：

解：基建结余资金 = 基建拨款 + 项目资本 + 项目资本公积金 + 基建借款 + 企业债券资金 + 待冲基建支出 − 基本建设支出 − 应收生产单位投资借款

= 108808 + 109287 + 160 − 168080 − 1500 = 48675（万元）